“互联网+”新形态信息化教材
“Internet Plus”New-form Informatization Textbook

U0960009

路由交换技术
项目化教程

主　编◎易丽华　刘　奕　罗　韬　何　耀
副主编◎戴香玉　王　英　樊玮虹　吴驰浩

天津大学出版社
TIANJIN UNIVERSITY PRESS

内容介绍

为深入贯彻落实《教育强国建设规划纲要（2024—2035年）》，加快构建现代职业教育体系，培养大国工匠、能工巧匠及高技能人才，本书以习近平新时代中国特色社会主义思想为指导，全面贯彻党的二十大和二十届二中、三中全会精神，坚持立德树人、德技兼修的育人理念。这本“互联网+”新形态信息化教材由模范教师、师德先进个人牵头，在广泛征求企业相关领域专家和技术骨干意见的基础上，采用项目化、任务式的模式组织工学结合团队编写而成。

全书涵盖5个项目（共21个任务），分别为设备管理基础、小型园区网络规划与部署、中型园区网络规划与部署、广域网接入、初探IPv6技术，旨在实现理论与实践一体化教学。本书所有任务均可利用华为eNSP软件进行仿真操作，推荐使用eNSP V100R003C00版本。

本书可作为应用型本科、职业本科、高职院校电子信息大类专业的基础教材，也可作为从事网络技术工作的公司职员以及对IT技术感兴趣的人员的辅导用书。

图书在版编目（CIP）数据

路由交换技术项目化教程 / 易丽华等主编 ; 戴香玉等副主编. -- 天津 : 天津大学出版社, 2025. 5.
（“互联网+”新形态信息化教材）.
ISBN 978-7-5618-7982-5

Ⅰ. TN915.05

中国国家版本馆CIP数据核字第2025SH5098号

LUYOU JIAOHUAN JISHU XIANGMUHUA JIAOCHENG

出版发行	天津大学出版社
地　　址	天津市卫津路92号天津大学内（邮编：300072）
电　　话	发行部：022-27403647
网　　址	www.tjupress.com.cn
印　　刷	廊坊市海涛印刷有限公司
经　　销	全国各地新华书店
开　　本	787mm×1092mm　1/16
印　　张	16.5
字　　数	474千
版　　次	2025年5月第1版
印　　次	2025年5月第1次
定　　价	59.80元

前言

Preface

作为全球领先的信息与通信技术基础设施和智能终端提供商，华为技术有限公司的产品已广泛涵盖数通、安全、无线、存储、云计算、智能计算和人工智能等诸多方面。本书以华为数通产品为基础，系统介绍路由交换相关知识与技能，融入行业发展的新知识、新技术、新工艺、新规范。本书由企业和学校深度合作开发，符合企业岗位人才需求和岗位能力要求。

本书以社会主义核心价值观为引领，围绕立德树人的根本任务，融合职业要求、岗位要求及社会需求，从学生的认知特点及需求入手，遵循“德技并修、育训结合”的基本规律；根据数通网络工程师岗位实际工作任务所需的知识、能力、素质要求，培养学生在完成网络系统建设与运维典型工作任务的过程中，掌握网络系统规划、部署与运维的核心职业能力，熟练运用基本的计算机网络路由及交换技术，掌握常见的网络设备配置及排障方法。本书将所需知识与技能重构为五个集综合理论知识、操作技能和职业素养于一体的教学项目。本书以企业典型案例“小型园区网络规划与部署”和“中型园区网络规划与部署”为任务驱动，遵循职业教育教学规律和技术技能人才成长规律，符合学生认知特点，精心设计了 21 个任务融入教学项目，实现理论与实践一体化教学。本书所有任务均可利用华为 eNSP 软件进行仿真操作，推荐使用 eNSP V100R003C00 版本。

本书全面推进岗课赛证融通，根据计算机网络技术专业国家教学标准和人才培养方案，参考国家标准、行业企业标准与职业技能等级标准，融入全国职业院校网络系统管理技能大赛标准、华为 ICT 技能大赛标准、华为 Datacom HCIA 认证标准。本书以数通网络工程师岗位的网络系统建设与运维真实项目、典型工作任务、案例等为载体，将学习过程和工作过程相结合组织教学项目；同时结合院校学生特点，遵循能力培养循序渐进的原则组织课程内容，任务层次划分清晰，实践操作步骤详细，突出理论和实践相统一，强调实践性教学。本书旨在帮助学生掌握网络系统规划的基本理论知识，熟悉网络工程项目的基本工作流程，灵活运用常见的网络技术和新技术，实现对中小型园区网络的规划、部署和运维，使学生具备可持续发展能力、工匠精神和信息素养，为今后从事数通网络工程师工作打下坚实的基础。

本书在学银在线平台（https://www.xueyinonline.com/detail/238685091）建有精品在线开

放课程，有需要的老师可以联系易丽华主编（QQ：22197027）；同时本书还配有教学课件等资源，欢迎任课老师免费获取（微信号：273926790）。

本书由湖南科技职业学院易丽华、刘奕，天津大学网络安全学院罗韬和湖南外国语职业学院何耀担任主编，湖南商务职业技术学院戴香玉、北京博海迪信息科技股份有限公司长沙分公司王英、湖南外国语职业学院樊玮虹、长沙电力职业技术学院吴驰浩担任副主编。

在信息技术快速发展的当下，路由交换技术不断迭代更新。希望本书能够帮助读者夯实专业基础，为未来学习和工作做好准备。同时，也希望读者保持对新技术的好奇心和探索精神，持续学习，不断进步。由于编者水平和经验有限，书中难免存在疏漏之处，恳请广大读者批评指正。

编者

2025 年 3 月

目录

Contents

项目一

设备管理基础

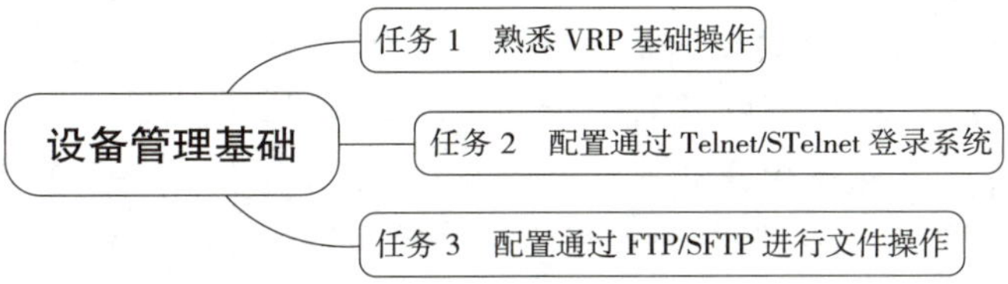

本项目主要介绍设备管理基础知识与技能，共设置三个任务。华为数据通信设备均基于 VRP（Versatile Routing Platform，通用路由平台）操作系统运行。任务 1 主要介绍 VRP 基础操作，帮助学生掌握设备的基础操作方法。任务 2 介绍远程登录方式，指导学生通过对设备进行配置和管理，解决技术人员异地运维难题。任务 3 详细介绍如何通过 FTP/SFTP 进行文件操作，其中在企业网络中部署 FTP 服务器，并将网络设备配置为 FTP 客户端，可以实现 FTP VRP 文件的备份与更新；将网络设备配置为 FTP 服务器，则能将设备的日志文件保存到指定主机，便于后续查看。

高素质技能型人才培养目标

知识目标	（1）了解 VRP 的发展历史； （2）理解 VRP 命令行视图； （3）理解 VRP 命令等级和用户等级； （4）理解常见的 VRP 命令的功能； （5）了解 Telnet 的应用场景； （6）理解 VTY 界面的配置； （7）理解 SSH 协议的基本原理； （8）理解 FTP 协议的基本概念； （9）理解 FTP 的工作模式（主动模式、被动模式）； （10）了解 FTP 的应用场景

能力目标	(1)能够正确安装 eNSP 软件; (2)能够熟练使用 VRP 常用命令; (3)能够熟练使用在线帮助工具; (4)能够完成 Telnet/STelnet 的基础配置; (5)能够正确配置 FTP/SFTP
素质目标	(1)培养学生熟练查阅华为网络设备产品文档的能力; (2)增强学生的民族自豪感和爱国情怀; (3)激发学生自主探究的热情,培养学生独立思考的能力; (4)深化学生的职业认知,培养学生树立基本的职业道德和职业素养; (5)引导学生树立正确的人生观和价值观

课程思政

构建万物互联的智能世界——华为技术有限公司

在科技飞速发展的当今时代,华为技术有限公司(以下简称“华为”)作为全球通信与科技领域的领军企业,凭借卓越的创新能力和不懈的奋斗精神,致力于将数字世界带给每个人、每个家庭、每个组织,构建万物互联的智能世界。具体而言,让无处不在的连接,成为人人平等的权利,成为筑牢智能世界的前提和基础;为全球提供多样性算力,推动云与智能普及;赋能各类行业和组织,借助强大的数字平台实现敏捷、高效发展;通过 AI(人工智能)重新定义用户体验,让消费者在家居、出行、办公、影音娱乐、运动健康等全场景中获得极致的个性化智慧体验。过去几年,华为在重重考验中不断成长:ICT(信息与通信技术)业务稳健前行,终端业务符合预期,云计算和数字能源业务实现良好增长,智能汽车解决方案业务也开始进入规模交付阶段。

HUAWEI

在通信技术领域,华为 5G 技术的领先发展,彰显了科技创新的强大力量。多年来,华为持续投入巨额资金用于研发,吸引全球顶尖人才,攻克一个又一个技术难题。这种对科技创新的执着追求,体现了“创新是引领发展的第一动力”理念。面对外部技术封锁,华为凭借坚韧不拔的意志和自主研发的决心,全力实现技术自主可控。华为的芯片研发之路充满坎坷,但通过长期的积累和投入,成功推出了拥有自主知识产权的芯片。同时,华为积极投身全球通信基础设施建设,为偏远地区提供通信服务,助力当地发展,展现出强烈的社会责任和担当。在国内,华为参与了智慧城市、智慧医疗等项目,以提高人们的生活质量。

华为构建万物互联智能世界的历程是一部充满创新、奋斗、责任与合作的壮丽篇章。华为的成功源于脚踏实地、艰苦奋斗的精神,坚持“以奋斗者为本”的文化,激发员工的积极性与创造力;得益于清晰的战略认知与“力出一孔”的工作模式,集中力量攻克关键领域,形成竞争优势;更离不开越挫越勇的坚韧意志,通过推行“薇甘菊战略”,在激烈竞争中保持旺盛的生命力,持续提升行业影响力。

历史经验表明，在实现中华民族伟大复兴的道路上，尽管困难重重，但只要我们坚定信念，发扬艰苦奋斗、自力更生的精神，就没有克服不了的难关。

任务 1　熟悉 VRP 基础操作

一、知识准备

eNSP（Enterprise Network Simulation Platform）是由华为推出的、可扩展的图形化网络仿真工具平台，主要对企业级网络中的路由器、交换机进行软件仿真。VRP 则是华为数据通信产品的通用网络操作系统平台。

首次安装 eNSP 时，需要选择安装全部软件（WinPcap、Wireshark、VirtualBox），同时安装目录路径中不能包含非英文字符。通过 eNSP，用户可以将设备配置文件导入和导出，便于配置保存和移植。网络设备增删接口卡、导入和导出配置文件操作都必须在设备电源关闭的情况下进行。通过 Wireshark 软件对数据进行抓包分析，能够直观呈现数据报文的传输过程，帮助用户深入理解网络协议原理。

（一）如何使用命令行

本部分详细介绍命令行的使用方式以及命令行的操作技巧，以提升操作效率。

1. 进入和退出命令行视图

华为路由器为实现丰富的功能，依据功能类别将命令分别注册在不同的命令行视图下。用户配置某项功能时，必须先进入对应的命令行视图，然后执行相应的配置命令。

1）常用的命令行视图

常用的命令行视图见表 1-1-1。

表 1-1-1　常用的命令行视图

视图名称	进入视图	视图功能
用户视图	用户从终端成功登录至设备即进入用户视图，在终端屏幕上显示： <Huawei>	在用户视图下，用户可以查看运行状态和统计信息等
系统视图	在用户视图下，输入命令 system-view 后按回车键，进入系统视图： <Huawei> system-view Enter system view, return user view with Ctrl+Z. [Huawei]	在系统视图下，用户可以配置系统参数以及通过该视图进入其他的功能配置视图

续表

视图名称	进入视图	视图功能
接口视图	使用 interface 命令并指定接口类型及接口编号可以进入相应的接口视图： [Huawei] interface gigabitethernet X/Y/Z [Huawei-GigabitEthernet X/Y/Z] X/Y/Z 为需要配置的接口编号，分别对应“槽位号/子卡号/接口序号”。上述举例中 GigabitEthernet 接口仅为示意	配置接口参数的视图称为接口视图，在该视图下可以配置接口相关的物理属性、链路层特性及 IP 地址等重要参数
路由协议视图	在路由协议视图下，使用路由协议进程运行命令可以进入相应的路由协议视图： [Huawei] isis [Huawei-isis-1]	路由协议的大部分参数是在相应的路由协议视图下进行配置的，如 IS-IS 视图、OSPF 视图、RIP 协议视图等

常用的命令行视图相关说明如下。

（1）命令行提示符“Huawei”是缺省的主机名（sysname）。通过提示符可以判断当前所处的视图，例如“< >”表示用户视图，“[ ]”表示除用户视图以外的其他视图。

（2）部分在系统视图下执行的命令，在其他视图下也可以执行，但实现的功能与所在视图密切相关。例如，lldp enable 命令，在系统视图下表示使能全局的 LLDP 功能，在接口视图下表示使能某一接口的 LLDP 功能。

（3）在系统视图下，通过执行 **diagnose** 命令进入诊断视图，诊断命令行主要用于设备的故障诊断。在诊断视图下执行某些命令可能导致设备异常或业务中断。

2）退出命令行视图

执行 **quit** 命令，可实现从当前视图退回到上一层视图。例如，执行 quit 命令可从 AAA 视图退回到系统视图，再次执行 quit 命令则退回到用户视图。

```
[Huawei-aaa] quit
[Huawei] quit
<Huawei>
```

如果需要从 AAA 视图直接退回到用户视图，则可以按下**<Ctrl+Z>**组合键或者执行 **return** 命令。

```
# 使用组合键<Ctrl+Z>直接退回到用户视图。
[Huawei-aaa]                #键入<Ctrl+Z>
<Huawei>
# 执行 return 命令直接退回到用户视图。
[Huawei-aaa] return
<Huawei>
```

2. 设置命令级别

系统对命令进行分级管理，每个视图下的命令都被赋予特定的级别。设备管理员可以根据用户需要重新设置命令的级别，这样既能实现低级别用户对部分高级别命令的有限使用，也可通过提高命令的级别来增加设备的安全性。

1）背景信息

为了控制不同用户对设备的访问权限，系统对用户也进行了分级管理。用户级别与命令级别相对应，不同级别的用户登录后，只能执行等于或低于自身级别的命令。默认情况下，命令级别按 0~3 级划分，用户级别按 0~15 级划分。用户级别和命令级别的对应关系见表 1-1-2。

表 1-1-2　用户级别和命令级别的对应关系

用户级别	命令级别	级别名称	说明
0	0	参观级	包括用于网络诊断等功能的命令（ping、tracert）、从本设备出发访问外部设备的命令（Telnet 客户端）、部分 display 命令等
1	0、1	监控级	用于系统维护等功能的命令，包括 display 命令等。并不是所有 display 命令都属于监控级，如 display current-configuration 命令和 display saved-configuration 命令属于管理级。各级命令参见《Huawei AR 系列接入路由器命令参考手册》
2	0、1、2	配置级	用于系统业务配置的命令，包括路由或进入各个网络层次的命令。这些命令用于向用户提供直接网络服务
3~15	0、1、2、3	管理级	用于系统基本运行的命令，对业务起支撑作用，包括文件系统命令、FTP 命令、TFTP 命令、级别设置命令以及用于业务故障诊断的 debugging 命令等

建议用户不要修改默认的命令级别，如确需修改，务必在专业人员的指导下进行操作，以免造成操作和维护困难，甚至给设备带来安全隐患。

2）操作步骤

（1）执行命令 system-view，进入系统视图。

（2）（可选）若需查询特定命令所在视图，可执行 display command-view *command-key* 命令，获取指定命令的视图信息。

（3）执行 command-privilege level *level* view *view-name command-key* 命令，设置指定视图内命令的级别。

3. 编辑命令行

本部分介绍命令行编辑功能以及编辑命令行时的操作技巧。

1）命令行编辑功能

设备的命令行接口（Command-Line Interface，CLI）提供基本的命令行编辑功能，支持多行编辑，单条命令最大长度为 510 个字符。其中，命令关键字不区分大小写，而命令参数是否区分大小写则由各命令定义的参数决定。常用的编辑功能见表 1-1-3。

表 1-1-3　常用的编辑功能

功能键	功能
普通按键	若编辑缓冲区未满，则插入到当前光标位置，并向右移动光标，否则触发响铃告警
Backspace	删除光标位置的前一个字符，并向左移动光标；若已处于命令起始位置，则触发响铃告警
←或<Ctrl+B>	光标向左移动一个字符位置，若已处于命令起始位置，则触发响铃告警
→或<Ctrl+F>	光标向右移动一个字符位置，若已处于命令末尾位置，则触发响铃告警

2）编辑命令行时的操作技巧

（1）不完整关键字输入。

设备支持不完整关键字输入功能，即在当前视图下，当输入的字符能够匹配唯一的关键字时，可以不必输入完整的关键字。该功能有助于提高操作效率。

例如，对于 display current-configuration 命令，输入 d cu、di cu 或 dis cu 等缩写形式都可以正常执行，但不能输入 d c 或 dis c 等，因为以 d c 或 dis c 开头的命令不唯一。

系统可正确执行的单条命令最大长度为 510 个字符，包括使用不完整格式的情况。如果使用不完整格式进行配置，由于命令保存到配置文件中时使用的是完整格式，则可能导致配置文件中存在长度超过 510 个字符的命令，而这类命令在系统重启时将无法正常恢复。因此，采用不完整格式输入命令时，需要注意命令的总长度。

（2）Tab 键的使用。

在输入不完整的关键字后按下 Tab 键，系统将自动补全关键字。

①如果输入的字符对应唯一关键字，则系统用此完整的关键字替代原输入并换行显示，同时光标与字尾空一格。例如：

```
#输入不完整的关键字。
[Huawei] info-
#按下 Tab 键，则系统用此完整的关键字替代原输入并换行显示，光标与字尾空一格。
[Huawei] info-center
```

②当输入的字符存在多个匹配关键字时，反复按 Tab 键可循环显示所有以输入字符串开头的关键字，此时光标与字尾不空格。例如：

```
#输入不完整的关键字。
[Huawei] info-center log
#按下 Tab 键，系统首先显示所有匹配该前缀的关键字，本例中前缀是“log”。
[Huawei] info-center logbuffer
#继续按 Tab 键，循环显示，此时光标与字尾不空格。
[Huawei] info-center logfile
[Huawei] info-center loghost
#找到所需要的关键字后，停止按 Tab 键。
```

③如果输入的字符无对应关键字，按 Tab 键后仅换行显示，输入的关键字不变。例如：

```
#输入错误的关键字。
[Huawei] info-center loglog
#按下 Tab 键。
[Huawei] info-center loglog
#系统换行显示,但输入的关键字 loglog 不变,而且光标与字尾不空格,说明无此关键字。
```

4. 使用命令行在线帮助

用户在使用命令行时,可以借助在线帮助功能获取实时帮助,避免记忆大量复杂的命令。**在命令行输入过程中,用户可通过键入"?"触发在线帮助**。在线帮助分为完全帮助和部分帮助两种类型。

1)完全帮助

用户输入命令时,可以使用命令行的完全帮助获取全部关键字和参数提示信息。以下为几个完全帮助的示例。

(1)在任意命令视图下键入"?",系统将展示该命令视图下所有的命令及其简要说明。示例如下:

```
<Huawei> ?
User view commands:
  arp-ping        ARP-ping
  autosave        <Group> autosave command group
  backup          Backup  information
  cd              Change current directory
  clear           Clear
  clock           Specify the system clock
  cls             Clear screen
  compare         Compare configuration file
  copy            Copy from one file to another
...
```

(2)键入一条命令的部分关键字,后面接以空格分隔的"?",如果当前输入位置为关键字,则系统将列出全部关键字及其简要说明。示例如下:

```
<Huawei> system-view
[Huawei] user-interface vty 0 4
[Huawei-ui-vty0-4] authentication-mode ?
 aaa         AAA authentication
 password    Authentication through the password of a user terminal interface
[Huawei-ui-vty0-4] authentication-mode aaa ?
<cr>    Please press ENTER to execute command
[Huawei-ui-vty0-4] authentication-mode aaa
```

其中,"aaa"和"password"是关键字,"AAA authentication"和"Authentication through the password of a user terminal interface”是对关键字的简要说明；“<cr>”表示该位置没有关键字或参数，直接键入回车即可执行命令。

（3）键入一条命令的部分关键字，后面接以空格分隔的“?”，如果当前输入位置为参数，则系统将列出相关参数及其简单描述。示例如下：

```
<Huawei> system-view
[Huawei] ftp timeout ?
INTEGER<1-35791>   The value of FTP timeout (in minutes)
[Huawei] ftp timeout 35 ?
<cr>   Please press ENTER to execute command
[Huawei] ftp timeout 35
```

其中，“INTEGER<1-35791>”是参数取值范围的说明，“The value of FTP timeout (in minutes)”是对参数作用的简单描述。

2）部分帮助

当用户输入命令时，如果只记得此命令关键字的首字符或前几个字符，则可以使用命令行的部分帮助功能获取所有以该字符串开头的关键字。以下为几个部分帮助的示例。

（1）键入任意字符串，其后紧接“?”，系统将列出以该字符串开头的所有关键字。示例如下：

```
<Huawei> d?
  debugging    <Group> debugging command group
  delete       Delete a file
  dialer       Dialer
  dir          List files on a filesystem
  display      Display information
<Huawei> d
```

（2）键入一条命令，后面紧接字符串及“?”，系统将列出该命令下以该字符串开头的所有关键字。示例如下：

```
<Huawei> display b?
  bfd              Specify BFD(Bidirectional Forwarding Detection)
                     configuration information
  bgp              BGP information
  binding          Display binding relation of profile
  bridge           <Group> bridge command group
```

输入命令的某个关键字的前几个字符后按下 Tab 键：若字符串能唯一标识某个关键字，系统将显示完整的关键字；若无法唯一标识，则连续按下 Tab 键，可出现不同的关键字，用户可以从中选择所需要的关键字。

说明:上述在线帮助的显示信息仅为示例参考,实际操作中以设备实际显示信息为准。

5. 解读命令行错误信息

用户键入的命令,如果通过系统语法检查,则可正常执行,否则系统将向用户反馈错误信息。命令行常见错误信息见表 1-1-4。

表 1-1-4　命令行常见错误信息

英文错误信息	错误原因
Error: Unrecognized command found at '^' position.	没有找到命令
	没有找到关键字
Error: Wrong parameter found at '^' position.	参数类型错误
	参数值越界
Error:Incomplete command found at '^' position.	输入命令不完整
Error:Too many parameters found at '^' position.	输入参数太多
Error:Ambiguous command found at '^' position.	输入命令不明确

6. 使用 undo 命令行

在命令前加 undo 关键字,即构成 undo 命令行。undo 命令行一般用于恢复缺省情况、禁用某个功能或者删除某项配置。几乎每条配置命令都有对应的 undo 命令行。

1)使用 undo 命令行恢复缺省情况

sysname 命令用于设置设备的主机名,示例如下:

```
<Huawei> system-view
[Huawei] sysname Server
[Server] undo sysname
[Huawei]
```

2)使用 undo 命令行禁用某个功能

ftp server enable 命令用于开启设备的 FTP 服务器功能,示例如下:

```
<Huawei> system-view
[Huawei] ftp server enable
Info: Succeeded in starting the FTP server
[Huawei] undo ftp server
Info: Succeeded in closing the FTP server
```

3)使用 undo 命令行删除某项配置

header 命令用于设置用户登录设备时终端上显示的标题信息,示例如下:

```
<Huawei> system-view
[Huawei] header login "Hello,Welcome to Huawei!"
```

退出设备后重新登录，在验证用户前会显示“Hello,Welcome to Huawei!”，然后执行相应的 undo header login 命令。

```
Hello,Welcome to Huawei!

Login authentication


Password:
<Huawei> system-view
[Huawei] undo header login
```

再次退出设备后重新登录，在验证用户前将不会出现任何标题信息。

```
Login authentication


Password:
<Huawei>
```

说明：上述示例中设备的显示信息仅为示例参考，在实际操作中以设备实际显示信息为准。

7. 查看历史命令

设备具有自动保存用户输入的历史命令的功能，以方便用户快速调用已执行过的命令。默认情况下，系统为每个登录用户保存 10 条历史命令。用户可以通过 history-command max-size size-value 命令在相应的用户界面视图下重新设置保存历史命令的条数，其最大可设置为 256 条。不建议用户将此值设置过大，以免在查找特定历史命令时耗时过多，反而降低配置效率。

历史命令操作说明见表 1-1-5。

表 1-1-5　历史命令操作说明

操作	命令或功能键	结果
显示历史命令	display history-command	显示当前用户键入的历史命令
访问上一条历史命令	上光标键或者<Ctrl+P>	如果还有更早的历史命令，则调出上一条历史命令，否则触发响铃告警
访问下一条历史命令	下光标键或者<Ctrl+N>	如果还有更新的历史命令，则调出下一条历史命令，否则显示为空，触发响铃告警

说明：在 Windows 9X 的超级终端环境下，上光标键无效，这是由于 Windows 9X 的超级终端对这个键有不同解释，这时可以用组合键<Ctrl+P>代替上光标键实现相同功能。

在使用历史命令功能时，需要注意以下两点。

（1）历史命令的保存格式与用户输入的命令格式完全一致，如果用户输入命令时采用不完整形式，则保存的历史命令也是不完整形式。

（2）如果用户多次执行同一条命令，则历史命令中只保留最近执行的那条命令。但如果执行时命令输入的形式不同，将作为不同的命令分别保存。例如，多次执行 display current-configuration 命令，历史命令中只保存一条；而分别执行 display current-configuration 和 dis curr 命令，则保存为两条独立的历史命令。

8. 使用命令行的快捷键

用户可以使用设备中的快捷键实现对命令的快速输入，从而简化操作流程。系统中的快捷键分为自定义快捷键和系统快捷键两类。

1）自定义快捷键

自定义快捷键包括<Ctrl+G><Ctrl+L><Ctrl+O>和<Ctrl+U>共 4 个。用户可以根据需要将这 4 个快捷键与任意命令关联，当使用快捷键时，系统自动执行它所对应的命令。只有管理级用户有定义快捷键的权限，具体配置方法如下。

（1）执行 system-view 命令，进入系统视图。

（2）执行 hotkey { CTRL_G | CTRL_L | CTRL_O | CTRL_U } command-text 命令，配置快捷键对应的命令。

系统对 4 个自定义快捷键的默认设置如下。

（1）<Ctrl+G>：对应 display current-configuration 命令。

（2）<Ctrl+L>：对应 undo idle-timeout 命令。

（3）<Ctrl+O>：对应 undo debugging all 命令。

（4）<Ctrl+U>：默认值为空。

定义由多个命令字（含空格）组成的命令时，需要使用双引号标识，如 hotkey ctrl_l "display tcp status"；定义单个命令字的命令时，则无须使用双引号。

另外，可通过 display hotkey 命令查看系统快捷键的使用情况，包括已定义、未定义以及系统快捷键；使用 undo hotkey 命令可将自定义快捷键恢复为默认值。快捷键执行后，其对应命令将同步记录在命令缓冲区和日志中，以便于问题定位和查询。定义的快捷键对所有的登录用户均有效，但是如果用户没有快捷键所定义命令的执行权限，则执行此快捷键后会提示错误。

说明：快捷键的功能可能受用户所用的终端环境影响，若用户终端自定义的快捷键与设备系统中的快捷键冲突，则用户键入的快捷键将被终端程序截获，无法执行它所对应的命令行。

2）系统快捷键

系统快捷键由系统预设，其功能固定且不可更改。常用的系统快捷键见表 1-1-6。

表 1-1-6　常用的系统快捷键

功能键	功能
<Ctrl+A>	将光标移动到当前行的开头
<Ctrl+B>	将光标向左移动一个字符
<Ctrl+C>	停止当前正在执行的命令
<Ctrl+D>	删除当前光标所在位置的字符
<Ctrl+E>	将光标移动到最后一行的末尾
<Ctrl+F>	将光标向右移动一个字符
<Ctrl+H>	删除光标左侧的一个字符
<Ctrl+K>	在连接建立阶段终止呼出连接
<Ctrl+N>	显示历史命令缓冲区中的后一条命令
<Ctrl+P>	显示历史命令缓冲区中的前一条命令
<Ctrl+T>	输入问号(?)
<Ctrl+W>	删除光标左侧的一个字符串(字)
<Ctrl+X>	删除光标左侧所有的字符
<Ctrl+Y>	删除光标所在位置及其右侧所有的字符
<Ctrl+Z>	返回用户视图
<Ctrl+]>	终止呼入的连接或重定向连接
<Esc+B>	将光标向左移动一个字符串(字)
<Esc+D>	删除光标右侧的一个字符串(字)
<Esc+F>	将光标向右移动一个字符串(字)

9. 批量执行特性

当用户需要经常性地连续执行多个命令时,可以预先将这些命令定义为批量执行的命令行,从而简化对常用命令的输入操作,以提升操作效率;还可通过维护助手,设定定时批量自动执行。定时执行任务功能是指在设备中创建一个或多个维护助手,以实现运维管理自动化。通过配置,设备可以在指定时刻或延迟指定时长以后,自动执行一个或一组命令。启用此功能以后,设备能够在无人值守的情况下完成某些操作或配置,主要用于对系统进行定时升级或定时配置,具体操作如下。

(1)执行 system-view 命令,进入系统视图。

(2)执行 assistant task task-name 命令,创建维护助手任务,单设备最多支持创建 5 个。

(3)执行 if-match timer cron seconds minutes hours days-of-month months days-of-week [years]命令,配置在指定时间执行维护助手任务。

(4)执行 perform priority batch-file filename 命令,设置维护助手的处理动作。

说明:指定的批处理文件 filename 中的命令默认在系统视图下执行。

(5)执行 display assistant task history [task-name]命令,查看维护助手历史执行情况。

此功能不但可以增强设备的自动控制和管理能力,并提高设备的易用性,还可以实现有效节能。

（二）查看命令行显示信息

本部分介绍查看命令行显示信息，包括查询命令行的配置信息、过滤命令行显示信息和控制命令行显示方式。

1. 查询命令行的配置信息

在完成一系列配置后，可以执行相应的 display 命令来查看设备的配置信息和运行信息。例如，在完成 FTP 服务器的各项配置后，可以执行 display ftp-server 命令，查看当前 FTP 服务器的各项参数。display 命令的用法和功能可查阅各配置指南手册中对应特性的“检查配置结果”章节。

同时，系统支持查看当前生效的配置信息和当前视图下生效的配置信息。

（1）查看当前生效的配置信息：执行 display current-configuration 命令。需要注意的是，对于某些正在生效的配置参数，如果与缺省参数相同，则不显示。

（2）查看当前视图下生效的配置信息：执行 display this 命令。同样，对于某些正在生效的配置参数，如果与缺省参数相同，则不显示。此外，使用 display this 命令查询时，如果信息未显示完毕，其他终端用户将无法使用该命令进行查询。

2. 过滤命令行显示信息

设备支持配置不同级别用户查看指定的配置信息的功能，从而实现对命令行显示信息的过滤。

1）背景信息

管理员可以通过执行 command-privilege level 命令，将 display current-configuration 命令的命令行级别设置为低级别，使低级别用户可以通过执行 display current-configuration 命令查看设备当前的所有配置信息。若管理员希望低级别用户通过执行 display current-configuration 命令仅能查看指定内容的配置信息，则可通过 set current-configuration display 命令进行设置。

2）操作步骤

（1）执行 system-view 命令，进入系统视图。

（2）执行 command-privilege level *level* view *view-name command-key* 命令，将 display current-configuration 命令的级别设置为指定级别。

（3）执行 set current-configuration display [all] level level command-key 命令，设置指定级别用户需要查看的配置信息。

3）检查配置结果

指定级别用户登录设备后，执行 display current-configuration 命令，即可查看指定内容的配置信息。

3. 控制命令行显示方式

所有命令行都有共同的显示特征，且可以根据用户的需求灵活控制显示方式，各功能键和对应功能描述见表 1-1-7。

当终端屏幕上显示的信息过多时，可以使用 PageUp 和 PageDown 键切换查看上一页信息和下一页信息。执行某一命令后，如果显示的信息超过一屏，系统会自动暂停，以方便用户查看。此时用户可以通过功能键控制命令行的显示方式。此外，screen-length screen-length temporary 命令可以用于设置当前终端屏幕的临时显示行数，如果 screen-length 取值为 0 则关闭分屏功能，即当显示的信息超过一屏时，系统不会自动暂停。

表 1-1-7　控制命令行功能键和对应功能描述

功能键	功能描述
<Ctrl+C>或<Ctrl+Z>	停止显示或命令执行；也可以键入除空格键、回车键外的其他键（如数字键、字母键），实现停止显示和命令执行操作
空格键	继续显示下一屏信息
回车键	继续显示下一行信息

二、任务目标

（1）能正确安装华为网络仿真软件 eNSP，并运用 eNSP 搭建网络拓扑结构。
（2）能增加与删除设备接口卡。
（3）能导出与导入设备系统配置。
（4）能够利用 Wireshark 软件抓取数据包。
（5）掌握命令行视图的切换技巧及命令行帮助功能。
（6）掌握修改设备名称和设置时钟的方法。
（7）掌握设置标题信息的方法。
（8）掌握查看路由器基本信息的方法。
（9）掌握 IP 地址配置和连通性测试方法。
（10）掌握查看设备配置的方法。

三、任务拓扑

本任务模拟小规模企业的网络场景：Z 企业新购入路由器和交换机设备，其中交换机 S1 连接客服部、S2 连接市场部，出口路由器连接 S1 和 S2。网络管理员小刘需要熟悉新设备的操作，熟悉 VRP 基础操作和常用 IP 相关命令。网络拓扑结构如图 1-1-1 所示。

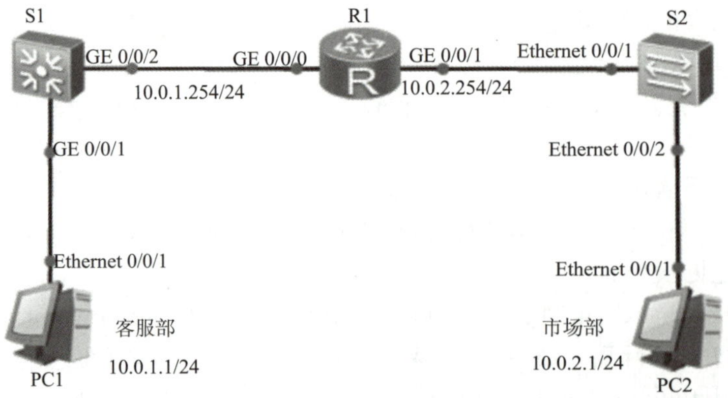

图 1-1-1　网络拓扑结构

四、任务实施

1. 熟悉 VRP 基础操作

1）命令行视图切换

（1）显示系统软件版本及硬件信息。

路由器 AR2220 查询系统软件版本和硬件信息的操作和显示结果如下。

```
[Huawei]display version
Huawei Versatile Routing Platform Software
VRP (R) software, Version 5.130 (AR2200 V200R003C00)
Copyright (C) 2011-2012 HUAWEI TECH CO., LTD
Huawei AR2220 Router uptime is 0 week, 0 day, 0 hour, 10 minutes
BKP 0 version information:
1. PCB        Version   : AR01BAK2A VER.NC
2. If Supporting PoE : No
3. Board      Type      : AR2220
4. MPU Slot Quantity : 1
5. LPU Slot Quantity : 6

MPU 0(Master) : uptime is 0 week, 0 day, 0 hour, 10 minutes
MPU version information :
1. PCB        Version   : AR01SRU2A VER.A
2. MAB        Version   : 0
3. Board      Type      : AR2220
4. BootROM    Version   : 0

[Huawei]
```

交换机 S5700 查询系统软件版本和硬件信息的操作和显示结果如下。

```
<Huawei>display version
Huawei Versatile Routing Platform Software
VRP (R) software, Version 5.110 (S5700 V200R001C00)
Copyright (c) 2000-2011 HUAWEI TECH CO., LTD

Quidway S5700-28C-HI Routing Switch uptime is 0 week, 0 day, 0 hour, 9 minutes
<Huawei>
```

（2）从用户视图切换到系统视图。

```
<Huawei>system-view
Enter system view, return user view with Ctrl+Z.
[Huawei]
```

（3）从系统视图进入接口视图。

```
[Huawei]interface GigabitEthernet 0/0/1
[Huawei-GigabitEthernet0/0/1]
```

（4）退出接口视图，并退回到系统视图。

```
[Huawei-GigabitEthernet0/0/1]quit
[Huawei]
```

此外，**return** 命令可以从任意非用户视图退回到用户视图。

从接口视图退回到用户视图。

```
[Huawei-GigabitEthernet0/0/1]return
<Huawei>
```

从系统视图退回到用户视图。

```
[Huawei]return
<Huawei>
```

2）命令行帮助

（1）完全帮助。

在任意视图下输入“?”，可获取该视图下所有命令及其简单描述。例如，在用户视图下输入“?”。

```
<Huawei>?
User view commands:
  cd             Change current directory
  check          Check information
  clear          Clear information
  clock          Specify the system clock
  cluster        Run cluster command
  cluster-ftp    FTP command of cluster
  compare        Compare function
  configuration  Configuration interlock
  copy           Copy from one file to another
  debugging      Enable system debugging functions
  delete         Delete a file
......
```

也可以输入一条命令，后面接以空格分隔的“?”，系统列出全部关键字或参数及其简单描述。

```
<Huawei>display ?
  aaa                        AAA
  access-user                User access
  accounting-scheme          Accounting scheme
  acl                        Acl status and configuration information
  alarm                      Alarm
  anti-attack                Specify anti-attack configurations
  arp                        Display ARP entries
......
```

（2）部分帮助。

输入字符串，其后紧接“?”，系统列出以该字符串开头的所有关键字。

```
<Huawei>d?
  debugging                          delete
  dir                                display
```

（3）Tab 键补全命令。

输入命令开头的几个字符，循环按 Tab 键，系统将显示该视图下所有以此字符串开头的命令。

```
<Huawei>d
<Huawei>debugging
<Huawei>display
<Huawei>dir
<Huawei>delete
<Huawei>debugging
```

3）修改路由器名称

例如，设备默认名字为“Huawei”，将其修改为“R1”。

```
[Huawei]sysname R1
[R1]
```

4）设置路由器时钟

（1）查看时间。

```
<R1>display clock
2024-08-28 18:18:18
```

```
Wednesday
Time Zone(BJ) : UTC+08:00
```

(2)设置时区。由于系统默认时区为伦敦时间,北京处于东八区,因此设置时区为北京时间,需增设 8 小时偏移量。

```
<R1>clock timezone BJ add 08:00:00
```

(3)设置时间。将时间设置为 2030 年 11 月 4 日 11 点 04 分。

```
<R1>clock datetime 11:04:00 2030-11-4
```

(4)查询设置时间结果。

```
<R1>display clock
2030-11-04 11:04:21
Monday
Time Zone(BJ) : UTC+08:00
```

注意:时钟设置命令必须在用户视图下执行。为保证设备时钟的准确性,应该先配置系统时区,再设置系统时间和日期。

5)设置标题信息

如果需要向登录路由器的用户提供警示或说明信息,可以设置登录时或登录成功后的标题信息。其中, login 参数为用户在登录路由器认证过程中激活终端连接时显示的标题信息;shell 参数为用户成功登录路由器并建立会话时显示的标题信息。

例如,为配置 Telnet 服务的 R2 路由器设置标题信息。

```
[R2]header shell information "Don't reboot"
[R2]header login information "Welcome to Changsha"
```

R1 模拟客户端远程登录 R2,登录前可以看到 login 信息,输入认证信息登录成功后可以看到 shell 信息。

```
<R1>telnet 10.1.12.2
Trying 10.1.12.2 ...
Press CTRL+K to abort
Connected to 10.1.12.2 ...
Welcome to Changsha
Login authentication
Password:
Don't reboot
Info: The max number of VTY users is 10, and the number
```

```
      of current VTY users on line is 1.
      The current login time is 2024-08-29 12:08:55.
<r2>
```

6）查看接口信息

例如，查询路由器 R1 的 GigabitEthernet 0/0/1 接口信息。

```
<R1>display interface GigabitEthernet 0/0/1
GigabitEthernet0/0/1 current state : UP
Line protocol current state : UP
Last line protocol up time : 2024-08-28 19:37:15 UTC+08:00
Description:HUAWEI, AR Series, GigabitEthernet0/0/1 Interface
Route Port,The Maximum Transmit Unit is 1500
Internet Address is 10.0.2.254/24
IP Sending Frames' Format is PKTFMT_ETHNT_2, Hardware address is 00e0-fc70-5482
Last physical up time    : 2024-08-28 19:37:15 UTC+08:00
Last physical down time: 2024-08-29 11:37:07 UTC-08:00
Current system time: 2030-11-04 11:11:52+08:00
Port Mode: COMMON COPPER
Speed : 1000,    Loopback: NONE
Duplex: FULL,    Negotiation: ENABLE
Mdi    : AUTO
Last 300 seconds input rate 432 bits/sec, 0 packets/sec
Last 300 seconds output rate 0 bits/sec, 0 packets/sec
Input peak rate 568 bits/sec,Record time: 2024-08-28 19:37:34
Output peak rate 96 bits/sec,Record time: 2024-08-28 19:37:24

Input:    304 packets, 36176 bytes
  Unicast:                    0,  Multicast:                304
  Broadcast:                  0,  Jumbo:                    0
  Discard:                    0,  Total Error:              0

  CRC:                        0,  Giants:                   0
  Jabbers:                    0,  Throttles:                0
  Runts:                      0,  Symbols:                  0
  Ignoreds:                   0,  Frames:                   0

Output:   1 packets, 60 bytes
  Unicast:                    0,  Multicast:                0
  Broadcast:                  1,  Jumbo:                    0
  Discard:                    0,  Total Error:              0

  Collisions:                 0,  ExcessiveCollisions:      0
  Late Collisions:            0,  Deferreds:                0
```

```
Input bandwidth utilization threshold : 100.00%
Output bandwidth utilization threshold: 100.00%
Input bandwidth utilization    :     0%
Output bandwidth utilization :     0%
```

其中,重点关注接口 IP 地址 10.0.2.254/24 和硬件地址 00e0-fc70-5482。

7)查看路由器当前配置

例如,查看路由器 R1 的当前配置。

```
<R1>display current-configuration
[V200R003C00]
#
 sysname R1
 header shell information "welcome to huawei"
 header login information "hello"
#
 snmp-agent local-engineid 800007DB03000000000000
 snmp-agent
#
 clock timezone BJ add 08:00:00
#
portal local-server load flash:/portalpage.zip
#
 drop illegal-mac alarm
#
 wlan ac-global carrier id other ac id 0
#
 set cpu-usage threshold 80 restore 75
#
aaa
 authentication-scheme default
 authorization-scheme default
 accounting-scheme default
 domain default
 domain default_admin
 local-user admin password cipher %$%$K8m.Nt84DZ}e#<0`8bmE3Uw}%$%$
 local-user admin service-type http
#
firewall zone Local
 priority 15
#
interface GigabitEthernet0/0/0
 ip address 10.0.1.254 255.255.255.0
```

```
#
interface GigabitEthernet0/0/1
 ip address 10.0.2.254 255.255.255.0
#
interface GigabitEthernet0/0/2
#
interface NULL0
#
user-interface con 0
 authentication-mode password
user-interface vty 0 4
user-interface vty 16 20
#
wlan ac
#
return
```

8)保存配置

在用户视图下,保存设备配置信息。

```
<R1>save
```

9)查看保存的配置

在用户视图下,查看保存的设备配置信息。

```
<R1>display saved-configuration
```

2. 熟悉常用 IP 相关命令

1)基础配置

(1)PC 基础配置。

PC 基础配置主要包括设置 PC 的 IP 地址、子网掩码、网关等参数。以 PC1 为例,其参数配置如图 1-1-2 所示。

(2)路由器基础配置。

路由器基础配置主要包括设备重命名、保存当前配置以及接口 IP 地址配置。

```
<Huawei>system-view
[Huawei]sysname R1
[R1]int g0/0/0
[R1-GigabitEthernet0/0/0]ip add 10.0.1.254 24
[R1-GigabitEthernet0/0/0]int g0/0/1
[R1-GigabitEthernet0/0/1]ip add 10.0.2.254 24
```

图 1-1-2　PC1 参数配置

配置完成后，可以通过以下命令查询接口 IP 地址配置结果。从输出可知，配置完 IP 地址，两个接口的 Physical 和 Protocol 状态都是 up。

```
<R1>display ip interface brief
*down: administratively down
^down: standby
(l): loopback
(s): spoofing
The number of interface that is UP in Physical is 3
The number of interface that is DOWN in Physical is 1
The number of interface that is UP in Protocol is 3
The number of interface that is DOWN in Protocol is 1

Interface                 IP Address/Mask     Physical   Protocol
GigabitEthernet0/0/0      10.0.1.254/24       up         up
GigabitEthernet0/0/1      10.0.2.254/24       up         up
GigabitEthernet0/0/2      unassigned          down       down
NULL0                     unassigned          up         up(s)
```

2）查看路由器的路由表信息

执行以下命令可以查看路由器的路由表，可见当前路由表只包含直连路由信息。

```
<R1>display ip routing-table
Route Flags: R - relay, D - download to fib
```

```
------------------------------------------------------------------------------------------------------------------------
Routing Tables: Public
         Destinations : 10        Routes : 10

Destination/Mask     Proto    Pre   Cost    Flags  NextHop        Interface

10.0.1.0/24          Direct   0     0       D   10.0.1.254       GigabitEthernet
0/0/0
10.0.1.254/32        Direct   0     0       D   127.0.0.1        GigabitEthernet
0/0/0
10.0.1.255/32        Direct   0     0       D   127.0.0.1        GigabitEthernet
0/0/0
10.0.2.0/24          Direct   0     0       D   10.0.2.254       GigabitEthernet
0/0/1
10.0.2.254/32        Direct   0     0       D   127.0.0.1        GigabitEthernet
0/0/1
10.0.2.255/32        Direct   0     0       D   127.0.0.1        GigabitEthernet
0/0/1
127.0.0.0/8          Direct   0     0       D   127.0.0.1        InLoopBack0
127.0.0.1/32         Direct   0     0       D   127.0.0.1        InLoopBack0
127.255.255.255/32   Direct   0     0       D   127.0.0.1        InLoopBack0
255.255.255.255/32   Direct   0     0       D   127.0.0.1        InLoopBack0
```

3)测试连通性

在 PC 命令行输入 ping 命令并按回车键，可以查看该命令支持的参数，如图 1-1-3 所示。

```
PC>ping

Usage: ping <host> [-t] [-f] [-c count] [-l size][-i TTL] [-w timeout]

Options:
-t              Ping the specified host until stopped.
-f              Set Don't Fragment flag in packet (IPv4-only).
-c count        Number of echo requests to send.
-l size         Send buffer size.
-i TTL          Time To Live.
-w timeout      Timeout in milliseconds to wait for each reply.
-4              Force using IPv4.
-6              Force using IPv6.
```

图 1-1-3 ping 命令支持的参数

以客服部 PC1 与市场部 PC2 的连通性测试为例。首先，在 R1 的接口上按鼠标右键，选择“开始抓包”以启动抓包软件；然后，在 PC 端执行 ping 命令。

```
PC>ping 10.0.2.1 -c 2

Ping 10.0.2.1: 32 data bytes, Press Ctrl_C to break
```

```
Request timeout!
From 10.0.2.1: bytes=32 seq=2 ttl=127 time=63 ms

--- 10.0.2.1 ping statistics ---
2  packet(s) transmitted
1  packet(s) received
50.00% packet loss
   round-trip min/avg/max = 0/63/63 ms


PC>ping 10.0.2.1 -c 2     #再次测试

Ping 10.0.2.1: 32 data bytes, Press Ctrl_C to break
From 10.0.2.1: bytes=32 seq=1 ttl=127 time=94 ms
From 10.0.2.1: bytes=32 seq=2 ttl=127 time=78 ms

--- 10.0.2.1 ping statistics ---
2  packet(s) transmitted
2  packet(s) received
0.00% packet loss
   round-trip min/avg/max = 78/86/94 ms
```

说明：第一个 ping 命令测试发送 2 个报文，其中第一个报文发送超时，这是因为数据在链路层封装时需要 ARP（地址解析协议）解析 MAC 地址；获取 MAC 地址后，第二个报文即顺利发出。由于终端具备 ARP 缓存机制，再次执行 ping 命令时，2 个报文都可正常发出。路由器接口抓包操作如图 1-1-4 所示。

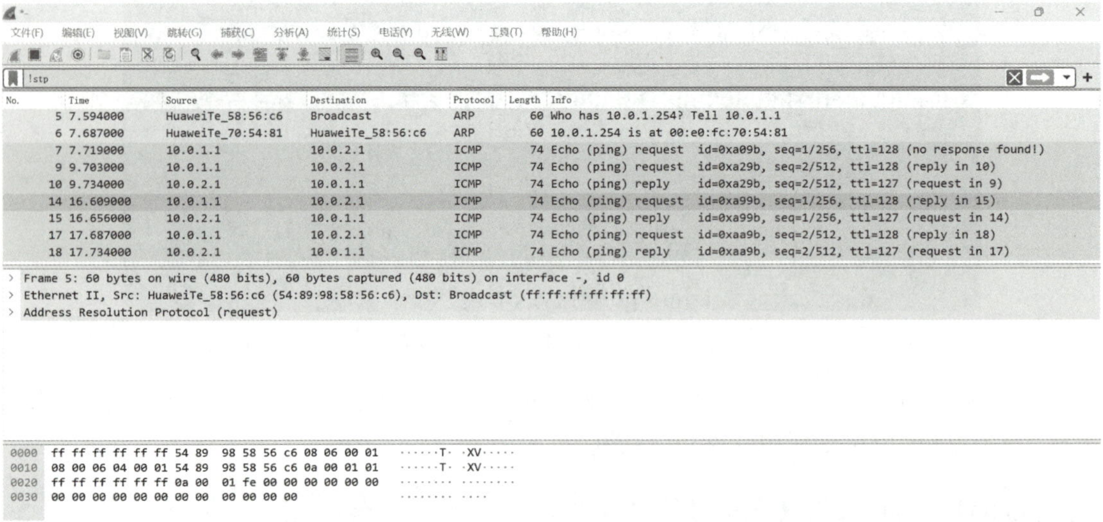

图 1-1-4　路由器接口抓包操作

五、任务评价

任务评价见表 1-1-8。

表 1-1-8　任务评价

序号	考核要点	完成情况
1	不同命令行视图间的切换	
2	能够利用“?”获取命令行帮助信息	
3	能够利用 Tab 键补全命令	
4	能够看懂常见命令行错误提示信息	
5	能够正确使用 undo 命令	
6	能够查看历史命令	
7	能够配置常见命令，包括： (1)显示系统软件版本及硬件信息； (2)修改路由器名称； (3)设置设备系统时钟信息； (4)设置标题信息； (5)查看设备接口信息； (6)查看路由器当前配置； (7)保存设备配置； (8)配置设备接口 IP 地址； (9)查询设备路由表信息； (10)测试网络连通性	
8	总结本次任务的收获	

六、日积月累

(1)命令可以简写，但是要保证输入的命令关键字具有唯一性。

(2)如果忘记了命令，可以通过输入“?”查看相关命令提示，也可以借助 Tab 键自动补全命令。

(3)利用数据抓包功能，直观观察数据包的传输过程，有助于深入理解网络协议运行原理。

任务 2　配置通过 Telnet/STelnet 登录系统

一、知识准备

1. Telnet

Telnet(远程终端协议)提供交互式操作界面，允许终端远程登录到支持 Telnet 服务的设备。Telnet 用户可以像通过 Console 口进行本地登录一样对设备进行操作。远端 Telnet 服务器和终端之间无须直连，只需保证通信可达即可。通过使用 Telnet，用户可以便捷地远程管理和维护设备，也可以在一台终端上对本地运行的多台网络设备进行配置，避免将每台设备均单独连接用户终端。

Telnet 采用客户端/服务器（C/S）模式运行。**Telnet 基于 TCP（传输控制协议），服务器端口号默认为 23**，服务器通过该端口与客户端建立 Telnet 连接。但是，Telnet 远程登录设备时采用明文传输，安全性较低。

华为 VRP 系统集成了 Telnet 客户端进程和服务器进程。为保障安全，在配置 Telnet 登录用户界面时，必须配置认证方式，否则用户无法成功登录设备。

Telnet 认证有以下两种模式。

（1）AAA 模式：当配置用户界面的认证方式为 AAA 时，用户登录时需输入用户名和密码。

（2）密码模式：当配置用户界面的认证方式为密码时，用户登录时仅需输入登录密码。

2. VTY

VTY（Virtual Type Terminal，虚拟终端连接）是网络设备用于管理和监控通过 Telnet 方式登录的用户的逻辑终端接口，并非实体接口。网络设备为每个 Telnet 用户分配一个 VTY 界面。默认情况下，ARG3 系列路由器提供 10 个 VTY 虚拟接口，编号分别是 0、1、2、3、4、16、17、18、19 和 20，其中每个虚拟接口都可以为一个用户提供远程连接。管理员可以根据实际需要设置 VTY 虚拟接口数量。如果需要增加 Telnet 用户的登录数量，可以使用 user-interface maximum-vty 命令进行调整。

管理员进入设备控制接口（包括物理的 Console 口和逻辑的 VTY 接口）进行配置时，都要使用 user-interface 命令。

管理员可以使用 head 命令配置对登录用户的提示、警示等信息，head 后面的关键字定义显示标题信息的时机。

（1）head login 用于设置用户在登录设备的认证过程中，激活终端连接时显示的标题信息。

（2）head shell 用于设置当用户成功登录到设备并建立会话时显示的标题信息。

3. SSH

SSH 协议即安全外壳（Secure Shell）协议，定义此协议是为了取代缺乏机密性保障的远程管理协议。它通过对通信内容进行加密，为管理员提供更加安全的远程登录服务，并且传输的数据是经过压缩的，可以加快传输速度。SSH 协议的最新版本是 SSHv2。

SSH 协议的加密方式主要有两种：对称加密（也称为密钥加密）和非对称加密（也称公钥加密）。对称加密方式在加密和解密时使用同一套密钥。对称加密的加密强度高，很难破解，但是在实际应用中存在密钥安全保存难题，尤其是对数量庞大的客户端，密钥容易泄露。一旦客户端的密钥被盗，那么整个系统的安全性将受到威胁。非对称加密方式采用两个密钥——“公钥”和“私钥”，这两个密钥的特性是公钥加密后的密文，只能通过对应的私钥进行解密，私钥加密后的密文，只能通过对应的公钥进行解密。通过公钥推理出私钥的可能性极低。

当客户端通过 SSHv2 协议远程登录被管理设备时，需要先与 SSHv2 服务器基于端口号 22 的 TCP 建立加密通道，客户端使用服务器的 RSA 公钥验证 SSHv2 服务器的身份。因此，服务器端需要先生成可供客户端认证的公钥，而客户端获取公钥的方式有以下两种。

（1）RSA 公钥可以由服务器在客户端首次发起 SSHv2 连接时提供给客户端。

（2）管理员可以在客户端使用命令手动指定 SSH 服务器的公钥名称及该公钥与 SSH 服务器的对应关系。

客户端成功验证服务器身份后，双方会创建一个会话密钥，并且用在加密信道中协商好的加密算法对传输数据进行加密。至此，两台设备之间就建立起了一条安全信道。当客户端登录服务器时，可以通过安全信道发送用户名和密码，服务器将该信息解密后得到用户名和密码的明文，再与设备上保存的用户名和密码进行比对，并返回认证成功或者失败的消息。

认证是指通信的一方向另一方证实自己身份的行为，其目的是让对方确认自己的通信身份具有合法性。加密是对通信群体之外的其他方，隐藏通信数据真实含义的行为。

STelnet 是一种安全远程登录协议，其通过对客户端的认证和双向数据加密，为网络终端访问提供安全的 Telnet 服务。Telnet 协议在通信过程中传输的信息全部是明文。

二、任务目标

（1）理解 VTY 界面的功能。

（2）掌握 Telnet 认证方式的配置方法。

（3）理解 SSH 协议的运行原理。

（4）能够独立完成通过 Telnet/STelnet 方式访问网络设备的配置工作。

三、任务拓扑

Z 企业网络管理员小刘接到紧急出差任务，需要到深圳的项目现场调试设备。在获知设备已经开启远程登录服务后，小刘决定采取远程方式进行操作。配置 Telnet/STelnet 登录系统的网络拓扑如图 1-2-1 所示。

图 1-2-1　配置 Telnet/STelnet 登录系统的网络拓扑

四、任务实施

1. 基础配置

根据表 1-2-1 配置设备接口的 IP 地址和子网掩码。

表 1-2-1　设备接口的 IP 地址和子网掩码配置

设备	接口	IP 地址	子网掩码
R1（Router）	E0/0/0	10.1.12.1	255.255.255.0
R2（Router）	E0/0/0	10.1.12.2	255.255.255.0

配置完成后，使用 ping 命令测试直连链路的连通性。

```
<R1>ping 10.1.12.2
  PING 10.1.12.2: 56   data bytes, press CTRL_C to break
    Reply from 10.1.12.2: bytes=56 Sequence=1 ttl=255 time=90 ms
    Reply from 10.1.12.2: bytes=56 Sequence=2 ttl=255 time=60 ms
    Reply from 10.1.12.2: bytes=56 Sequence=3 ttl=255 time=30 ms
    Reply from 10.1.12.2: bytes=56 Sequence=4 ttl=255 time=50 ms
    Reply from 10.1.12.2: bytes=56 Sequence=5 ttl=255 time=40 ms

  --- 10.1.12.2 ping statistics ---
5   packet(s) transmitted
5   packet(s) received
0.00% packet loss
    round-trip min/avg/max = 30/54/90 ms
```

2. 配置 Telnet 密码认证

以 R2 开启 Telnet 服务， R1 模拟客户端，配置 R2 的 Telnet 认证模式为密码认证，设置密码为 huawei@123，用户登录权限为 2 级（默认 0 级），设置标题信息。

Telnet 实验

```
[R2]user-interface vty 0 4
[R2-ui-vty0-4]authentication-mode password
[R2-ui-vty0-4]set authentication password huawei@123
[R2-ui-vty0-4]user privilege level 2
[R2]head login information "Welcome to Changsha"
[R2]head shell information "Don't reboot"
```

同时，对用户界面进行优化配置：将 Console 界面命令执行后终端屏幕每屏显示的信息行数从默认每屏显示 24 行调整为 30 行；将历史命令缓冲区容量从默认存放 10 条扩展至 20 条；将用户连接的超时时间从默认 5 min 延长至 10 min；将 Telnet/STelnet 用户最大登录数从默认 5 个增加到 15 个。

```
[R2]user-interface console   0
[R2-ui-console0]screen-length 30
[R2-ui-console0]history-command max-size 20
```

```
[R2-ui-console0]idle-timeout 10 0
[R2]user-interface maximum-vty 15
```

配置完成后进行测试，使用抓包软件分析 Telnet 的 TCP 三次握手过程。

```
<R1>telnet 10.1.12.2
Trying 10.1.12.2 ...
Press CTRL+K to abort
Connected to 10.1.12.2 ...
Welcome to Changsha
Login authentication
Password:
Don't reboot
Info: The max number of VTY users is 10, and the number
        of current VTY users on line is 1.
        The current login time is 2024-08-29 12:38:49.
<R2>
```

抓包结果显示，Telnet 基于 TCP 连接，经过三次握手建立连接（图 1-2-2），且传输内容是明文（可以清晰看到登录密码是 huawei@123），安全性差。

图 1-2-2　Telnet 抓包结果

在 R2 上查看 Telnet 在线用户为一个，IP 地址为 10.1.12.1。

```
<R2>display users
  User-Intf    Delay    Type   Network Address   AuthenStatus   AuthorcmdFlag
+ 0    CON 0   00:00:00                                          no
  Username : Unspecified
34   VTY 0     00:00:53  TEL    10.1.12.1          pass           no
  Username : Unspecified
```

3. 配置 Telnet AAA 认证

以 R1 作为服务器，创建 2 个不同权限的用户：huawei1（密码是 huawei1@123，登录权限为 3 级）和 huawei2（密码是 huawei2@123，登录权限为 0 级）。

```
[R1]aaa
[R1-aaa]local-user huawei1 password cipher huawei1@123
[R1-aaa]local-user huawei2 password cipher huawei2@123
[R1-aaa]local-user huawei1 service-type telnet
[R1-aaa]local-user huawei1 privilege level 3
```

```
[R1-aaa]local-user huawei2 service-type telnet
[R1]user-interface vty 0 4
[R1-ui-vty0-4]authentication-mode aaa
```

配置完成后进行测试，使用 **huawei1** 登录，可进入系统视图。

```
<R2>telnet 10.1.12.1
Trying 10.1.12.1 ...
Press CTRL+K to abort
Connected to 10.1.12.1 ...
Login authentication
Username:huawei1
Password:
Info: The max number of VTY users is 10, and the number
      of current VTY users on line is 1.
      The current login time is 2024-08-29 12:52:56.
<R1>system-view
Enter system view, return user view with Ctrl+Z.
[R1]
```

使用 **huawei2** 登录，因权限不足，无法进入系统视图。

```
<R2>telnet 10.1.12.1
Trying 10.1.12.1 ...
Press CTRL+K to abort
Connected to 10.1.12.1 ...
Login authentication
Username:huawei2
Password:
Info: The max number of VTY users is 10, and the number
      of current VTY users on line is 1.
      The current login time is 2024-08-29 12:52:56.
<R1>system-view
    ^
Error: Unrecognized command found at '^' position.
```

4. 配置 SSH 服务器

配置 SSH 服务器需先生成本地 RSA 密钥对，默认密钥长度为 512 字节，生成的密钥对将保存在设备中，重启时不会丢失。

STelnet 实验

```
[R2]rsa local-key-pair create
```

查看本地密钥对中的公钥部分信息。

```
<R2>display rsa local-key-pair public

-----------------------------------------------------------------------------------
Time of Key pair created: 2007-08-25 16:35:02-08:00
Key name: Host
Key type: RSA encryption Key
-----------------------------------------------------------------------------------
Key code:
3047
  0240
    C974420D DD712C58 36A67819 362FEB9C 9C17E326
    24101B32 C272F9C9 E3CD06EB C2C73F7C BC89A0E0
    994995EF 7885F359 57B25237 3D441556 A050F823
    6087E121
  0203
    010001

-----------------------------------------------------------------------------------
Time of Key pair created: 2007-08-25 17:11:59-08:00
Key name: Server
Key type: RSA encryption Key
-----------------------------------------------------------------------------------
Key code:
3067
  0260
    C1102C7B 2CAB4FAB CD7DCD2C 32D0CCE6 8B995872
    2AD83815 39F82B8F 2680B89C A02A8A92 655894E7
    48B382E7 B17616E5 01C1B8ED 1D5C7CC3 FFF7453F
    E0304E50 D4DBE481 E3CDF7E1 6665569A AC5DEBAE
    DC7B048B B954F568 1432935B 92AADCB5
  0203
    010001
```

配置 VTY 用户界面，设置认证方式为 AAA，并指定 VTY 用户界面只支持 SSH 协议，设备将自动禁止 Telnet 功能。

```
[R2]user-interface vty 0 4
[R2-ui-vty0-4]authentication-mode aaa
[R2-ui-vty0-4]protocol inbound ssh
```

启用 VRP 系统中 SSH 服务器进程，默认设备的 SSH 服务器功能是关闭的，创建本地用户并关联 SSH 协议。

```
[R2]stelnet server  enable
[R2]aaa
[R2-aaa]local-user huawei password cipher huawei
[R2-aaa]local-user huawei service-type ssh
[R2-aaa]local-user huawei privilege level 3
[R2]ssh user huawei authentication-type password
```

查看 SSH 用户配置信息，若不在末尾指定 SSH 用户，则可以查看 SSH 服务器端所有的 SSH 用户配置信息。

```
<R2>display ssh user-information  huawei
----------------------------------------------------------------------------------------
 Username           Auth-type           User-public-key-name
----------------------------------------------------------------------------------------
 huawei             password            null
----------------------------------------------------------------------------------------
<R2>
```

查看 SSH 服务器全局配置信息。

```
<R2>display  ssh server status
 SSH version                             :1.99
 SSH connection timeout                  :60 seconds
 SSH server key generating interval      :0 hours
 SSH Authentication retries              :3 times
 SFTP Server                             :Enable
 Stelnet server                          :Enable
```

5. 配置 SSH 客户端

当客户端首次登录时，需要开启客户端首次登录认证功能，暂时不对 SSH 服务器的 RSA 公钥进行有效性检查。登录成功后，系统将自动分配并保存 RSA 公钥，再次登录时便会使用保存的公钥进行认证。

```
[R1]ssh client first-time enable
```

6. 测试

在客户端 R1 的系统视图下连接服务器。

```
[R1]stelnet 10.1.1.2
Please input the username:huawei
```

```
Trying 10.1.1.2 ...
Press CTRL+K to abort
Connected to 10.1.1.2 ...
Enter password:
<R2>
```

在服务器端 R2 查看 SSH 客户端远程访问情况。结果显示，用户名为 huawei，IP 地址为 10.1.1.1，已通过 STelnet 方式成功登录服务器。

```
<R2>display ssh server session
--------------------------------------------------------------------------------
Conn    Ver   Encry     State   Auth-type          Username
--------------------------------------------------------------------------------
VTY 0   2.0   AES       run     password           huawei
--------------------------------------------------------------------------------
<R2>display users
  User-Intf       Delay      Type   Network Address      AuthenStatus      AuthorcmdFlag
+ 0     CON 0    00:00:00                                  pass
  Username : Unspecified

129   VTY 0    00:01:30   SSH     10.1.1.1                 pass
  Username : huawei
```

五、任务评价

任务评价见表 1-2-2。

表 1-2-2　任务评价

序号	考核要点	完成情况
1	VTY 界面的功能	
2	Telnet 认证方式的配置方法	
3	SSH 协议的运行原理	
4	配置通过 Telnet 方式访问网络设备	
5	配置通过 STelnet 方式访问网络设备	
6	总结本次任务的收获	

六、日积月累

Telnet 服务无法远程访问的排查思路如下：如果网络已经配置 Telnet 服务，但无法建立远程连接，首先验证设备是否可达；如果设备可达，检查用户输入的密码是否正确；如果密码正确，查看当前通过 Telnet 访问设备的用户数是否达到最大限制；如需增加允许登录的用户数量，可以通过执行 user-interface maximum-vty <0-15>命令（其中“0-15”表示支持的用户数量范围）进行调整。

任务 3　配置通过 FTP/SFTP 进行文件操作

一、知识准备

File Transfer Protocol（文件传输协议，简称 FTP）的主要功能是实现本地和远程主机之间的文件传输，常用于**版本升级、日志下载**和**配置保存**等业务场景。FTP 采用 **C/S 模式，FTP 服务器通过 21 号端口建立控制连接，通过 20 号端口与客户端建立数据连接。**

使用 FTP 进行文件传输时，需建立两个 TCP 连接。

（1）FTP 客户端和 FTP 服务器间的控制连接：FTP 服务器开启 21 号端口，等待 FTP 客户端发起连接请求；FTP 客户端随机开启端口，向服务器发起建立连接的请求。控制连接用于在服务器和客户端之间传输控制命令。

（2）FTP 客户端和 FTP 服务器间的数据连接：FTP 服务器使用 20 号端口与客户端建立数据连接。通常情况下，由服务器主动建立或中断数据连接。

FTP 有主动和被动两种模式。不管是哪种模式，**控制连接都由客户端发起。两者的区别在于：在主动模式下，建立数据连接时由服务器主动发起数据连接请求；在被动模式下，建立数据连接时由客户端主动发起数据连接请求。**

FTP 传输数据时支持**两种传输模式：ASCII 模式和二进制模式。**ASCII 模式用于传输文本，发送端的字符在发送前被转换成 ASCII 码格式后传输，接收端收到之后再将其还原成字符。二进制模式常用于发送图片文件和程序文件，发送端在发送这些文件时无须转换格式，即可直接传输。

在企业网络中，可将 FTP 服务器与网络设备（配置为 FTP 客户端）配合使用，实现 VRP 文件和配置文件的备份或更新。

将新的 VRP 系统设置为下一次启动时使用的操作系统。

```
<R1>startup system-software filename
```

将新的配置文件设置为下一次启动时调用的配置文件。

```
<R1>startup saved-configuration filename
```

此外，也可以把网络设备配置为 FTP 服务器，将设备的日志文件保存到某台主机上，以便后续查看。SFTP（SSH File Transfer Protocol，安全文件传输协议）通过对客户端的认证和双向数据加密，为网络文件传输提供安全的服务。

二、任务目标

（1）能够配置通过 FTP/SFTP 方式对设备进行文件操作。
（2）掌握操作 FTP 服务器的常见命令。

三、任务拓扑

Z 企业网络管理员小刘为方便进行网络设备系统升级、备份日志等文件操作，对设备的 FTP 服务进行了配置。通过 FTP/SFTP 进行文件操作的网络拓扑如图 1-3-1 所示。

图 1-3-1　通过 FTP/SFTP 进行文件操作的网络拓扑

四、任务实施

1. R1 作为 FTP 服务器

FTP 实验

```
[R1-GigabitEthernet0/0/0]ip add 192.168.1.1 24    #配置接口 IP 地址
[R1]ftp server enable              #路由器 R1 使能 ftp 服务器
[R1]aaa                                  #创建账号 huawei，密码 huawei
[R1-aaa]local-user huawei password cipher huawei
[R1-aaa]local-user huawei service-type ftp          #用户服务类型是 FTP
[R1-aaa]local-user huawei ftp-directory flash:/         #指定用户目录 flash
[R1-aaa]local-user huawei access-limit 200           #同时最大接入用户数 200
[R1-aaa]local-user huawei idle-timeout 0 0           #连接不超时
[R1-aaa]local-user huawei privilege level 3          #用户权限级别 3
```

2. R2 作为客户端

```
[R2-GigabitEthernet0/0/0]ip add 192.168.1.2 24
```

3. 测试

```
<R2>ftp 192.168.1.1
Trying 192.168.1.1 ...
```

```
Press CTRL+K to abort
Connected to 192.168.1.1.
220    FTP service ready.
User(192.168.1.1:(none)):huawei
331    Password required for huawei.
Enter password:
230    User logged in.

[R2-ftp]
```

4. 常用命令

常用命令见表 1-3-1。

表 1-3-1　常用命令

操作	命令
查看当前所在目录	pwd
查看当前目录中的文件属性	dir
进入目录	cd directory
退回上一级目录	cd ..
创建目录	mkdir directory
重命名目录	rename *old-name new-name*
删除目录	rmdir *directory*
查看文件夹状态	ls
复制文件	copy *source-filename destination-directoryname*
移动文件	move *source-filename destination-directoryname*
将文件删除到回收站	delete *filename*
将文件从回收站恢复	undelete *filename*
清空回收站	reset recycle-bin
下载文件	get *old-name new-name*
上传文件	put *old-name new-name*
关闭 FTP 连接	bye

5. 修改 FTP 端口

FTP 默认控制端口是 21，数据端口是 20。如果将控制端口改为 1026，则数据端口改为 1025，且修改前需要先停止 FTP 服务器。

```
[R1]undo ftp server
[R1]ftp server port 1026
```

```
[R1]ftp server enable
```

查询结果显示，端口已经修改。

```
[R1]display ftp-server
  FTP server is running
  Max user number                    5
  User count                         0
  Timeout value(in minute)           30
  Listening port                     1026
  Acl number                         0
  FTP server's source address        0.0.0.0
```

通过新端口登录 FTP，并进行测试。

```
<R2>ftp 192.168.1.1 1026
Trying 192.168.1.1 ...

Press CTRL+K to abort
Connected to 192.168.1.1.
220    FTP service ready.
User(192.168.1.1:(none)):huawei
331    Password required for huawei.
Enter password:
230    User logged in.

[R2-ftp]
```

6. 配置 SFTP 服务器与客户端

（1）R2 作为服务器。

```
[R2]aaa
[R2-aaa]local-user huawei2 password cipher huawei2
[R2-aaa]local-user huawei2 service-type ssh
[R2-aaa]local-user huawei2 privilege level 3
[R2-aaa]local-user huawei2 ftp-directory flash:/
[R2]ssh user huawei2 authentication-type password
[R2]sftp server enable
```

查询 SFTP 服务器状态信息。

```
[R2]display ssh server status
 SSH version                         :1.99
 SSH connection timeout              :60 seconds
```

```
SSH server key generating interval      :0 hours
SSH Authentication retries              :3 times
SFTP Server                             :Enable
Stelnet server                          :Enable
```

（2）R1 作为客户端。

```
[R1]ssh client first-time enable
```

客户端连接 SSH 服务器，注意该操作必须在系统视图下进行。

```
[R1]sftp 10.1.1.2
Please input the username:huawei2
Trying 10.1.1.2 ...
Press CTRL+K to abort
The server is not authenticated. Continue to access it? (y/n)[n]:y
Aug 31 2024 09:17:15-08:00 R1 %%01SSH/4/CONTINUE_KEYEXCHANGE(l)[2]:The server had not been authenticated in the process of exchanging keys. When deciding whether to continue, the user chose Y.
sftp-client>
Save the server's public key? (y/n)[n]:y
The server's public key will be saved with the name 10.1.1.2. Please wait...
Aug 31 2024 09:17:19-08:00 R1 %%01SSH/4/SAVE_PUBLICKEY(l)[3]:When deciding whether to save the server's public key 10.1.1.2, the user chose Y.
sftp-client>
Enter password:
sftp-client>
```

在服务器端查看 SSH 会话连接信息。

```
[R2]display ssh server session
------------------------------------------------------------------------------------
Conn    Ver   Encry    State  Auth-type        Username
------------------------------------------------------------------------------------
VTY 1   2.0   AES      run    password         huawei2
------------------------------------------------------------------------------------
```

五、任务评价

任务评价见表 1-3-2。

表 1-3-2　任务评价

序号	考核要点	完成情况
1	操作 FTP 服务器的常见命令	
2	配置通过 FTP 方式对设备进行文件操作	
3	配置通过 SFTP 方式对设备进行文件操作	
4	总结本次任务的收获	

六、日积月累

(1)FTP 服务器默认使用服务器哪些端口？

FTP 服务器默认使用 TCP 的 21 号端口建立控制连接，使用 20 号端口建立数据连接。

(2)用户反馈没有权限访问 FTP 服务器上的目录，应该如何解决？

如果用户无权访问任何工作目录，则需要定义默认的 FTP 目录。可通过执行类似 set default ftp-directory <*directory location*>命令建立默认目录。

项目二

小型园区网络规划与部署

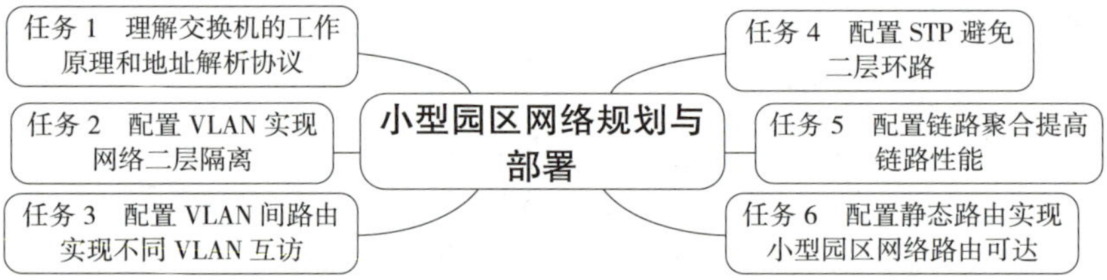

本项目主要介绍构建小型园区网络主要运用的网络技术，包括虚拟局域网（VLAN）技术、生成树协议（STP）、链路聚合（Eth-Trunk）技术以及静态路由。其中，VLAN 技术用于逻辑分割广播域；STP 可在逻辑上消除二层环路带来的各种风险；Eth-Trunk 技术能提高带宽、增强链路可靠性；静态路由可实现简单网络路由可达。

高素质技能型人才培养目标

知识目标	（1）理解交换机的基本工作原理； （2）理解交换机 MAC 地址表的生成机制和用途； （3）理解 ARP 的基本原理； （4）理解静态 ARP、免费 ARP 以及代理 ARP 的概念； （5）理解 VLAN 的用途和基本原理； （6）理解 VLAN 间路由的原理； （7）理解 STP/RSTP/MSTP 的基本原理； （8）理解链路聚合的基本原理； （9）理解路由基础知识； （10）理解静态路由负载分担和备份原理
能力目标	（1）能够正确配置交换机接口类型； （2）能够运用单臂路由、三层交换机实现 VLAN 间路由配置； （3）能够正确配置 STP/RSTP/MSTP； （4）能够正确配置链路聚合； （5）能够正确配置静态路由； （6）能够排查常见网络故障

素质目标	(1)培养学生分析问题、解决问题的思维方法和价值观; (2)培养学生良好的语言沟通和表达能力; (3)培养学生严谨专注、敬业专业、精益求精和追求卓越的职业素养

课程思政

驱动未来智能生活的“数字引擎”——华为鸿蒙系统

华为鸿蒙系统(HarmonyOS)是华为于2019年8月9日在东莞举行的华为开发者大会(HDC.2019)上发布的面向全场景的分布式操作系统。它可以将人、设备、场景有机地联系在一起,使消费者在全场景生活中接触的多种智能终端,实现极速发现、极速连接、硬件互助、资源共享。2020年9月,华为鸿蒙系统升级至HarmonyOS 2.0。2022年7月,华为发布鸿蒙HarmonyOS 3.0系统。2023年8月,HarmonyOS 4.0正式发布。2024年1月,华为发布原生鸿蒙操作系统星河版。2024年10月,华为原生鸿蒙系统HarmonyOS NEXT 5.0发布,这是我国首个全栈自研操作系统,成为继苹果iOS和安卓系统后全球第三大移动操作系统。截至2024年10月20日,搭载HarmonyOS的鸿蒙生态设备超过10亿台,超15 000个应用及元服务上架,覆盖办公、社交、娱乐等18个垂直领域。

面对国外操作系统的垄断和技术封锁,华为投入大量资源进行自主研发,实现从内核到数据库、编程语言、开发环境的全链条、全过程自主可控,打破国外技术垄断,实现国产操作系统的重大突破,体现了“创新是引领发展的第一动力”理念。在政企办公领域,其星盾安全架构为政企数据安全提供了有力保障,避免了因依赖国外操作系统可能带来的安全风险;在民生领域,其适配如“郑好办App”等应用,让人们的生活更加便捷高效。华为鸿蒙系统致力于构建开放、共享的生态系统,吸引了众多开发者和合作伙伴。通过与各方合作,华为鸿蒙系统不断丰富应用场景和功能,实现了从单一设备到多设备、从个人应用到行业应用的拓展。

华为鸿蒙系统的发布具有多方面的重大意义,不仅实现了我国在操作系统领域的自主可控发展,还推动了产业升级,打破了垄断格局,引领了技术创新,促进了国际合作,提升了用户体验,并保护了用户隐私。同时,华为鸿蒙系统还覆盖了万物互联的全场景,为未来的智能化发展提供了强大的支持。

华为鸿蒙系统的发展历程给我们带来了诸多启示。这激励着我们要重视科技创新，培养自主创新能力，并且让我们明白只有掌握核心技术，才能在国际竞争中占据主动地位。这就要求我们增强科技强国的责任感和使命感，在面对学习和生活中的困难时，要坚定信念，发扬艰苦奋斗、自力更生的精神，为实现自己的目标努力拼搏。

华为鸿蒙系统智能终端操作系统官网：https://www.harmonyos.com/。

任务1　理解交换机的工作原理和地址解析协议

一、知识准备

1. 数据帧

Ethernet_II 帧结构如图 2-1-1 所示。

图 2-1-1　Ethernet-II 帧结构

交换网络基础

Ethernet_II 帧中各字段说明如下。

（1）DMAC（Destination MAC，目的 MAC 地址）：该字段长度为 6 个字节，用于标识帧的接收者。

（2）SMAC（Source MAC，源 MAC 地址）：该字段长度为 6 个字节，用于标识帧的发送者。

（3）Type（类型字段）：该字段长度为 2 个字节，用于标识数据字段中包含的高层协议。当类型字段取值为 0x0800 时，代表此帧为 IP 协议帧；当类型字段取值为 0x0806 时，代表此帧为 ARP 协议帧。

（4）Data（数据字段）：该字段承载的是网络层数据，其最小长度必须为 46 个字节，以保证帧长至少为 64 个字节，其最大长度为 1 500 个字节。

（5）FCS（循环冗余校验字段）：该字段长度为 4 个字节，用于提供一种错误检测机制。

2. MAC 地址

如同每个人都有一个名字一样，每台网络设备也都有用于标识自己的物理地址，即 MAC 地址。网络设备的 MAC 地址是全球唯一的。MAC 地址的长度为 48 位，通常用十六进制表示。MAC 地址包含两部分：前 24 位是组织唯一标识符（Organizationally Unique Identifier，OUI），由 IEEE 统一分配给设备制造商，例如华为网络产品的 MAC 地址前 24 位是 0x00e0fc；后 24 位是序列号，它是厂商分配给每个产品（网卡或者其他需要 MAC 地址的设备）的唯一编号，由各厂商自行分配。

（1）单播 MAC 地址：第一个字节的第 8 位为 0，例如 001e-10dd-dd02。

（2）广播 MAC 地址：48 位全为 1，所有收到该广播帧的主机都要接收并处理这个帧。

当需要网络中的所有主机都能接收并处理相同信息时，通常会采用广播方式。

（3）组播 MAC 地址：比广播方式更加高效，可以理解为选择性的广播，其第一个字节的第 8 位为 1。

根据 IANA（Internet Assigned Number Authority，互联网数字地址分配机构）规定，**IPv4 组播 MAC 地址的前 24 位为 0x01005e，第 25 位固定为 0**。组播 MAC 地址用于在链路层标识属于同一组播组的接收者。组播 IP 地址范围是 224.0.0.0~239.255.255.255，**其前 4 位是 1110**，代表组播标识。

在自动映射机制中，**MAC 地址的后 23 位对应组播 IP 地址的后 23 位**。但这种映射会导致 **32 个组播 IP 地址对应一个组播 MAC 地址的问题**。IETF（Internet Engineering Task Force，互联网工程任务组）认为，在同一个局域网中，多个组播 IP 地址生成相同的 MAC 地址的概率非常低，不会造成太大的影响。

终端设备接收数据帧时会先检查帧头中的目的 MAC 地址，如果目的 MAC 地址不是本机 MAC 地址，也不是本机侦听的组播或广播 MAC 地址，则主机会丢弃收到的帧。如果目的 MAC 地址是本机 MAC 地址，则接收该帧，并检查帧校验序列（FCS）字段，将其与本机计算的值对比，确定帧在传输过程中是否保持了完整性。如果检查通过，就会剥离帧头和帧尾，然后根据帧头中的 Type 字段，将数据发送到相应的上层协议进行后续处理。

3. 交换机转发数据帧的原理

交换机中有一个 MAC 地址表，也称为 CAM（Content Addressable Memory，内容可寻址存储器）表，里面存放了 MAC 地址与交换机端口的映射关系。MAC 地址表是交换机的一个核心组成部分，交换机主要根据 MAC 地址表来进行帧的转发。

交换机对帧的转发操作行为一共有 3 种：泛洪（Flooding）、转发（Forwarding）和丢弃（Discarding）。

在不涉及 VLAN 的情况下，交换机转发数据遵循以下规则。

（1）如果进入交换机的是一个单播帧，则交换机会在 MAC 地址表中查找这个帧的目的 MAC 地址。如果查不到这个 MAC 地址，则交换机将对该帧执行泛洪操作。如果查到了这个 MAC 地址，则比较这个 MAC 地址在 MAC 地址表中对应的端口是不是这个帧进入交换机的那个端口。如果不是，则交换机将对该帧执行转发操作；如果是，则交换机将对该帧执行丢弃操作。

（2）如果进入交换机的是一个广播帧，则交换机不会查询 MAC 地址表，而是直接对该帧执行泛洪操作。

（3）如果进入交换机的是一个组播帧，则按组播的方式进行处理。

此外，交换机具有 MAC 地址学习能力。当帧进入交换机后，交换机会提取帧的源 MAC 地址，并将该 MAC 地址与这个帧进入交换机的端口建立映射关系，然后将这个映射关系作为一个动态地址表项存入 MAC 地址表。

MAC 地址表是一张动态的表，每个表项在创建或刷新时都会设置一个默认 **300 s** 的生存期（也称为老化周期），表项超时后将被自动清除。

4. ARP

ARP 用于建立 IP 地址到 MAC 地址的对应关系。

在网络通信中，一台网络设备要发送数据给另一台网络设备时，必须知道对方的 IP 地址。但是，仅有 IP 地址是不够的，因为 IP 数据报文必须封装成帧才能通过数据链路层转发，而数据帧必须包含目的 MAC 地址，因此发送端还必须获取目的 MAC 地址。IP 地址由网络层提供，MAC 地址的获取则依赖 ARP。ARP 是 TCP/IP 协议簇的重要组成部分，能够通过目的 IP 地址解析出其对应的 MAC 地址，保障数据链路层的可达性。

ARP

网络设备一般都配备 ARP 缓存（ARP Cache），ARP 缓存用于存放 IP 地址和 MAC 地址的映射关系。在发送数据前，设备会先查询 ARP 缓存表。如果 ARP 缓存表中存在对方设备的 MAC 地址，则直接使用该 MAC 地址封装帧并发送出去。如果 ARP 缓存表中不存在相应信息，则通过发送 ARP 请求报文进行地址解析。解析成功后，新获取的映射关系会被放入 ARP 缓存表中存放一段时间。在有效期内，设备可以直接从这个表中查找目的 MAC 地址，而无须发送 APR 请求报文。超过了这段有效期后，ARP 缓存表项会被自动删除。路由器的 ARP 缓存表项的默认老化时间是 20 min（1 200 s）。

ARP 缓存虽然可以提高通信效率、优化资源利用，但同时也给网络环境带来了风险。其原因在于设备在将 ARP 响应消息保存到其 ARP 缓存时，并不考虑这是不是自己请求的 ARP 响应消息，也不会验证响应方的真实身份。这就让攻击者得以在网络中发送错误的 IP-MAC 对应关系。攻击者在网络中发送包含错误 IP-MAC 对应关系的 ARP 响应消息的做法称为 ARP 欺骗。常见的攻击手段包括中间人攻击和拒绝服务攻击等。

如果目标设备位于其他网络，则源设备会在 ARP 缓存表中查找网关的 MAC 地址，然后将数据发送给网关，由网关把数据转发给目标设备。

主机在分配或者变更 IP 地址后，必须立刻检测其所分配的 IP 地址在网络上是否唯一，以避免发生地址冲突。主机通过发送 ARP 请求报文来进行地址冲突检测。具体检测方式为主机将 ARP 请求报文中的目的 IP 地址字段设置为自身 IP 地址，该网络中所有主机（包括网关）都会接收到此报文，当目的 IP 地址已经被某一个主机或网关使用时，该主机或网关就会回应 ARP 应答报文。

二、基础任务目标

（1）理解数据封装与解封装原理。

（2）理解 MAC 地址以及单播、组播和广播 MAC 地址的定义。

（3）理解组播 IP 地址与组播 MAC 地址的映射关系。

（4）理解以太网帧结构。

（5）理解交换机数据转发原理和 MAC 地址表形成过程。

三、基础任务拓扑

Z 企业网络管理员小刘为了尽快掌握新购交换机的基本原理，搭建了如图 2-1-2 所示的简单交换网络拓扑，计划通过一系列操作加深对交换机工作原理的理解。

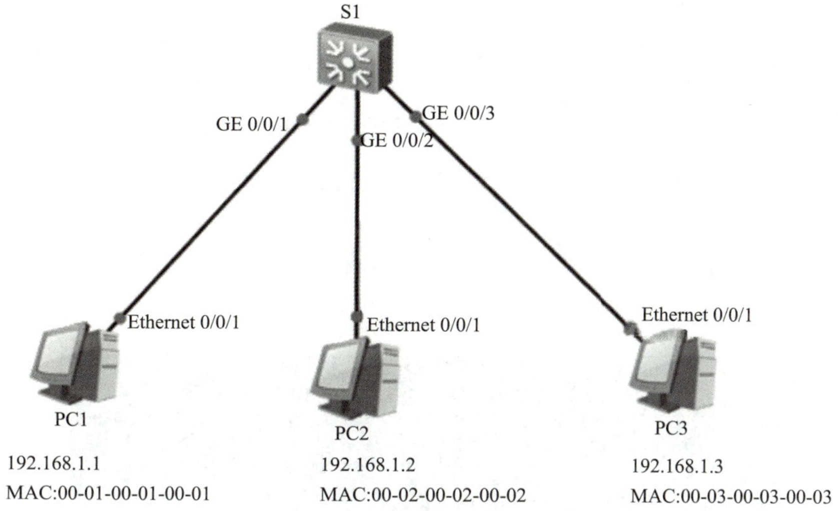

图 2-1-2　简单交换网络拓扑

四、基础任务实施

1. 基础配置

对各 PC 进行 IP 地址配置，具体地址分别为 192.168.1.1/24、192.168.1.2/24、192.168.1.3/24。为了便于分析，可以将各 PC 的 MAC 地址分别修改为 00-01-00-01-00-01、00-02-00-02-00-02、00-03-00-03-00-03。以 PC1 的配置过程为例，其基础配置如图 2-1-3 所示。

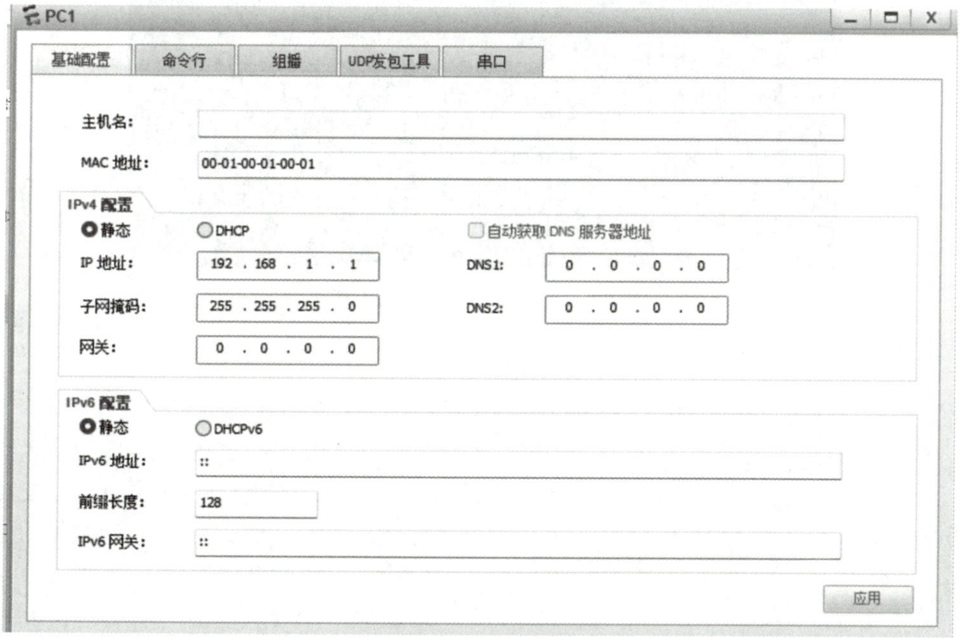

图 2-1-3　PC1 基础配置

2. 交换机 MAC 地址表

1）查询交换机 MAC 地址表

```
<S1>display mac-address
<S1>
```

结果显示，交换机初始状态的 MAC 地址表是空的。

2）生成交换机 MAC 地址表

交换机 MAC 地址表是基于源 MAC 地址学习机制生成的。首先，让 PC1 访问 PC2 和 PC3，如图 2-1-4 所示。

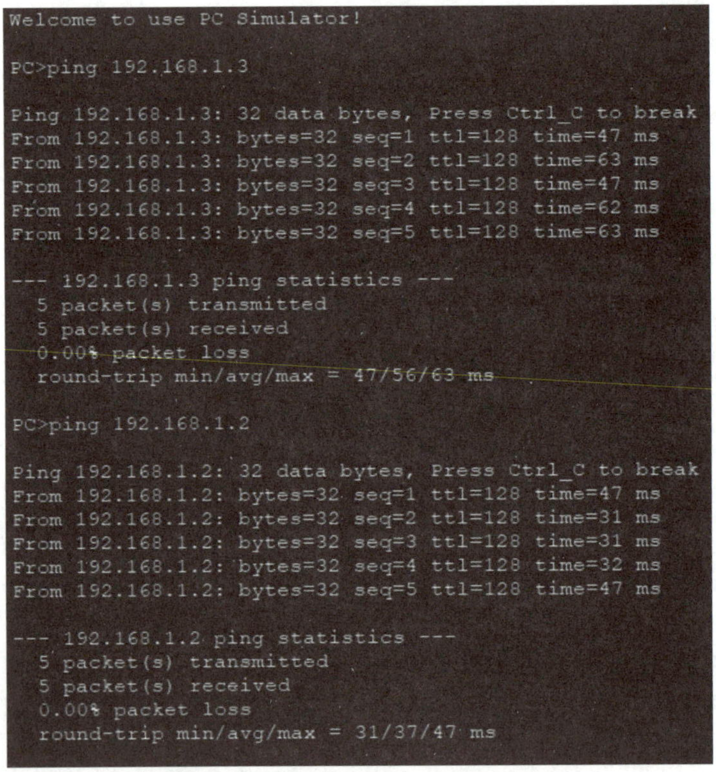

```
Welcome to use PC Simulator!

PC>ping 192.168.1.3

Ping 192.168.1.3: 32 data bytes, Press Ctrl_C to break
From 192.168.1.3: bytes=32 seq=1 ttl=128 time=47 ms
From 192.168.1.3: bytes=32 seq=2 ttl=128 time=63 ms
From 192.168.1.3: bytes=32 seq=3 ttl=128 time=47 ms
From 192.168.1.3: bytes=32 seq=4 ttl=128 time=62 ms
From 192.168.1.3: bytes=32 seq=5 ttl=128 time=63 ms

--- 192.168.1.3 ping statistics ---
  5 packet(s) transmitted
  5 packet(s) received
  0.00% packet loss
  round-trip min/avg/max = 47/56/63 ms

PC>ping 192.168.1.2

Ping 192.168.1.2: 32 data bytes, Press Ctrl_C to break
From 192.168.1.2: bytes=32 seq=1 ttl=128 time=47 ms
From 192.168.1.2: bytes=32 seq=2 ttl=128 time=31 ms
From 192.168.1.2: bytes=32 seq=3 ttl=128 time=31 ms
From 192.168.1.2: bytes=32 seq=4 ttl=128 time=32 ms
From 192.168.1.2: bytes=32 seq=5 ttl=128 time=47 ms

--- 192.168.1.2 ping statistics ---
  5 packet(s) transmitted
  5 packet(s) received
  0.00% packet loss
  round-trip min/avg/max = 31/37/47 ms
```

图 2-1-4　PC1 访问 PC2 和 PC3

完成访问操作后，再次查询交换机 MAC 地址表。

```
[S1]display mac-address
MAC address table of slot 0:
-------------------------------------------------------------------------------
MAC Address      VLAN/    PEVLAN   CEVLAN   Port      Type      LSP/LSR-ID
                 VSI/SI                                         MAC-Tunnel
-------------------------------------------------------------------------------
0001-0001-0001   1        -        -        GE0/0/1   dynamic   0/-
```

```
0002-0002-0002    1    -    -    GE0/0/2    dynamic    0/-
0003-0003-0003    1    -    -    GE0/0/3    dynamic    0/-
-------------------------------------------------------------------------------
Total matching items on slot 0 displayed = 3
```

3)MAC 地址表的老化设置

MAC 地址表中的条目并非一直存在，而是具有一定的老化时间，默认时长为 300 s。现修改老化时间为 0，即条目永不老化。配置完成后，查询修改结果。

```
[SW1]mac-address aging-time 0
[SW1]display mac-address aging-time
Aging time: 0 seconds
```

4)清除 MAC 地址表

主动清除 MAC 地址表后查询，可见 MAC 地址表已清除。

```
[SW1]undo mac-address dynamic
[S1]display mac-address
[S1]
```

五、基础任务评价

基础任务评价见表 2-1-1。

表 2-1-1　基础任务评价

序号	考核要点	完成情况
1	数据封装与解封装原理	
2	MAC 地址的定义	
3	单播、组播和广播 MAC 地址的定义	
4	组播 IP 地址与组播 MAC 地址的映射关系	
5	以太网帧结构	
6	交换机数据转发原理	
7	交换机 MAC 地址表形成过程	
8	总结本次任务的收获	

六、拓展任务目标

(1)理解 ARP 的基本原理。

(2)理解免费 ARP 的基本原理。

(3)掌握静态 ARP 的配置方法。

七、拓展任务拓扑

理解 ARP 基本原理,其网络拓扑如图 2-1-5 所示。

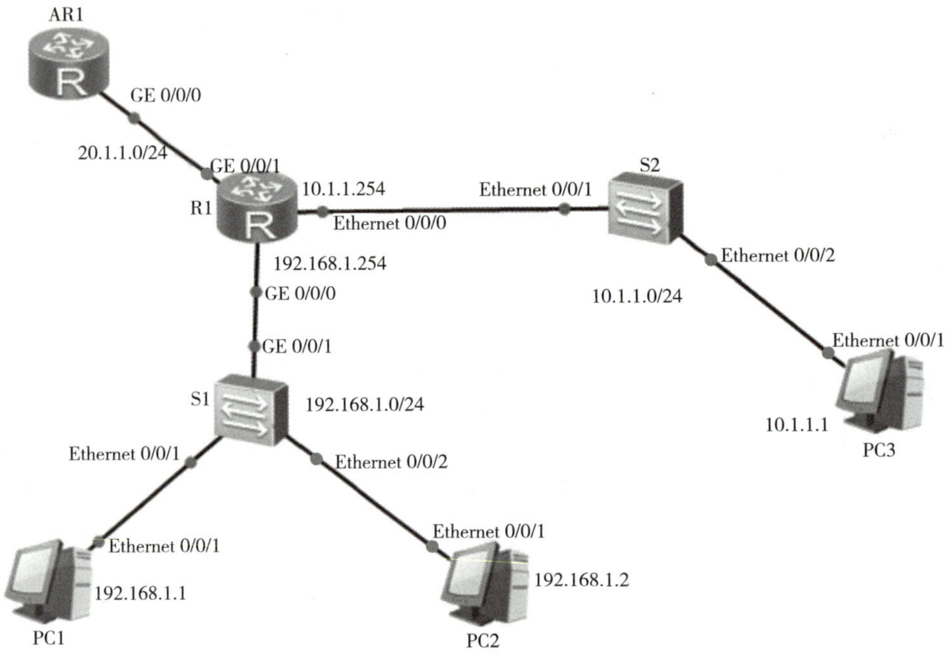

图 2-1-5　ARP 基本原理网络拓扑

八、拓展任务实施

1. 基础配置

根据表 2-1-2 配置路由器各接口和各 PC 的 IP 地址等。配置完成后,测试直连链路的连通性。

表 2-1-2　IP 地址规划

设备	接口	IP 地址	子网掩码
路由器 AR1(AR2220)	G0/0/0	20.1.1.1	255.255.255.0
路由器 R1(Router)	G0/0/0	192.168.1.254	255.255.255.0
	E0/0/0	10.1.1.254	255.255.255.0
PC1	E0/0/1	192.168.1.1	255.255.255.0
PC2	E0/0/1	192.168.1.2	255.255.255.0
PC3	E0/0/1	10.1.1.1	255.255.255.0

2. 查询 ARP 缓存

以 PC1 为例，查询其 ARP 缓存，结果显示，**初始状态 PC1 的 ARP 缓存为空**，如图 2-1-6 所示。

```
Welcome to use PC Simulator!

PC>arp -a

Internet Address      Physical Address      Type
```

图 2-1-6　PC1 的 ARP 缓存

执行 arp -d 命令，清空 PC1 的 ARP 缓存表。

3. 相同网段主机互访

如图 2-1-7 所示，相同网段的主机 PC2 访问 PC1，并在 S1 的 E0/0/1 接口进行抓包，分析 ARP 报文。

```
PC>ping 192.168.1.1

Ping 192.168.1.1: 32 data bytes, Press Ctrl_C to break
From 192.168.1.1: bytes=32 seq=1 ttl=128 time=32 ms
From 192.168.1.1: bytes=32 seq=2 ttl=128 time=31 ms
From 192.168.1.1: bytes=32 seq=3 ttl=128 time=15 ms
From 192.168.1.1: bytes=32 seq=4 ttl=128 time=47 ms
From 192.168.1.1: bytes=32 seq=5 ttl=128 time=47 ms

--- 192.168.1.1 ping statistics ---
  5 packet(s) transmitted
  5 packet(s) received
  0.00% packet loss
  round-trip min/avg/max = 15/34/47 ms
```

图 2-1-7　PC2 访问 PC1

1）根据抓包分析 ARP 报文

通过抓包结果（图 2-1-8 和图 2-1-9）可知，ARP 请求是二层广播报文，ARP 应答是单播报文。

```
Frame 15: 60 bytes on wire (480 bits), 60 bytes captured (480 bits) on interface -, id 0
Ethernet II, Src: HuaweiTe_e5:07:26 (54:89:98:e5:07:26), Dst: Broadcast (ff:ff:ff:ff:ff:ff)
Address Resolution Protocol (request)
   Hardware type: Ethernet (1)
   Protocol type: IPv4 (0x0800)
   Hardware size: 6
   Protocol size: 4
   Opcode: request (1)
   Sender MAC address: HuaweiTe_e5:07:26 (54:89:98:e5:07:26)
   Sender IP address: 192.168.1.1
   Target MAC address: Broadcast (ff:ff:ff:ff:ff:ff)
   Target IP address: 192.168.1.2
```

图 2-1-8　ARP 请求报文

```
Frame 16: 60 bytes on wire (480 bits), 60 bytes captured (480 bits) on interface -, id 0
Ethernet II, Src: HuaweiTe_3c:5f:8d (54:89:98:3c:5f:8d), Dst: HuaweiTe_e5:07:26 (54:89:98:e5:07:26)
Address Resolution Protocol (reply)
   Hardware type: Ethernet (1)
   Protocol type: IPv4 (0x0800)
   Hardware size: 6
   Protocol size: 4
   Opcode: reply (2)
   Sender MAC address: HuaweiTe_3c:5f:8d (54:89:98:3c:5f:8d)
   Sender IP address: 192.168.1.2
   Target MAC address: HuaweiTe_e5:07:26 (54:89:98:e5:07:26)
   Target IP address: 192.168.1.1
```

图 2-1-9　ARP 应答报文

2）查询交换机 MAC 地址表

```
<S1>display mac-address
MAC address table of slot 0:
-------------------------------------------------------------------------------------------
MAC Address      VLAN/    PEVLAN   CEVLAN   Port       Type       LSP/LSR-ID
                 VSI/SI                                           MAC-Tunnel
-------------------------------------------------------------------------------------------
5489-983c-5f8d   1        -        -        Eth0/0/2   dynamic    0/-
5489-98e5-0726   1        -        -        Eth0/0/1   dynamic    0/-
-------------------------------------------------------------------------------------------
Total matching items on slot 0 displayed = 2
```

可见，交换机学习到了 PC1 和 PC2 的 MAC 地址与接口映射关系。

3）查询 PC1 的 ARP 缓存表

如图 2-1-10 所示，在 PC1 上再次查询 ARP 缓存表，可以看到 PC1 的 ARP 缓存中包含 PC2 的 IP 地址与 MAC 地址的映射信息，且是动态类型，即过段时间会老化。

```
PC>arp -a

Internet Address      Physical Address      Type
192.168.1.2           54-89-98-3C-5F-8D     dynamic
```

图 2-1-10　PC1 查询 ARP 缓存表

4. 不同网段主机互访

1）查询 R1 的 ARP 缓存表

查询路由器 R1 的 ARP 缓存表。

```
<R1>display  arp
IP ADDRESS      MAC ADDRESS     EXPIRE(M)  TYPE   INTERFACE   VPN-INSTANCE
                                                              VLAN/CEVLAN PVC
-------------------------------------------------------------------------------------------
10.1.1.254      5489-986a-2e3f             I -    Eth0/0/0        -
192.168.1.254   5489-986a-2e41             I -    GE0/0/0         -
20.1.1.1        5489-986a-2e42             I -    GE0/0/1         -
```

```
------------------------------------------------------------------------------------------------
Total:3          Dynamic:0          Static:0          Interface:3
```

可以看到，路由器 R1 的 ARP 缓存中仅有接口 IP 地址和 MAC 地址的映射信息。

2）不同网段主机互访（PC1 访问 PC3）

PC1 访问 PC3，如图 2-1-11 所示；并在 S1 的 E0/0/1 接口抓包，如图 2-1-12 所示。

```
PC>ping 10.1.1.1

Ping 10.1.1.1: 32 data bytes, Press Ctrl_C to break
From 10.1.1.1: bytes=32 seq=1 ttl=127 time=125 ms
From 10.1.1.1: bytes=32 seq=2 ttl=127 time=94 ms
From 10.1.1.1: bytes=32 seq=3 ttl=127 time=78 ms
From 10.1.1.1: bytes=32 seq=4 ttl=127 time=78 ms
From 10.1.1.1: bytes=32 seq=5 ttl=127 time=79 ms

--- 10.1.1.1 ping statistics ---
  5 packet(s) transmitted
  5 packet(s) received
  0.00% packet loss
  round-trip min/avg/max = 78/90/125 ms
```

图 2-1-11　PC1 访问 PC3

```
10 19.344000   HuaweiTe_e5:07:26   Broadcast           ARP    60 Who has 192.168.1.254? Tell 192.168.1.1
11 19.359000   HuaweiTe_6a:2e:41   HuaweiTe_e5:07:26   ARP    60 192.168.1.254 is at 54:89:98:6a:2e:41
12 19.375000   192.168.1.1         10.1.1.1            ICMP   74 Echo (ping) request  id=0x6aae, seq=1/256, ttl=128 (reply in 13)
> Frame 11: 60 bytes on wire (480 bits), 60 bytes captured (480 bits) on interface -, id 0
> Ethernet II, Src: HuaweiTe_6a:2e:41 (54:89:98:6a:2e:41), Dst: HuaweiTe_e5:07:26 (54:89:98:e5:07:26)
v Address Resolution Protocol (reply)
    Hardware type: Ethernet (1)
    Protocol type: IPv4 (0x0800)
    Hardware size: 6
    Protocol size: 4
    Opcode: reply (2)
    Sender MAC address: HuaweiTe_6a:2e:41 (54:89:98:6a:2e:41)
    Sender IP address: 192.168.1.254
    Target MAC address: HuaweiTe_e5:07:26 (54:89:98:e5:07:26)
    Target IP address: 192.168.1.1
```

图 2-1-12　S1 的 E0/0/1 接口抓包

由于 PC1 与 PC3 处于不同的网段，数据需要经由网关转发，因此 PC1 的 ARP 请求获取的是网关 MAC 地址，即 R1 的 G0/0/0 接口 MAC 地址。

```
<R1>dis int g0/0/0
GigabitEthernet0/0/0 current state : UP
Line protocol current state : UP
Last line protocol up time : 2025-01-04 11:24:19 UTC-08:00
Description:
Route Port,The Maximum Transmit Unit is 1500
Internet Address is 192.168.1.254/24
IP Sending Frames' Format is PKTFMT_ETHNT_2, Hardware address is 5489-986a-2e41
Last physical up time     : 2025-01-04 11:24:19 UTC-08:00
Last physical down time : 2025-01-04 11:24:17 UTC-08:00
Current system time: 2025-01-04 11:48:53-08:00
Hardware address is 5489-986a-2e41
    Last 300 seconds input rate 55 bytes/sec, 0 packets/sec
```

```
Last 300 seconds output rate 2 bytes/sec, 0 packets/sec
Input: 76728 bytes, 655 packets
Output: 860 bytes, 12 packets
Input:
  Unicast: 10 packets, Multicast: 632 packets
  Broadcast: 13 packets
Output:
  Unicast: 11 packets, Multicast: 0 packets
  Broadcast: 1 packets
Input bandwidth utilization  :    0%
Output bandwidth utilization :    0%
```

3)查询路由器 R1 的 ARP 缓存表

```
<R1>display arp all
IP ADDRESS      MAC ADDRESS     EXPIRE(M)  TYPE   INTERFACE   VPN-INSTANCE
                                                              VLAN/CEVLAN PVC
------------------------------------------------------------------------------
10.1.1.254      5489-986a-2e3f             I -    Eth0/0/0        -
10.1.1.1        5489-98a9-338a  17         D-0    Eth0/0/0        -
192.168.1.254   5489-986a-2e41             I -    GE0/0/0         -
192.168.1.1     5489-98e5-0726  17         D-0    GE0/0/0         -
20.1.1.1        5489-986a-2e42             I -    GE0/0/1         -
------------------------------------------------------------------------------
Total:5         Dynamic:2       Static:0     Interface:3
```

可以看到,路由器 R1 的 ARP 缓存表中已包含 PC1 和 PC3 的 IP 地址与 MAC 地址的映射信息。

4)查询 PC1 的 ARP 缓存表

如图 2-1-13 所示,查询 PC1 的 ARP 缓存表,发现 PC1 的 ARP 缓存中存在的不是 PC3 的 IP 地址与 MAC 地址的映射信息,而是网关的 IP 地址与 MAC 地址的映射信息。

```
PC>arp -a

Internet Address      Physical Address      Type
192.168.1.254         54-89-98-6A-2E-41     dynamic
```

图 2-1-13　PC1 的 ARP 缓存表

5)清除路由器 R1 的 ARP 缓存

```
<R1>reset arp dynamic
```

5. 静态 ARP 配置

1）给 PC3 配置静态 ARP 映射

如图 2-1-14 所示，已知 PC3 的 MAC 地址是 54-89-98-A9-33-8A，现通过静态方式映射一个错误的 MAC 地址。

```
[R1]arp static 10.1.1.1 5489-98a9-338b
```

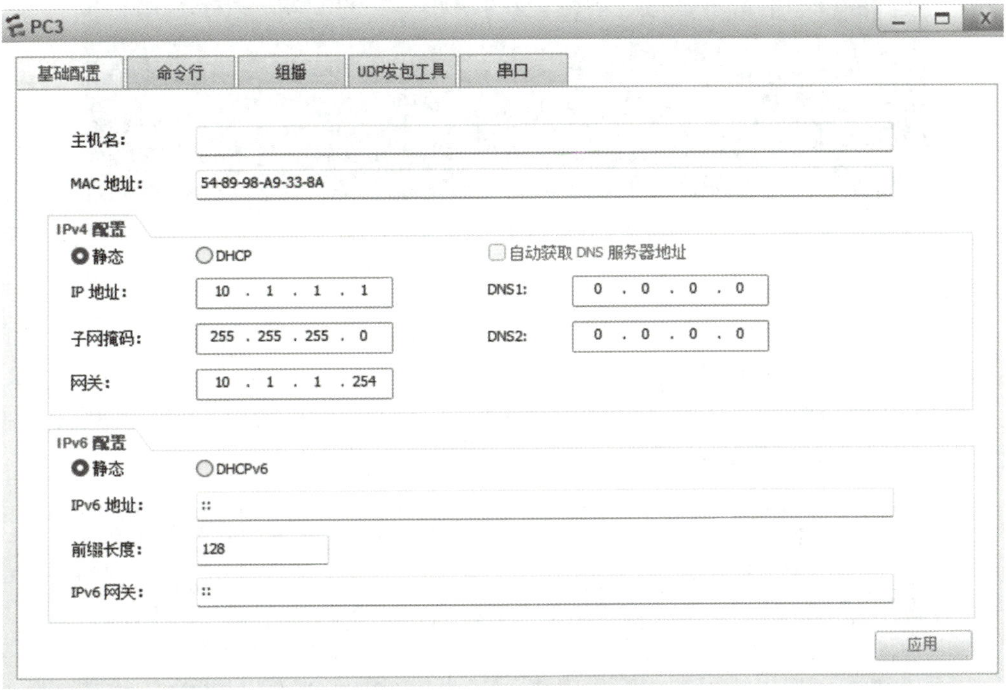

图 2-1-14　PC3 的 MAC 地址

2）查询 R1 的 ARP 缓存

```
[R1]dis arp all
IP ADDRESS    MAC ADDRESS    EXPIRE(M)   TYPE   INTERFACE   VPN-INSTANCE
                                                            VLAN/CEVLAN PVC
------------------------------------------------------------------------------
10.1.1.254     5489-986a-2e3f              I -    Eth0/0/0          -
192.168.1.254  5489-986a-2e41              I -    GE0/0/0           -
192.168.1.1    5489-98e5-0726   17         D-0    GE0/0/0           -
20.1.1.1       5489-986a-2e42              I -    GE0/0/1           -
10.1.1.1       5489-98a9-338b              S--
------------------------------------------------------------------------------
Total:5        Dynamic:1        Static:1      Interface:3
```

由于静态映射的优先级高于动态映射，所以 ARP 缓存中显示的是静态 ARP 配置结果。

可以看到,由于 PC3 的 IP 地址与 MAC 地址映射错误, PC1 和 PC2 均不能与 PC3 互访(以 PC1 访问 PC3 为例,会出现丢包现象),如图 2-1-15 所示。

```
PC>ping 10.1.1.1

Ping 10.1.1.1: 32 data bytes, Press Ctrl_C to break
Request timeout!
Request timeout!
Request timeout!
Request timeout!
Request timeout!

--- 10.1.1.1 ping statistics ---
  5 packet(s) transmitted
  0 packet(s) received
  100.00% packet loss
```

图 2-1-15　PC1 访问 PC3 失败

6. 免费 ARP

在路由器 AR1 的 G0/0/0 接口开启抓包功能,将路由器 R1 的 G0/0/1 接口 IP 地址配置为 20.1.1.1/24。此时, R1 会发出免费 ARP 请求报文。由于 R1 的 G0/0/1 接口与 AR1 的 G0/0/0 接口 IP 地址相同, AR1 会周期性地回复 ARP 应答报文,提示 IP 地址冲突,直到 R1 停止使用该 IP 地址,如图 2-1-16 所示。

```
 1 0.000000  HuaweiTe_6b:39:1b  Broadcast  ARP  Gratuitous ARP for 20.1.1.1 (Request)
 2 0.000000  HuaweiTe_6a:2e:42  Broadcast  ARP  Gratuitous ARP for 20.1.1.1 (Reply)
 3 0.047000  HuaweiTe_6b:39:1b  Broadcast  ARP  Gratuitous ARP for 20.1.1.1 (Reply)
 4 0.047000  HuaweiTe_6a:2e:42  Broadcast  ARP  Gratuitous ARP for 20.1.1.1 (Reply)
 5 0.078000  HuaweiTe_6b:39:1b  Broadcast  ARP  Gratuitous ARP for 20.1.1.1 (Reply)
 6 0.094000  HuaweiTe_6a:2e:42  Broadcast  ARP  Gratuitous ARP for 20.1.1.1 (Reply)
 7 0.110000  HuaweiTe_6b:39:1b  Broadcast  ARP  Gratuitous ARP for 20.1.1.1 (Reply)
 8 0.110000  HuaweiTe_6a:2e:42  Broadcast  ARP  Gratuitous ARP for 20.1.1.1 (Reply)
 9 0.125000  HuaweiTe_6b:39:1b  Broadcast  ARP  Gratuitous ARP for 20.1.1.1 (Reply)
10 0.125000  HuaweiTe_6a:2e:42  Broadcast  ARP  Gratuitous ARP for 20.1.1.1 (Reply)
11 0.141000  HuaweiTe_6b:39:1b  Broadcast  ARP  Gratuitous ARP for 20.1.1.1 (Reply)
12 5.000000  HuaweiTe_6a:2e:42  Broadcast  ARP  Gratuitous ARP for 20.1.1.1 (Reply)
13 5.047000  HuaweiTe_6b:39:1b  Broadcast  ARP  Gratuitous ARP for 20.1.1.1 (Reply)
14 10.000000 HuaweiTe_6a:2e:42  Broadcast  ARP  Gratuitous ARP for 20.1.1.1 (Reply)
15 10.032000 HuaweiTe_6b:39:1b  Broadcast  ARP  Gratuitous ARP for 20.1.1.1 (Reply)

⊞ Ethernet II, Src: HuaweiTe_6b:39:1b (00:e0:fc:6b:39:1b), Dst: Broadcast (ff:ff:ff:ff:ff:ff)
⊟ Address Resolution Protocol (request/gratuitous ARP)
    Hardware type: Ethernet (0x0001)
    Protocol type: IP (0x0800)
    Hardware size: 6
    Protocol size: 4
    Opcode: request (0x0001)
    [Is gratuitous: True]
    Sender MAC address: HuaweiTe_6b:39:1b (00:e0:fc:6b:39:1b)
    Sender IP address: 20.1.1.1 (20.1.1.1)
    Target MAC address: 00:00:00_00:00:00 (00:00:00:00:00:00)
    Target IP address: 20.1.1.1 (20.1.1.1)
```

图 2-1-16　免费 ARP 抓包

九、拓展任务评价

拓展任务评价见表 2-1-3。

表 2-1-3　拓展任务评价

序号	考核要点	完成情况
1	ARP 的基本原理	
2	免费 ARP 的基本原理	
3	静态 ARP 的配置方法	
4	总结本次任务的收获	

十、日积月累

（1）终端设备如何处理接收到的数据帧？

主机检查帧头中的目的 MAC 地址，如果目的 MAC 地址既不是本机 MAC 地址，也不是本机侦听的组播或广播 MAC 地址，则丢弃接收到的帧。如果目的 MAC 地址是本机 MAC 地址，则接收该帧，检查帧校验序列（FCS）字段，并通过与本机计算的值对比来确定帧在传输过程中是否保持了完整性。如果检查通过，就会剥离帧头和帧尾，再根据帧头中的 Type 字段将数据发送给相应的上层协议进行后续处理。

（2）当主机从交换机的一个端口移动到另一个端口时，交换机的 MAC 地址表会发生什么变化？

当主机从交换机的某一端口移除时，交换机检测到物理链路断开（Down），则会从 MAC 地址表中清除对应主机的 MAC 表项。当主机连接到交换机的其他端口时，交换机会检测到新端口对应的物理链路已连接（UP）。主机发送报文后，交换机就会学习到主机的 MAC 地址和新端口的映射关系，并将其添加到 MAC 地址表中。

（3）计算机和交换机收到单播帧和广播帧时如何处理？

计算机收到单播帧时，会将该单播帧 MAC 地址与本机 MAC 地址比较。如果两者相同，则网卡会根据该帧类型字段将载荷数据提交至网络层的相应处理模块；如果两者不同，则直接丢弃。计算机收到广播帧时，网卡会根据该帧类型字段将载荷数据提交至网络层的相应处理模块。

交换机收到单播帧时，会查找 MAC 地址表，并根据查找结果在泛洪、转发和丢弃三种操作中选取其一进行处理。交换机收到广播帧时，会直接执行泛洪操作。

（4）Hub 和交换机有什么区别？

Hub 是物理层的连接设备，采用总线型拓扑结构，其连接的网络处于同一个冲突域（同一时刻只能有一个用户发送数据，否则产生冲突），必须有冲突检测和避免机制，如 CSMA/CD。这种设备存在明显缺陷，如冲突严重、广播泛滥，且数据转发缺乏安全性。

交换机工作在数据链路层，采用星型拓扑结构，每个端口独立构成冲突域，但是所有端口处于同一个广播域。

（5）网络设备在什么情况下会发送 ARP 请求报文？

网络设备在向目的设备发送数据前，会首先查看自身 ARP 缓存，判断是否存在目的设备的 IP 地址和 MAC 地址的映射关系。如果存在，则直接使用；如果不存在，则会发送

ARP 请求报文。

(6)网络设备在什么时候会产生免费 ARP?

当网络设备被分配新的 IP 地址或者 IP 地址发生变更时,可以通过免费 ARP 来检查 IP 地址是否冲突。

任务 2 配置 VLAN 实现网络二层隔离

VLAN 原理及配置

一、知识准备

1. 早期局域网存在的问题

早期的局域网(LAN)技术采用共享总线型拓扑结构,它主要存在以下问题。

(1)若某时刻有多个节点同时试图发送消息,则将产生冲突。

(2)从任意节点发出的消息都会被广播到其他节点。

(3)所有主机共享一条传输通道,网络中的信息安全无法得到有效控制。

这种网络形成了一个冲突域,网络中计算机数量越多,冲突越严重,网络效率越低。同时,该网络也是一个广播域,当网络中发送信息的计算机数量增加时,广播流量会耗费大量的网络带宽。因此,**传统局域网不仅面临冲突域和广播域太大的难题,而且无法保障传输信息的安全性**。

为了扩展传统局域网,以便接入更多计算机,同时避免冲突进一步恶化,**网桥和二层交换机等网络设备应运而生,它们能有效隔离冲突域**。网桥和交换机采用交换方式将来自入端口的信息转发到出端口,从而解决了共享网络中的冲突问题。但是,采用交换机进行组网时,广播域和信息安全问题依旧存在。

2. VLAN 技术的引入

为了限制广播域的范围,减少广播流量,需要对没有二层互访需求的主机进行隔离。**路由器是基于三层 IP 地址信息来选择路由和转发数据的,其连接两个网段时可以有效抑制广播报文的转发,但是成本较高**。因此,人们设想在物理局域网上构建多个虚拟局域网(即 VLAN),以实现广播域的隔离。

VLAN 技术可以将一个物理局域网在逻辑上划分成多个广播域,也就是多个 VLAN。VLAN 技术部署在数据链路层,用于隔离二层流量。处于同一个 VLAN 内的主机共享同一个广播域,各主机之间可以直接进行二层通信。而处于不同 VLAN 内的主机属于不同的广播域,各主机不能直接实现二层互通。通过这种方式,广播报文被限制在相应的 VLAN 内,同时也提高了网络安全性。

3. VLAN 标签

为了区分不同 VLAN 的数据帧,可以给不同 VLAN 的帧打上不同的标签。**VLAN 标签的长度为 4 个字节**,直接添加在以太网帧头中, IEEE802.1Q 文档对 VLAN 标签进行了详细说明。VLAN 标签结构如图 2-2-1 所示。

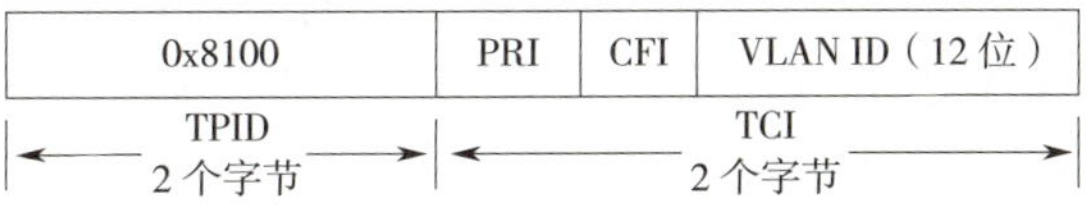

图 2-2-1　VLAN 标签结构

（1）**TPID**（Tag Protocol Identifier，标签协议标识符）：占 2 个字节，固定取值为 0x8100，是 IEEE 定义的新类型，用于表明该帧是一个携带 802.1Q 标签的帧。如果设备不支持 802.1Q，收到这样的帧时会将其丢弃。

（2）**TCI**（Tag Control Information，标签控制信息）：占 2 个字节，是帧的控制信息，详细说明如下。

① **Priority**（优先级）：占 3 位，取值范围为 0~7，取值越大，优先级越高。当交换机出现阻塞时，优先发送优先级高的数据帧。

② **CFI**（Canonical Format Indicator，标准格式指示位）：占 1 位，用于表示 MAC 地址是不是经典格式。CFI 为 0 说明是经典格式，CFI 为 1 说明不是经典格式，主要用于区分以太网帧、FDDI（Fiber Distributed Digital Interface，光纤分布数据接口）帧和令牌环网帧。在以太网中，CFI 的值为 0。

③ **VLAN ID**：占 12 位，在 X7 系列交换机中，可配置的 VLAN ID 取值范围为 **0~4 095**，但是**协议规定 0 和 4 095 为保留的 VLAN ID，用户不能使用**。

在现有的交换网络环境中，以太网的帧有两种格式：没有加上 VLAN 标签的标准以太网帧（Untagged Frame）和有 VLAN 标签的以太网帧（Tagged Frame）。

4. VLAN 链路

VLAN 链路分为以下两种类型。

（1）**接入链路（Access Link）**：连接用户主机和交换机的链路。其**只允许一种 VLAN 帧通过**，并且接入链路上通过的帧是**不带标签**的 VLAN 帧。

（2）**干道链路（Trunk Link）**：连接交换机和交换机的链路。其允许**多种 VLAN 帧通过**，并且干道链路上通过的帧一般为**带标签**的 VLAN 帧。

5. 端口 PVID

交换机从对端设备接收到的帧有可能是 Untagged（不带 VLAN 标签）的数据帧，但**所有以太网帧在交换机中都是以 Tagged（带 VLAN 标签）的形式被处理和转发**的。因此，交换机必须给端口接收到的 Untagged 数据帧添加上标签，而添加的标签由该端口的 PVID 决定。

PVID（Port VLAN ID）代表**端口的缺省 VLAN**。当**该端口接收到 Untagged 数据帧时，交换机将给它加上该缺省 VLAN 的 VLAN 标签**。

6. Access 端口

Access 端口是交换机上用于连接用户主机的端口，它只能连接接入链路，并且**只允许唯一的 VLAN 数据帧通过本端口**。

Access 端口收发数据帧的规则如下。

（1）如果该端口接收到对端设备发送的帧不带 VLAN 标签，交换机将强制为其加上该端口的 PVID。如果该端口接收到对端设备发送的帧带 VLAN 标签，交换机会检查该标签内的 VLAN ID。当其 VLAN ID 与该端口的 PVID 相同时，接收该报文；当其 VLAN ID 与该端口的 PVID 不同时，丢弃该报文。

（2）该端口发送数据帧时，会先剥离帧的标签，再发送。因此，该端口发往对端设备的以太网帧始终是不带 VLAN 标签的。

7. Trunk 端口

Trunk 端口用于交换机与交换机之间的连接，它只能连接干道链路。Trunk 端口允许带标签的多个 VLAN 帧通过。

Trunk 端口收发数据帧的规则如下。

（1）当该端口接收到对端设备发送的不带标签的数据帧时，会添加该端口的 PVID。如果 PVID 在允许通过的 VLAN ID 列表中，则接收该报文；否则，丢弃该报文。当该端口接收到对端设备发送的带标签的数据帧时，检查其 VLAN ID 是否在允许通过的 VLAN ID 列表中。如果 VLAN ID 在允许通过的 VLAN ID 列表中，则接收该报文；否则，丢弃该报文。

（2）该端口发送数据帧时，若其 VLAN ID 与端口的 PVID 相同，且是该端口允许通过的 VLAN ID，则去掉标签，发送该报文；若其 VLAN ID 与端口的 PVID 不同，且是该端口允许通过的 VLAN ID，则保持原有标签，发送该报文。

如果需要修改接口类型，先把接口所属 VLAN 以及允许通过的 VLAN 恢复为默认值 1。

8. VLAN 的划分方法

（1）基于端口划分：根据交换机的端口划分 VLAN。通过为交换机的每个端口配置不同的 PVID，将不同端口划分到 VLAN 中。初始状态下，X7 系列交换机的端口处于 VLAN1 中。此方法配置简单，但是当主机移动位置时，需要重新配置 VLAN。

（2）基于 MAC 地址划分：根据主机网卡的 MAC 地址划分 VLAN。此方法需要网络管理员提前配置 MAC 地址和 VLAN ID 的映射关系。如果交换机接收到不带标签的数据帧，会查询之前配置的 MAC 地址和 VLAN 映射表，根据数据帧中携带的 MAC 地址添加相应的 VLAN 标签。在使用此方法配置 VLAN 时，即使主机移动位置也不需要重新配置 VLAN。

（3）基于 IP 子网划分：交换机在接收到不带标签的数据帧时，根据报文携带的 IP 地址给数据帧添加 VLAN 标签。

（4）基于协议划分：根据数据帧的协议类型（或协议簇类型）、封装格式分配 VLAN ID。此方法需要网络管理员先配置协议类型和 VLAN ID 之间的映射关系。

（5）基于策略划分：通过 IP 子网、端口和 IP 地址等条件的组合分配 VLAN 标签。只有当所有条件都匹配时，交换机才为数据帧添加 VLAN 标签，且每一条策略都需要手动配置。

9. Hybrid 端口

Hybrid 端口具有灵活性，既可以连接用户主机，又可以连接其他交换机；既可以连接接入链路，又可以连接干道链路。**Hybrid 端口允许多个 VLAN 帧通过，并且可以在出端口方向选择性剥离某些 VLAN 帧的标签。华为设备默认的端口类型是 Hybrid。**

Hybrid 端口收发数据帧的规则如下。

（1）当该端口接收到对端设备发送的不带标签的数据帧时，添加该端口的 PVID。如果 PVID 在允许通过的 VLAN ID 列表中，则接收该报文；否则，丢弃该报文。当该端口接收到对端设备发送的带标签的数据帧时，检查 VLAN ID 是否在允许通过的 VLAN ID 列表中。如果 VLAN ID 在允许通过的 VLAN ID 列表中，则接收该报文；否则，丢弃该报文。

（2）该端口发送数据帧时，先检查该端口是否允许该 VLAN 数据帧通过。如果允许通过，则可以通过命令配置发送时是否携带标签，具体配置命令如下。

①配置 port hybrid tagged vlan *vlan-id* 命令后，端口在发送对应 vlan-id 的数据帧时，不剥离帧中的 VLAN 标签，直接发送。该命令一般用于连接交换机的端口。

②配置 port hybrid untagged vlan *vlan-id* 命令后，端口在发送对应 vlan-id 的数据帧时，先将帧中的 VLAN 标签剥离掉，再发送出去。该命令一般用于连接主机的端口。

通过配置 Hybrid 端口可实现较复杂的 VLAN 控制，但是**要求不同 VLAN 的主机处于同一个网段**。

在交换机上划分多个 VLAN 时，每个 VLAN 都可以看作一个广播域。**通常情况下，每个 VLAN 都会分配一个独立的 IP 网络**。管理员根据需要把相应主机所在端口划入指定 VLAN，并配置相应网络的 IP 地址。传统方式下，VLAN 间通过路由实现互访。而 Hybrid 端口为 VLAN 间的访问控制提供了简化方案。通过 Hybrid 端口，仅需要在端口上自定义基于 VLAN 间的访问控制策略即可实现互访，既不需要为每个 VLAN 单独规划网段，更不需要额外部署路由设备。

总体来看，Hybrid 端口的工作机制比 Access 和 Trunk 端口更为丰富和灵活。三种端口处理数据的原则对比见表 2-2-1。

表 2-2-1　三种端口处理数据的原则对比

<table>
<tr><th>端口类型</th><th>收到不带 VLAN 标签的帧处理规格</th><th>收到带 VLAN 标签的帧处理规格</th><th>发送帧时的处理规则</th><th>用途</th></tr>
<tr><td>Access 端口</td><td>接收该帧并打上该端口 PVID 标签</td><td>若帧中 VLAN ID 与端口 PVID 相同，则接收；否则丢弃</td><td>若帧中 VLAN ID 与端口 PVID 相同，则剥离标签后发送；否则丢弃。该端口发送的帧始终不带标签</td><td>该端口仅属于一个 VLAN，用于设备与计算机连接</td></tr>
<tr><td>Trunk 端口</td><td rowspan="2">打上端口 PVID 标签，如果该缺省 VLAN ID 在允许通过 VLAN ID 列表里，则接收；否则丢弃</td><td rowspan="2">若帧中 VLAN ID 在该端口允许通过 VLAN ID 列表里，则接收；否则丢弃</td><td>端口是否发送该帧取决于帧的 VLAN ID 是否在允许通过 VLAN ID 列表里；发送时是否剥离标签取决于帧的 VLAN ID 是否与 PVID 相同，相同则剥离标签后发送</td><td>该端口允许多个 VLAN 通过，一般用于网络设备之间的连接</td></tr>
<tr><td>Hybrid 端口</td><td>端口是否发送该帧取决于帧的 VLAN ID 是否在允许通过 VLAN ID 列表里；发送时是否携带标签可以通过命令来配置（通常只有与主机相连的链路不需要携带标签发送）</td><td>该端口允许多个 VLAN 通过，可用于网络设备之间连接，也可用于网络设备与用户设备之间连接</td></tr>
</table>

二、基础任务目标

（1）理解 VLAN 的定义。

（2）理解 VLAN 标签、PVID 的概念。

（3）掌握 Access 端口和 Trunk 端口的数据收发原则。

（4）能够正确配置 Access 端口和 Trunk 端口。

三、基础任务拓扑

随着 Z 企业规模不断扩大，员工数量达到 300 余人，企业局域网也相应扩大。为了满足员工接入需求，企业购置了多台接入交换机，这些接入交换机通过汇聚交换机互联。为隔离广播域，企业通过划分 VLAN 的方式，要求相同部门间可以直接进行二层互访，不同部门间实现二层隔离。跨交换机实现 VLAN 间通信的拓扑结构如图 2-2-2 所示。

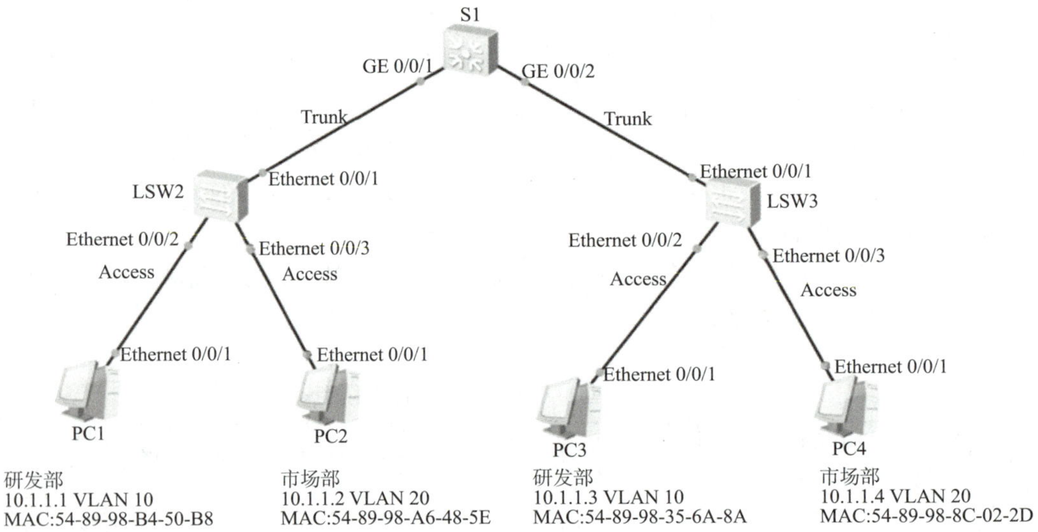

图 2-2-2 跨交换机实现 VLAN 间通信的拓扑结构

四、基础任务实施

VLAN 基础配置实验

1. 基础配置

PC 只需要配置 IP 地址和子网掩码，暂时不需要配置网关，具体 IP 地址规划见表 2-2-2。

表 2-2-2 IP 地址规划

设备	VLAN	部门	IP 地址	子网掩码	网关
PC1	10	研发部	10.1.1.1	255.255.255.0	N/A
PC2	20	市场部	10.1.1.2	255.255.255.0	N/A

续表

设备	VLAN	部门	IP 地址	子网掩码	网关
PC3	10	研发部	10.1.1.3	255.255.255.0	N/A
PC4	20	市场部	10.1.1.4	255.255.255.0	N/A

2. 配置交换机 S1

```
<Huawei>sy
[Huawei]sysname S1
[S1]vlan batch 10 20
[S1]int g0/0/1
[S1-GigabitEthernet0/0/1]port link-type trunk
[S1-GigabitEthernet0/0/1]port trunk allow-pass vlan 10 20
[S1-GigabitEthernet0/0/1]int g0/0/2
[S1-GigabitEthernet0/0/2]port link-type trunk
[S1-GigabitEthernet0/0/2] port trunk allow-pass vlan 10 20
```

配置完成后，查询 S1 的 VLAN 配置结果，可见 G0/0/1 和 G0/0/2 接口类型是 Trunk，允许 VLAN 10 和 20 的数据帧通过，且 Trunk 接口默认 PVID 为 1。

```
<S1>display port vlan
Port                    Link Type    PVID  Trunk VLAN List
-------------------------------------------------------------------------------
GigabitEthernet0/0/1    trunk        1     1 10 20
GigabitEthernet0/0/2    trunk        1     1 10 20
GigabitEthernet0/0/3    hybrid       1     -
GigabitEthernet0/0/4    hybrid       1     -
GigabitEthernet0/0/5    hybrid       1     -
GigabitEthernet0/0/6    hybrid       1     -
GigabitEthernet0/0/7    hybrid       1     -
GigabitEthernet0/0/8    hybrid       1     -
GigabitEthernet0/0/9    hybrid       1     -
GigabitEthernet0/0/10   hybrid       1     -
GigabitEthernet0/0/11   hybrid       1     -
GigabitEthernet0/0/12   hybrid       1     -
GigabitEthernet0/0/13   hybrid       1     -
GigabitEthernet0/0/14   hybrid       1     -
GigabitEthernet0/0/15   hybrid       1     -
GigabitEthernet0/0/16   hybrid       1     -
GigabitEthernet0/0/17   hybrid       1     -
GigabitEthernet0/0/18   hybrid       1     -
GigabitEthernet0/0/19   hybrid       1     -
GigabitEthernet0/0/20   hybrid       1     -
```

续表

```
GigabitEthernet0/0/21    hybrid    1    -
GigabitEthernet0/0/22    hybrid    1    -
GigabitEthernet0/0/23    hybrid    1    -
GigabitEthernet0/0/24    hybrid    1    -
```

3. 配置交换机 S2

```
<Huawei>sy
[Huawei]sysname S2
[S2]vlan batch 10 20
[S2]int e0/0/1
[S2-Ethernet0/0/1]port link-type trunk
[S2-Ethernet0/0/1]port trunk allow-pass vlan 10 20
[S2-Ethernet0/0/1]int e0/0/2
[S2-Ethernet0/0/2]port link-type access
[S2-Ethernet0/0/2]port default vlan 10
[S2-Ethernet0/0/2]int e0/0/3
[S2-Ethernet0/0/3]port link-type access
[S2-Ethernet0/0/3]port default vlan 20
```

配置完成后，查询 S2 的 VLAN 配置结果，可见 E0/0/1 接口类型是 Trunk，允许 VLAN 10 和 20 的数据帧通过；E0/0/2 和 E0/0/3 接口类型是 Access，PVID 分别是 10 和 20。

```
<S2>display port vlan
Port                Link Type    PVID  Trunk VLAN List
-------------------------------------------------------------------------------
Ethernet0/0/1       trunk        1     1 10 20
Ethernet0/0/2       access       10    -
Ethernet0/0/3       access       20    -
```

4. 配置交换机 S3

```
<Huawei>sy
[Huawei]sysname S3
[S3]vlan batch 10 20
[S3]int e0/0/1
[S3-Ethernet0/0/1]port link-type trunk
[S3-Ethernet0/0/1]port trunk allow-pass vlan 10 20
[S3-Ethernet0/0/1]int e0/0/2
[S3-Ethernet0/0/2]port link-type access
[S3-Ethernet0/0/2]port default vlan 10
[S3-Ethernet0/0/2]int e0/0/3
```

```
[S3-Ethernet0/0/3]port link-type access
[S3-Ethernet0/0/3]port default vlan 20
```

配置完成后，查询 S3 的 VLAN 配置结果，可见 E0/0/1 接口类型是 Trunk，允许 VLAN 10 和 20 的数据帧通过；E0/0/2 和 E0/0/3 接口类型是 Access，PVID 分别是 10 和 20。

```
<S3>display port vlan
Port                    Link Type    PVID  Trunk VLAN List
-------------------------------------------------------------------------------
Ethernet0/0/1           trunk        1     1 10 20
Ethernet0/0/2           access       10    -
Ethernet0/0/3           access       20    -
```

5. 测试

1）测试 PC1 和 PC3 的连通性

如图 2-2-3 所示，经测试 PC1 和 PC3 网络互通。

```
PC>ping 10.1.1.3

Ping 10.1.1.3: 32 data bytes, Press Ctrl_C to break
From 10.1.1.3: bytes=32 seq=1 ttl=128 time=78 ms
From 10.1.1.3: bytes=32 seq=2 ttl=128 time=78 ms
From 10.1.1.3: bytes=32 seq=3 ttl=128 time=109 ms
From 10.1.1.3: bytes=32 seq=4 ttl=128 time=63 ms
From 10.1.1.3: bytes=32 seq=5 ttl=128 time=94 ms

--- 10.1.1.3 ping statistics ---
  5 packet(s) transmitted
  5 packet(s) received
  0.00% packet loss
  round-trip min/avg/max = 63/84/109 ms
```

图 2-2-3　PC1 访问 PC3

2）查询 MAC 地址表

分别查询 S1、S2 和 S3 的 MAC 地址表。

```
<S1>display  mac-address
MAC address table of slot 0:
-------------------------------------------------------------------------------
MAC Address      VLAN/    PEVLAN   CEVLAN   Port      Type       LSP/LSR-ID
                 VSI/SI                                          MAC-Tunnel
-------------------------------------------------------------------------------
5489-98b4-50b8   10       -        -        GE0/0/1   dynamic    0/-
5489-9835-6a8a   10       -        -        GE0/0/2   dynamic    0/-
-------------------------------------------------------------------------------
Total matching items on slot 0 displayed = 2
<S2>dis mac-address
```

```
MAC address table of slot 0:
-------------------------------------------------------------------------------------------
MAC Address      VLAN/    PEVLAN   CEVLAN   Port      Type      LSP/LSR-ID
                 VSI/SI                                         MAC-Tunnel
-------------------------------------------------------------------------------------------
5489-98b4-50b8   10       -        -        Eth0/0/2  dynamic   0/-
5489-9835-6a8a   10       -        -        Eth0/0/1  dynamic   0/-
-------------------------------------------------------------------------------------------
Total matching items on slot 0 displayed = 2
<S3>display mac-address
MAC address table of slot 0:
-------------------------------------------------------------------------------------------
MAC Address      VLAN/    PEVLAN   CEVLAN   Port      Type      LSP/LSR-ID
                 VSI/SI                                         MAC-Tunnel
-------------------------------------------------------------------------------------------
5489-98b4-50b8   10       -        -        Eth0/0/1  dynamic   0/-
5489-9835-6a8a   10       -        -        Eth0/0/2  dynamic   0/-
-------------------------------------------------------------------------------------------
Total matching items on slot 0 displayed = 2
```

思考以下问题。

(1)为什么 PC1 和 PC2 不通?

PC1 访问 PC2,如图 2-2-4 所示。

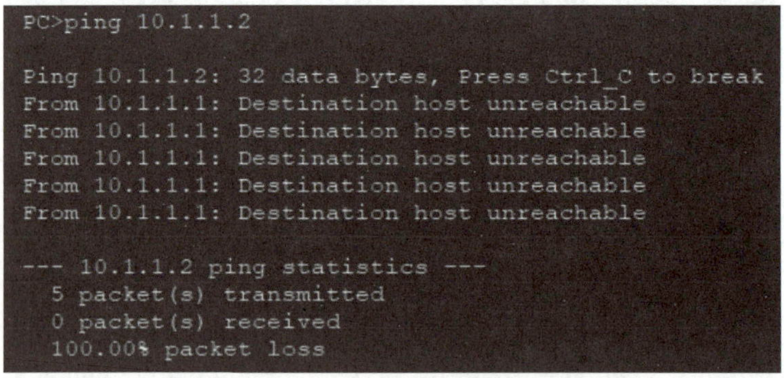

```
PC>ping 10.1.1.2

Ping 10.1.1.2: 32 data bytes, Press Ctrl_C to break
From 10.1.1.1: Destination host unreachable
From 10.1.1.1: Destination host unreachable
From 10.1.1.1: Destination host unreachable
From 10.1.1.1: Destination host unreachable
From 10.1.1.1: Destination host unreachable

--- 10.1.1.2 ping statistics ---
  5 packet(s) transmitted
  0 packet(s) received
  100.00% packet loss
```

图 2-2-4　PC1 访问 PC2

测试发现 PC1 和 PC2 网络不通。因为 PC1 和 PC2 属于不同的 VLAN,即不同的广播域,不能直接进行二层互访。**从端口原理来看,Access 端口发送数据时会对比数据帧的 VLAN ID 和端口的 PVID,如果两者不一致,则丢弃该数据帧。**

(2)连接终端的接口能配置为 Trunk 类型吗?

若要将一个 Trunk 类型端口配置成与 Access 端口的效果相同,需要先把端口所属 VLAN 修改为默认值,即允许通过 VLAN 恢复为 1。以交换机 SW3 的 E0/0/2 接口为例,将其修改为 Trunk 类型,PVID 为 10,且只允许通过 VLAN 10 的数据帧。

```
[S3-Ethernet0/0/2]port default vlan 1
[S3-Ethernet0/0/2]port link-type trunk
[S3-Ethernet0/0/2]port trunk pvid vlan 10
[S3-Ethernet0/0/2]port trunk allow-pass vlan 10
```

再次测试 PC1 和 PC3 的连通性,发现可以连通。数据转发过程如下:当 S3 的 E0/0/2 接口收到 VLAN 10 的数据帧时,先根据允许通过 VLAN ID 列表判断是否允许转发,然后比较帧的 VLAN ID 和端口 PVID 是否一致,若一致则剥离标签后转发,因此终端 PC3 最终收到的是不带 VLAN 标签的数据帧。

五、基础任务评价

基础任务评价见表 2-2-3。

表 2-2-3　基础任务评价

序号	考核要点	完成情况
1	VLAN 的定义	
2	VLAN 标签的概念	
3	PVID 的概念	
4	Access 端口的数据收发原则	
5	Trunk 端口的数据收发原则	
6	Access 端口配置	
7	Trunk 端口配置	
8	总结本次任务的收获	

六、拓展任务目标

(1)了解 Hybrid 端口的应用场景。
(2)理解 Hybrid 端口的收发数据原则。
(3)能够正确配置 Hybrid 端口。

七、拓展任务拓扑

Z 企业内部设有 IT 部门、HR 部门和市场部门,网络配置要求为相同部门内部可以通信,HR 部门和市场部门之间无法通信,IT 部门可以访问所有部门。Hybrid 端口应用拓扑结构如图 2-2-5 所示。

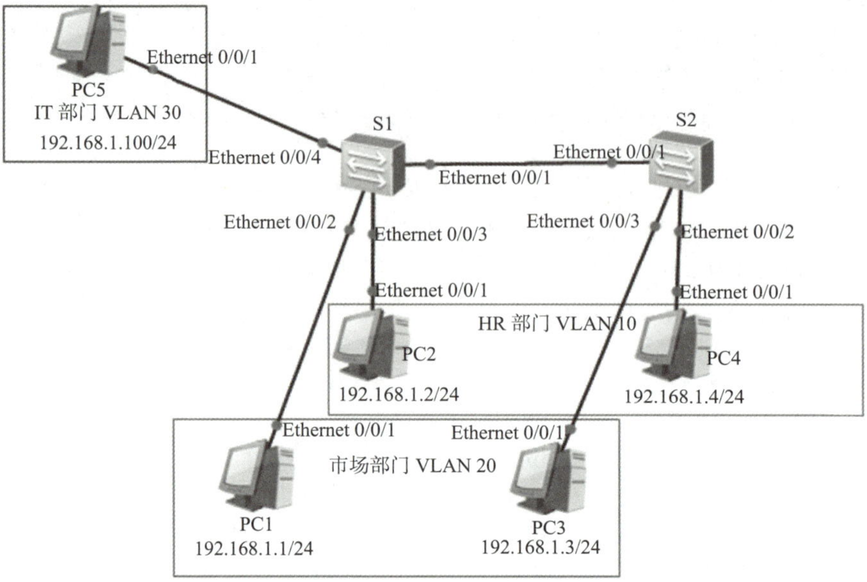

图 2-2-5　Hybrid 端口应用拓扑结构

八、拓展任务实施

Hybrid 端口配置实验

1. 基础配置

根据表 2-2-4 为各 PC 配置 IP 地址和子网掩码，注意规划 IP 地址时确保所有主机都属于同一网段。

表 2-2-4　IP 地址规划

设备	VLAN	部门	IP 地址	子网掩码	网关
PC1	20	市场部	192.168.1.1	255.255.255.0	N/A
PC2	10	HR 部	192.168.1.2	255.255.255.0	N/A
PC3	20	市场部	192.168.1.3	255.255.255.0	N/A
PC4	10	HR 部	192.168.1.4	255.255.255.0	N/A
PC5	30	IT 部	192.168.1.100	255.255.255.0	N/A

2. 配置交换机 S1

```
[S1]vlan batch 10 20 30                                 #创建 VLAN 10 20 30
[S1-Ethernet0/0/1] port hybrid tagged vlan 10 20 30     #VLAN 10 20 30 带标签通过
[S1-Ethernet0/0/2]port hybrid pvid vlan 20
[S1-Ethernet0/0/2]port hybrid untagged vlan 20 30       # VLAN 20 30 不带标签通过
[S1-Ethernet0/0/3]port hybrid pvid vlan 10
[S1-Ethernet0/0/3]port hybrid untagged vlan 10 30       # VLAN 10 30 不带标签通过
[S1-Ethernet0/0/4] port hybrid pvid vlan 30
```

```
[S1-Ethernet0/0/4]port hybrid untagged vlan 10 20 30      #VLAN 10 20 30 不带标签通过
```

配置完成后，查询 S1 的配置结果。

```
<S1>display port vlan
Port                  Link Type    PVID   Trunk VLAN List
---------------------------------------------------------------------------------
Ethernet0/0/1         hybrid       1      10 20 30
Ethernet0/0/2         hybrid       20     -
Ethernet0/0/3         hybrid       10     -
Ethernet0/0/4         hybrid       30     -
```

3. 配置交换机 S2

```
[S2]vlan batch 10 20 30
[S2-Ethernet0/0/1]port hybrid tagged vlan 10 20 30
[S2-Ethernet0/0/2]port hybrid pvid vlan 10
[S2-Ethernet0/0/2]port hybrid untagged vlan 10 30
[S2-Ethernet0/0/3]port hybrid pvid vlan 20
[S2-Ethernet0/0/3]port hybrid untagged vlan 20 30
```

配置完成后，查询 S2 的配置结果。

```
<S2>display port vlan
Port                  Link Type    PVID   Trunk VLAN List
---------------------------------------------------------------------------------
Ethernet0/0/1         hybrid       1      10 20 30
Ethernet0/0/2         hybrid       10     -
Ethernet0/0/3         hybrid       20     -
```

4. 测试

1）相同部门内部可以通信

PC1 与 PC3、PC2 与 PC4 均可互通，如图 2-2-6 和图 2-2-7 所示。

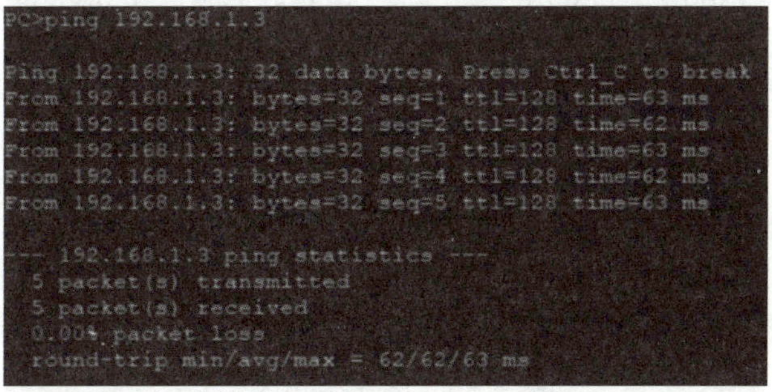

图 2-2-6　PC1 访问 PC3

```
PC>ping 192.168.1.4

Ping 192.168.1.4: 32 data bytes, Press Ctrl_C to break
From 192.168.1.4: bytes=32 seq=1 ttl=128 time=62 ms
From 192.168.1.4: bytes=32 seq=2 ttl=128 time=63 ms
From 192.168.1.4: bytes=32 seq=3 ttl=128 time=47 ms
From 192.168.1.4: bytes=32 seq=4 ttl=128 time=78 ms
From 192.168.1.4: bytes=32 seq=5 ttl=128 time=62 ms

--- 192.168.1.4 ping statistics ---
  5 packet(s) transmitted
  5 packet(s) received
  0.00% packet loss
  round-trip min/avg/max = 47/62/78 ms
```

图 2-2-7　PC2 访问 PC4

2）HR 部门和市场部门之间无法通信

PC1 和 PC2 无法通信，如图 2-2-8 所示。

```
PC>ping 192.168.1.2

Ping 192.168.1.2: 32 data bytes, Press Ctrl_C to break
From 192.168.1.1: Destination host unreachable
From 192.168.1.1: Destination host unreachable
From 192.168.1.1: Destination host unreachable
From 192.168.1.1: Destination host unreachable
From 192.168.1.1: Destination host unreachable

--- 192.168.1.2 ping statistics ---
  5 packet(s) transmitted
  0 packet(s) received
  100.00% packet loss
```

图 2-2-8　PC1 访问 PC2

3）IT 部门可以访问所有部门

PC5 可与 PC1、PC2 互通，如图 2-2-9 所示。

```
PC>ping 192.168.1.1

Ping 192.168.1.1: 32 data bytes, Press Ctrl_C to break
From 192.168.1.1: bytes=32 seq=1 ttl=128 time=31 ms
From 192.168.1.1: bytes=32 seq=2 ttl=128 time=47 ms
From 192.168.1.1: bytes=32 seq=3 ttl=128 time=47 ms
From 192.168.1.1: bytes=32 seq=4 ttl=128 time=47 ms
From 192.168.1.1: bytes=32 seq=5 ttl=128 time=31 ms

--- 192.168.1.1 ping statistics ---
  5 packet(s) transmitted
  5 packet(s) received
  0.00% packet loss
  round-trip min/avg/max = 31/40/47 ms

PC>ping 192.168.1.2

Ping 192.168.1.2: 32 data bytes, Press Ctrl_C to break
From 192.168.1.2: bytes=32 seq=1 ttl=128 time=47 ms
From 192.168.1.2: bytes=32 seq=2 ttl=128 time=31 ms
From 192.168.1.2: bytes=32 seq=3 ttl=128 time=31 ms
From 192.168.1.2: bytes=32 seq=4 ttl=128 time=31 ms
From 192.168.1.2: bytes=32 seq=5 ttl=128 time=32 ms

--- 192.168.1.2 ping statistics ---
  5 packet(s) transmitted
  5 packet(s) received
  0.00% packet loss
  round-trip min/avg/max = 31/34/47 ms
```

图 2-2-9　PC5 访问 PC1 和 PC2

九、拓展任务评价

拓展任务评价见表 2-2-5。

表 2-2-5　拓展任务评价

序号	考核要点	完成情况
1	Hybrid 端口的应用场景	
2	Hybrid 端口的收发数据原则	
3	Hybrid 端口配置	
4	总结本次任务的收获	

十、日积月累

（1）如果一个 Trunk 链路 PVID 是 5，且端口下配置 port trunk allow-pass vlan 2 3，那么哪些 VLAN 的流量可以通过该 Trunk 链路进行传输？

执行 port trunk allow-pass vlan 2 3 命令后，VLAN 5 的数据帧无法在此链路上进行传输。VLAN 1（默认允许）、VLAN 2 和 VLAN 3 的数据帧可以在 Trunk 链路上传输。

（2）PVID 为 2 的 Access 端口收到一个不带标签的帧会采取什么样的动作？

收到不带标签的数据帧后，PVID 为 2 的 Access 端口会给数据帧打上 VLAN 2 的标签，随后交换机根据标签和目的 MAC 地址将数据帧发送到其他端口。

（3）连接 PC 的交换机接口可以配置为 Trunk 端口吗？以 VLAN 10 为例说明如何配置？

可以。

```
[S3-Ethernet0/0/2]port default vlan 1
[S3-Ethernet0/0/2]port link-type trunk
[S3-Ethernet0/0/2]port trunk pvid vlan 10
[S3-Ethernet0/0/2]port trunk allow-pass vlan 10
```

（4）拓展任务中如果不同 VLAN 使用不同网段 IP 地址，利用 Hybrid 端口还能实现不同 VLAN 互访功能吗？

不能。例如把 PC5 的 IP 地址改为 192.168.2.100/24 后，PC5 不能访问其他 PC。因为不同网段互访需要通过网关进行三层路由，而这里并没有配置网关。

（5）Hybrid 端口如何等效为 Trunk 端口？

当 Hybrid 端口配置中的 Untagged VLAN ID 列表中有且仅有 PVID 时，其功能等效于 Trunk 端口。

（6）Hybrid 端口如何等效为 Access 端口？

当 Hybrid 端口配置中的 Untagged VLAN ID 列表中有且仅有 PVID，且 Tagged VLAN ID 列表为空时，其功能等效于 Access 端口。

（7）**Access 端口发往其他设备的报文都是 Untagged 数据帧；Trunk 端口仅在帧的 VLAN ID 和端口的 PVID 相同时，才能发出 Untagged 数据帧，其余情况均发送 Tagged 数据帧。**

任务 3　配置 VLAN 间路由实现不同 VLAN 互访

VLAN 间路由

一、知识准备

VLAN 隔离了二层广播域，也严格地隔离了各 VLAN 之间的二层流量，属于不同的 VLAN 用户之间无法进行二层通信，所以必须通过三层路由才能将报文从一个 VLAN 转发到另一个 VLAN。

1. 多臂路由实现 VLAN 间路由

解决 VLAN 间通信问题的第一种方法是多臂路由，即在路由器上为每个 VLAN 分配一个独立的接口，并通过一条物理链路连接到二层交换机上，交换机端口配置为 **Access 类型**。当 VLAN 间的主机需要通信时，数据会经由路由器进行三层路由，并被转发到目的 VLAN 内的主机，从而实现 VLAN 之间的通信，如图 2-3-1 所示。

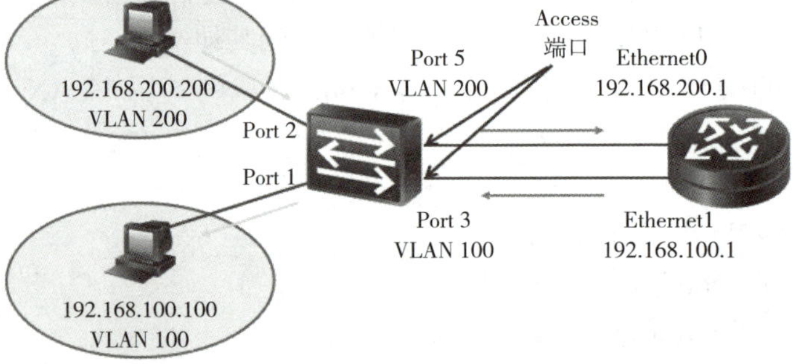

图 2-3-1　多臂路由示意图

然而，随着交换机上 VLAN 数量的增加，该方法需要大量的路由器接口，但路由器的接口数量是有限的，并且部分 VLAN 之间的主机不需要频繁进行通信，如果这样配置的话，会导致路由器的接口利用率很低。因此，实际应用中一般不会采用这种方法来解决 VLAN 间的通信问题。

2. 单臂路由实现 VLAN 间路由

解决 VLAN 间通信问题的第二种方法是单臂路由，即在交换机和路由器之间仅使用一条物理链路连接。在交换机上把连接到路由器的端口配置成 **Trunk 类型**，并允许相关 VLAN 的帧通过。在路由器上需要创建多个子接口，从逻辑上把连接路由器的物理链路分成了多条，如图 2-3-2 所示。

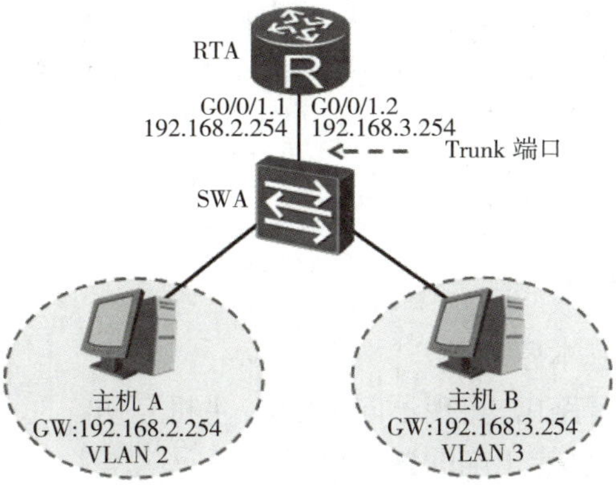

图 2-3-2　单臂路由示意图

一个子接口代表一条归属于某个 VLAN 的逻辑链路。配置子接口时，需要注意以下几点。

（1）必须为每个子接口分配 IP 地址，且该 IP 地址是子接口所属的 VLAN 对应网段的网关地址。

（2）需要在子接口上配置 802.1Q 封装，用于剥掉和添加 VLAN 标签，从而实现 VLAN 间互通。

（3）在子接口上执行 arp broadcast enable 命令，使能子接口的 ARP 广播功能。

interface interface-type interface-number.sub-interface number 命令用于创建子接口，其中 sub-interface number 代表物理接口内的逻辑接口通道。dot1q termination vid 命令用于配置子接口 dot1q 封装的单层 VLAN ID，配置后，接收报文时，剥掉报文中携带的标签后进行三层转发；发送报文时，先将该子接口对应的 VLAN 标签添加到报文中。arp broadcast enable 命令用于使能终结子接口的 ARP 广播功能，默认未启用，启用后可允许终结子接口转发广播报文。

3. 三层交换机通过 VLANIF 接口实现 VLAN 间路由

三层交换机在二层交换机的基础上增加了路由功能，且避免了单臂路由物理线路传输的限制，有效解决了带宽瓶颈问题。

华为 S 系列交换机的物理接口是二层接口，不能直接配置 IP 地址，必须加入 VLAN，通过对应的 VLANIF 接口实现二层与三层之间的转换。VLANIF 接口是逻辑意义上的三层接口，配置 IP 地址后可实现网络层互通。借助 VLANIF 接口，三层交换机可实现路由转发功能。在三层通信中，数据到达交换机后，三层模块会去掉数据链路层协议头（包括 VLAN 标签部分），因此接口类型不影响三层通信。

解决 VLAN 间通信问题的第三种方法是在三层交换机上配置 VLANIF 接口实现 VLAN 间路由。如果网络上有多个 VLAN，则需要给每个 VLAN 配置一个 VLANIF 接口，并给每个 VLANIF 接口配置一个 IP 地址。用户设置的缺省网关就是三层交换机中 VLANIF 接口的 IP 地址。VLANIF 接口的编号必须对应一个已经创建的 VLAN，且只有当 VLAN 内至少有一个状态为 UP 的物理端口时，该 VLAN 对应的 VLANIF 接口状态才会是 UP。

在三层交换机上配置 VLAN 间路由时，首先创建 VLAN，并将端口加入相应的 VLAN。interface vlanif vlan-id 命令用于创建 VLANIF 接口并进入 VLANIF 接口视图，其中 vlan-id 表示与 VLANIF 接口相关联的 VLAN 编号。**VLANIF 接口的 IP 地址作为主机的网关 IP 地址，需与主机的 IP 地址位于同一网段。**

二、基础任务目标

（1）理解单臂路由的基本原理。

（2）能够正确配置单臂路由，实现不同 VLAN 主机互访。

（3）理解端口组的用途，能正确配置端口组。

三、基础任务拓扑

路由器 AR1 是 Z 企业网络的出口网关，企业通过划分 VLAN 隔离不同部门的二层通信。现由于业务需要，要求不同部门间能够实现通信，网络管理员小刘决定采用单臂路由方式实现 VLAN 间的三层通信。利用单臂路由实现 VLAN 间路由的拓扑结构如图 2-3-3 所示。

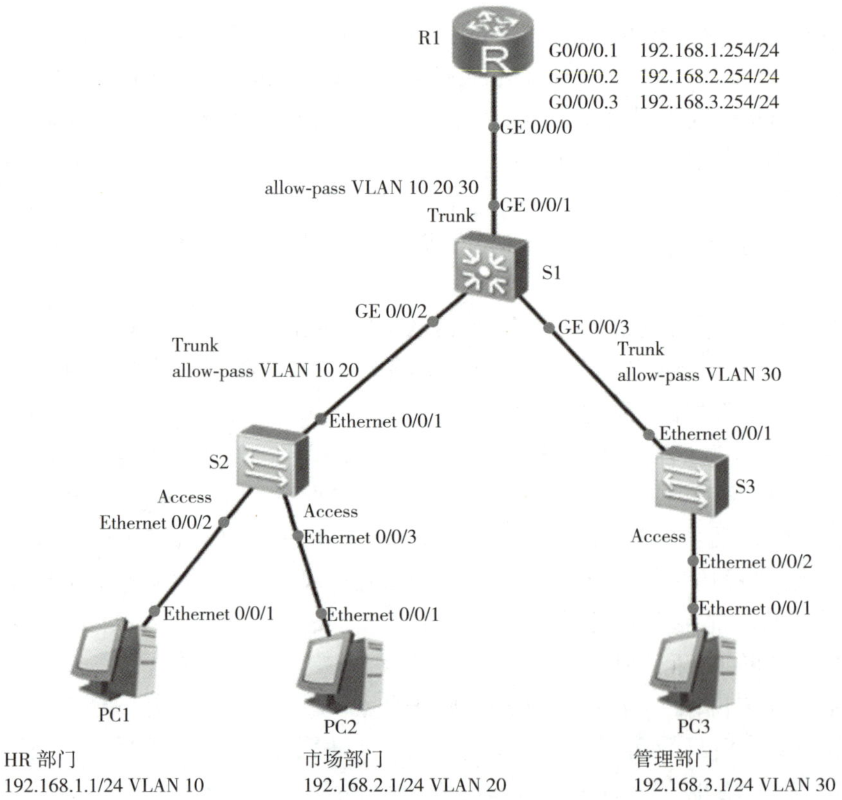

图 2-3-3　利用单臂路由实现 VLAN 间路由的拓扑结构

四、基础任务实施

VLAN 单臂路由实验

1. 基础配置

根据表 2-3-1 配置各 PC 的 IP 地址、子网掩码和网关。

表 2-3-1　IP 地址规划

设备	VLAN	部门	IP 地址	子网掩码	网关
PC1	10	HR 部	192.168.1.1	255.255.255.0	192.168.1.254
PC2	20	市场部	192.168.2.1	255.255.255.0	192.168.2.254
PC3	30	管理部	192.168.3.1	255.255.255.0	192.168.3.254

2. 配置接入交换机 S2

```
<Huawei>sy
[Huawei]sysname S2
[S2]vlan batch 10 20
[S2]int e0/0/1
[S2-Ethernet0/0/1]port link-type trunk
[S2-Ethernet0/0/1]port trunk allow-pass vlan 10 20
[S2-Ethernet0/0/1]int e0/0/2
[S2-Ethernet0/0/2]port link-type access
[S2-Ethernet0/0/2]port default vlan 10
[S2-Ethernet0/0/2]int e0/0/3
[S2-Ethernet0/0/3]port link-type access
[S2-Ethernet0/0/3]port default vlan 20
```

配置完成后，查询配置结果。

```
<S2>display port vlan
Port                    Link Type    PVID  Trunk VLAN List
-------------------------------------------------------------------------------
Ethernet0/0/1           trunk        1     1 10 20
Ethernet0/0/2           access       10    -
Ethernet0/0/3           access       20    -
```

3. 配置接入交换机 S3

```
<Huawei>sy
[Huawei]sysname S3
[S3]vlan batch 30
```

```
[S3]int e0/0/1
[S3-Ethernet0/0/1]port link-type trunk
[S3-Ethernet0/0/1]port trunk allow-pass vlan 30
[S3-Ethernet0/0/1]int e0/0/2
[S3-Ethernet0/0/2]port link-type access
[S3-Ethernet0/0/2]port default vlan 30
```

配置完成后，查询配置结果。

```
<S3>dis port vlan
Port                    Link Type    PVID   Trunk VLAN List
------------------------------------------------------------------------------------------
Ethernet0/0/1           trunk        1      1 30
Ethernet0/0/2           access       30     -
```

4. 配置汇聚交换机 S1

如果多个端口配置相同，可以利用端口组简化配置。创建端口组 T1，把交换机 S1 的三个端口加入端口组，只需在端口组配置一次，即可使配置在各端口生效。

```
<Huawei>sy
[Huawei]sysname S1
[S1]vlan batch 10 20 30
[S1]port-group T1                    #创建端口组，包含成员 G0/0/1~G0/0/3 接口
[S1-port-group-t1]group-member GigabitEthernet0/0/1 GigabitEthernet 0/0/2 GigabitEthernet 0/0/3
[S1-port-group-t1]port link-type trunk
[S1-port-group-t1]port trunk allow-pass vlan 10 20 30
```

配置完成后，查询配置结果。

```
<S1>dis port vlan
Port                    Link Type    PVID   Trunk VLAN List
------------------------------------------------------------------------------------------
GigabitEthernet0/0/1    trunk        1      1 10 20 30
GigabitEthernet0/0/2    trunk        1      1 10 20 30
GigabitEthernet0/0/3    trunk        1      1 10 20 30
```

5. 路由器 R1 配置

```
<Huawei>sy
[Huawei]sysname R1
[R1-GigabitEthernet0/0/0.1]ip add 192.168.1.254 24
[R1-GigabitEthernet0/0/0.1]dot1q termination vid 10
```

```
[R1-GigabitEthernet0/0/0.1]arp broadcast enable
[R1-GigabitEthernet0/0/0.2]ip add 192.168.2.254 24
[R1-GigabitEthernet0/0/0.2]dot1q termination vid 20
[R1-GigabitEthernet0/0/0.2]arp broadcast enable
[R1-GigabitEthernet0/0/0.3]ip add 192.168.3.254 24
[R1-GigabitEthernet0/0/0.3]dot1q termination vid 30
[R1-GigabitEthernet0/0/0.3]arp broadcast enable
```

配置完成后，查询配置结果。

```
<R1>dis ip int br
*down: administratively down
^down: standby
(l): loopback
(s): spoofing
The number of interface that is UP in Physical is 5
The number of interface that is DOWN in Physical is 2
The number of interface that is UP in Protocol is 4
The number of interface that is DOWN in Protocol is 3

Interface                    IP Address/Mask       Physical   Protocol
GigabitEthernet0/0/0         unassigned            up         down
GigabitEthernet0/0/0.1       192.168.1.254/24      up         up
GigabitEthernet0/0/0.2       192.168.2.254/24      up         up
GigabitEthernet0/0/0.3       192.168.3.254/24      up         up
```

6. 测试

PC1 访问 PC3，抓包并分析单臂路由运作过程如下。

由于互访的两台 PC 处于不同的网段，PC1 会将数据包发往本机的网关，即路由器子接口 G0/0/0.1 的地址 192.168.1.254。数据包到达路由器 R1 后，由于子接口已经配置了 VLAN 封装，当接收到 PC1 发送的 VLAN 10 数据帧时，若数据帧的 VLAN ID 与本机 GE0/0/0.1 接口配置的 VLAN ID 一致，便剥离数据帧的 VLAN 标签后进行三层路由转发。路由器 R1 通过查找路由表，发现数据包目的地址 192.168.3.1 所属的 192.168.3.0/24 网段的路由条目已经是路由器 R1 的直连路由，且出接口为 GE0/0/0.3，便将该数据包发送至该接口。当 GE0/0/0.3 接口接收到不带 VLAN 标签的帧时，会加上自身接口所配置的 VLAN 30 后再转发，最终通过交换机将数据帧顺利转发给 PC3。PC1 访问 PC3 如图 2-3-4 所示。

```
Welcome to use PC Simulator!

PC>ping 192.168.3.1

Ping 192.168.3.1: 32 data bytes, Press Ctrl_C to break
Request timeout!
From 192.168.3.1: bytes=32 seq=2 ttl=127 time=110 ms
From 192.168.3.1: bytes=32 seq=3 ttl=127 time=125 ms
From 192.168.3.1: bytes=32 seq=4 ttl=127 time=109 ms
From 192.168.3.1: bytes=32 seq=5 ttl=127 time=109 ms

--- 192.168.3.1 ping statistics ---
  5 packet(s) transmitted
  4 packet(s) received
  20.00% packet loss
  round-trip min/avg/max = 0/113/125 ms
```

图 2-3-4　PC1 访问 PC3

（1）在 S2 的 E0/0/1 接口抓包，帧的 VLAN ID 为 10，目的 MAC 地址为路由器 GE0/0/0 接口的地址，如图 2-3-5 所示。

```
23 23.797000 192.168.1.1        192.168.3.1        ICMP  Echo (ping) request  (id=0x4d1b, seq(be/le)=5/1280, ttl=128)
24 23.891000 192.168.3.1        192.168.1.1        ICMP  Echo (ping) reply    (id=0x4d1b, seq(be/le)=5/1280, ttl=127)
25 24.735000 HuaweiTe_71:3e:b5  Spanning-tree-(for-STP   MST. Root = 32768/0/4c:1f:cc:02:07:ea  Cost = 20000  Port =
26 26.906000 HuaweiTe_71:3e:b5  Spanning-tree-(for-STP   MST. Root = 32768/0/4c:1f:cc:02:07:ea  Cost = 20000  Port =
27 29.156000 HuaweiTe_71:3e:b5  Spanning-tree-(for-STP   MST. Root = 32768/0/4c:1f:cc:02:07:ea  Cost = 20000  Port =
28 31.375000 HuaweiTe_71:3e:b5  Spanning-tree-(for-STP   MST. Root = 32768/0/4c:1f:cc:02:07:ea  Cost = 20000  Port =

⊞ Frame 23: 78 bytes on wire (624 bits), 78 bytes captured (624 bits)
⊞ Ethernet II, Src: HuaweiTe_d4:6f:15 (54:89:98:d4:6f:15), Dst: HuaweiTe_43:5f:1c (00:e0:fc:43:5f:1c)
⊟ 802.1Q Virtual LAN, PRI: 0, CFI: 0, ID: 10
    000. .... .... .... = Priority: Best Effort (default) (0)
    ...0 .... .... .... = CFI: Canonical (0)
    .... 0000 0000 1010 = ID: 10
    Type: IP (0x0800)
⊞ Internet Protocol, Src: 192.168.1.1 (192.168.1.1), Dst: 192.168.3.1 (192.168.3.1)
⊞ Internet Control Message Protocol
```

图 2-3-5　S2 的 E0/0/1 接口抓包

（2）在 S3 的 E0/0/1 接口抓包，帧的 VLAN ID 为 30，源 MAC 地址为路由器 GE0/0/0 接口的地址，如图 2-3-6 所示。

```
16 12.297000 192.168.1.1        192.168.3.1        ICMP  Echo (ping) request  (id=0x4d1b, seq(be/le)=5/1280, ttl=127)
17 12.329000 192.168.3.1        192.168.1.1        ICMP  Echo (ping) reply    (id=0x4d1b, seq(be/le)=5/1280, ttl=128)
18 13.672000 HuaweiTe_02:07:ea  Spanning-tree-(for-STP   MST. Root = 32768/0/4c:1f:cc:02:07:ea  Cost = 0  Port = 0x8001
19 15.907000 HuaweiTe_02:07:ea  Spanning-tree-(for-STP   MST. Root = 32768/0/4c:1f:cc:02:07:ea  Cost = 0  Port = 0x8001
20 18.157000 HuaweiTe_02:07:ea  Spanning-tree-(for-STP   MST. Root = 32768/0/4c:1f:cc:02:07:ea  Cost = 0  Port = 0x8001
21 20.344000 HuaweiTe_02:07:ea  Spanning-tree-(for-STP   MST. Root = 32768/0/4c:1f:cc:02:07:ea  Cost = 0  Port = 0x8001
22 22.516000 HuaweiTe_02:07:ea  Spanning-tree-(for-STP   MST. Root = 32768/0/4c:1f:cc:02:07:ea  Cost = 0  Port = 0x8001
23 24.688000 HuaweiTe_02:07:ea  Spanning-tree-(for-STP   MST. Root = 32768/0/4c:1f:cc:02:07:ea  Cost = 0  Port = 0x8001

⊞ Frame 16: 78 bytes on wire (624 bits), 78 bytes captured (624 bits)
⊞ Ethernet II, Src: HuaweiTe_43:5f:1c (00:e0:fc:43:5f:1c), Dst: HuaweiTe_10:4c:49 (54:89:98:10:4c:49)
⊟ 802.1Q Virtual LAN, PRI: 0, CFI: 0, ID: 30
    000. .... .... .... = Priority: Best Effort (default) (0)
    ...0 .... .... .... = CFI: Canonical (0)
    .... 0000 0001 1110 = ID: 30
    Type: IP (0x0800)
⊞ Internet Protocol, Src: 192.168.1.1 (192.168.1.1), Dst: 192.168.3.1 (192.168.3.1)
⊞ Internet Control Message Protocol
```

图 2-3-6　S3 的 E0/0/1 接口抓包

五、基础任务评价

基础任务评价见表 2-3-2。

表 2-3-2 基础任务评价

序号	考核要点	完成情况
1	单臂路由的基本原理	
2	配置单臂路由,实现不同 VLAN 主机互访	
3	端口组的用途和配置	
4	总结本次任务的收获	

六、拓展任务目标

(1)理解三层交换机 VLANIF 接口的概念。
(2)理解二层交换机与三层交换机的区别。
(3)能够利用三层交换机实现 VLAN 间路由配置。

七、拓展任务拓扑

Z 企业的销售部和客服部连接在一台三层交换机上,两个部门分属不同 VLAN,现需要实现两部门之间的通信。网络管理员小刘决定采用三层交换机 VLANIF 接口作为不同 VLAN 网关,实现不同 VLAN 间三层互访,如图 2-3-7 所示。

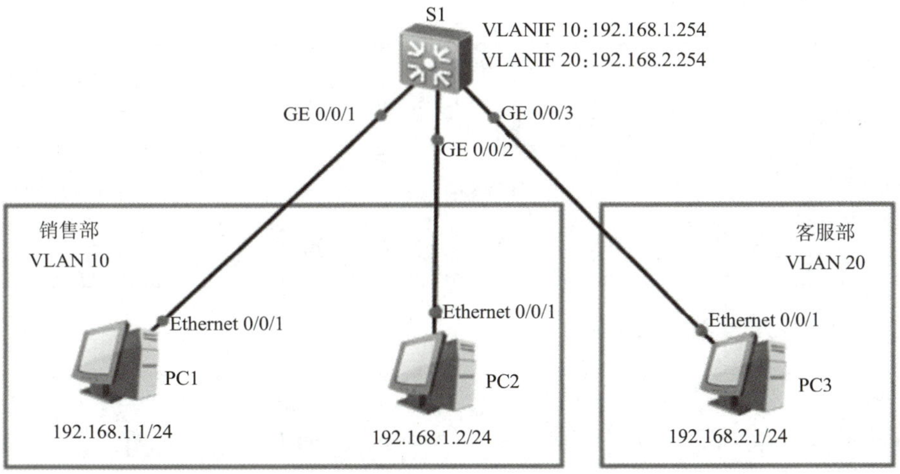

图 2-3-7 利用三层交换机实现不同 VLAN 间路由的拓扑结构

八、拓展任务实施

1. 基础配置

根据表 2-3-3 配置各 PC 的 IP 地址、子网掩码和网关。

VLAN 三层交换实验

表 2-3-3 IP 地址规划

设备	VLAN	部门	IP 地址	子网掩码	网关
PC1	10	销售部	192.168.1.1	255.255.255.0	192.168.1.254
PC2	10	销售部	192.168.1.2	255.255.255.0	192.168.1.254
PC3	20	客服部	192.168.2.1	255.255.255.0	192.168.2.254

2. 配置交换机 S1

交换机 S1 创建 VLAN 10 和 VLAN 20，并将接口配置为 Access 类型，分别划入相应的 VLAN。

```
<Huawei>sy
[Huawei]sysname S1
[S1]vlan batch 10 20
[S1]port-group V10
[S1-port-group-v10]group-member g0/0/1 g0/0/2
[S1-port-group-v10]port link-type access
[S1-port-group-v10]port default vlan 10
[S1-GigabitEthernet0/0/3]port link-type access
[S1-GigabitEthernet0/0/3]port default vlan 20
```

配置完成后，查询配置结果。

```
<S1>dis port vlan
Port                    Link Type    PVID   Trunk VLAN List
-------------------------------------------------------------------------------
GigabitEthernet0/0/1    access       10     -
GigabitEthernet0/0/2    access       10     -
GigabitEthernet0/0/3    access       20     -
```

3. 创建虚拟接口并配置 IP 地址

```
[S1]int vlanif 10
[S1-Vlanif10]ip add 192.168.1.254 24          #vlan 10 的网关 IP 地址
[S1-Vlanif10]int vlanif 20
[S1-Vlanif20]ip add 192.168.2.254 24          #vlan 20 的网关 IP 地址
```

4. 测试不同 VLAN 主机的连通性

如图 2-3-8 所示，销售部和客服部的主机之间网络互通，实现了不同 VLAN 主机三层互访。

```
Welcome to use PC Simulator!

PC>ping 192.168.2.1

Ping 192.168.2.1: 32 data bytes, Press Ctrl_C to break
From 192.168.2.1: bytes=32 seq=1 ttl=127 time=63 ms
From 192.168.2.1: bytes=32 seq=2 ttl=127 time=46 ms
From 192.168.2.1: bytes=32 seq=3 ttl=127 time=47 ms
From 192.168.2.1: bytes=32 seq=4 ttl=127 time=47 ms
From 192.168.2.1: bytes=32 seq=5 ttl=127 time=31 ms

--- 192.168.2.1 ping statistics ---
  5 packet(s) transmitted
  5 packet(s) received
  0.00% packet loss
  round-trip min/avg/max = 31/46/63 ms
```

图 2-3-8　PC1 访问 PC3

九、拓展任务评价

拓展任务评价见表 2-3-4。

表 2-3-4　拓展任务评价

序号	考核要点	完成情况
1	VLANIF 接口的概念	
2	二层交换机与三层交换机的区别	
3	利用三层交换机实现 VLAN 间路由配置	
4	总结本次任务的收获	

十、日积月累

（1）配置 dot1q termination vid ***vlan-id*** 命令的目的是什么？

dot1q termination vid *vlan-id* 命令有两个功能：一是删除 VLAN 标签，接口在接收到 VLAN 报文后，剥掉报文中携带的标签后进行三层转发；二是添加 VLAN 标签，接口在发送报文时，将相应的 VLAN 信息添加到报文中再发送。

（2）配置单臂路由时，交换机连接路由器的接口需要哪些配置？

需要将交换机连接路由器的接口配置成 Trunk 类型，并允许相关 VLAN 的数据帧通过。

（3）利用单臂路由实现数据转发存在哪些潜在问题？如何解决？

单臂路由存在带宽不足和转发效率低的问题，导致其应用受限。利用三层交换机实现 VLAN 间路由，无须经过物理线路多次转发，可有效解决带宽不足问题，并提供更高效、灵活的网络通信方案。

（4）三层交换机实现 VLAN 间通信的优点和缺点分别是什么？

优点：三层交换机在二层交换机的基础上增加了路由功能，且避免了单臂路由物理线路的限制，有效解决了带宽瓶颈问题。

缺点：VLANIF 接口只是逻辑意义上的三层接口，借助 VLANIF 接口，三层交换机可实现路由转发功能。采用 VLANIF 接口实现 VLAN 间路由时，每个 VLAN 都对应一个独立的 VLANIF 接口，并且配置唯一的 IP 地址作为网关，导致 IP 地址资源消耗较大。另外，对于每一个子网来说，子网号、子网定向广播地址都不能作为 VLAN 内主机的 IP 地址；而且子网中实际接入的主机可能少于编址数，多出来的 IP 地址也会因为不能被其他 VLAN 使用而被浪费掉。网络中的 VLAN 越多，浪费的 IP 地址也就越多。

（5）实现不同 VLAN 间主机互访的方法有哪些？

主要方法包括单臂路由、三层交换机路由、Hybrid 端口（要求所有主机在同一个网段）以及 VLAN 聚合。

（6）如何获取二层封装目的 MAC 地址？

主机发送数据包前会检查数据包中目的 IP 地址，如果目的 IP 地址和本机 IP 地址在同一个网段，主机直接发出 ARP 数据包请求获取对方主机 MAC 地址，并封装数据包，继而发送数据包；如果目的 IP 地址和本机 IP 地址不在同一个网段，主机也会发出一个 ARP 数据包请求获取网关的 MAC 地址，收到网关响应后，封装数据包并转发。

任务 4　配置 STP 避免二层环路

一、知识准备

随着局域网规模的不断扩大，越来越多的交换机用于实现主机互连。如果交换机之间仅以单条链路连接，则可能会出现单点故障，导致业务中断。为了解决此类问题，交换机互连通常采用冗余链路进行备份。冗余链路虽然增强了网络的可靠性，但是会产生环路，进而引发通信质量下降和通信业务中断等问题。

根据交换机的转发原则，如果交换机从某一端口上接收到的是广播帧，或者目的 MAC 地址未知的单播帧，则会进行泛洪操作，即将这个帧向除源端口外的所有端口转发。如果交换网络中有环路，则这个帧会被无限次转发，从而形成广播风暴，导致网络中充斥着大量重复的数据帧。交换机基于所接收到的数据帧的源地址和接收端口生成 MAC 地址表项。所以，环路的存在会引起交换机 MAC 地址表振荡。

在以太网中，二层网络的环路会引发广播风暴、MAC 地址表振荡、重复数据帧等问题，为解决交换网络中的环路问题，STP 应运而生。STP 的主要作用体现在两个方面：一是消除环路，即通过阻断冗余链路消除网络中可能存在的环路；二是链路备份，即当活动路径发生故障时，自动激活备份链路，快速恢复网络的连通性。

STP 通过构建树形结构来消除交换网络中的环路。在每个 STP 网络中，都存在一个根交换机（又称为根桥），其他交换机为非根交换机。根交换机位于整个逻辑树的根部，是 STP 网络的逻辑中心，非根交换机是根交换机的下游设备。当根交换机发生故障时，非根交换机之间通过交互 BPDU(Bridge Protocol Data Unit,桥协议数据单元)报文重新选举根交换机,BPDU 中包含交换机参与生成树计算所需的各种参数信息。

1. 端口角色

STP 原理与配置

STP 定义了三种端口角色:指定端口、根端口和预备端口。

(1)指定端口:交换机向所连网段转发配置 BPDU 的端口,每个网段有且只有一个指定端口。一般情况下,根交换机的每个端口均为指定端口。

(2)根端口:非根交换机通往根交换机路径最优的端口。在运行 STP 的非根交换机上最多只有一个根端口,但根交换机上没有根端口。

(3)预备端口:如果某个端口既不是指定端口也不是根端口,则为预备端口。一般情况下,预备端口处于阻塞状态。

2.STP 操作过程

STP 操作过程主要包括根交换机选举、根端口选举、指定端口选举以及阻塞非根端口和非指定端口。

1)根交换机选举

STP 通过 BID(Bridge ID)选举根交换机, STP 中的每个交换机都有唯一的 BID 。BID 由 16 位的桥优先级和 48 位的 MAC 地址构成。在 STP 网络中,桥优先级是可以配置的,取值范围是 0~65 535,步长为 4 096,默认值为 32 768。桥优先级最高的设备会被选举为根交换机。如果桥优先级相同,则比较 MAC 地址, MAC 地址最小的设备会被选举为根交换机。

交换机启动后会自动开始生成树收敛计算。默认情况下,所有交换机启动时都自认为是根交换机,且所有端口都为指定端口,以便 BPDU 报文通过各端口转发。对端交换机收到 BPDU 报文后,会比较 BPDU 报文中的根交换机 ID 和自身的 BID。如果收到的 BPDU 报文中的根交换机 ID 优先级低,接收交换机会继续向邻居交换机通告自身的配置 BPDU 报文。如果收到的 BPDU 报文中的根交换机 ID 优先级高,则交换机会修改自身的 BPDU 报文的根交换机 ID 字段,宣告新的根交换机。

2)根端口选举

非根交换机在选举根端口时依据该端口的根路径开销、对端 BID、对端 PID(Port ID)和本端 PID 进行判断。

每个交换机端口都有一个端口开销(Port Cost)参数,此参数表示该端口发送数据时的开销值,即出端口的开销。端口的开销和端口的带宽有关,端口带宽越高,其开销值越小。从非根交换机到达根交换机的路径可能有多条,每一条路径都有一个总的开销值,此开销值是该路径上所有出端口的端口开销总和,即根路径开销(Root Path Cost, RPC)。非根交换机根据根路径开销来确定到达根交换机的最短路径,并生成无环树状网络。根交换机的根路径开销是 0。

运行 STP 的交换机的每个端口都有 PID,PID 由端口优先级和端口号构成。在 STP 网络中,端口优先级的取值范围是 0~240,步长为 16,即取值必须为 16 的整数倍。默认情况下,端口优先级是 128。PID 用于确定端口角色。

每个非根交换机都要选举一个根端口。根端口是距离根交换机最近的端口,通过累计根路径开销来判定,即累计根路径开销最小的端口就是根端口。累计根路径开销为端口收到 BPDU 报文中的累计根路径开销字段的值与端口本身的路径开销之和。如果多个端口计算得到的累计根路径开销相同,那么选择收到发送者 BID 最小的端口作为根端口。

如果这些端口连接到同一台交换机上,则选择发送者 PID 最小的端口作为根端口;如果这些端口通过 Hub 连接到同一台交换机的同一个接口上,则选择本交换机的这些端口中 PID 最小的端口作为根端口。

3)指定端口选举

在网段上抑制其他端口发送 BPDU 报文的端口,就是该网段的指定端口。每个网段都应该有一个指定端口。如果根交换机在物理上不存在环路,那么根交换机的所有端口都是指定端口。指定端口的选举也是先比较累计根路径开销,累计根路径开销最小的端口就是指定端口。如果累计根路径开销相同,则比较端口所在交换机的 BID,所在 BID 最小的端口被选举为指定端口。如果通过累计根路径开销和所在 BID 选举不出指定端口,则比较 PID,PID 最小的被选举为指定端口。

4)阻塞非根端口和非指定端口

网络收敛后,只有指定端口和根端口可以转发数据。其他既非根端口也非指定端口的预备端口处于阻塞状态,不能转发数据,只能够从所连网段的指定交换机接收 BPDU 报文,以监视链路的状态。

3. STP 端口状态

运行 STP 的设备端口状态有以下 5 种。

(1)**Forwarding(转发状态)**:端口既可转发用户流量也可转发 BPDU 报文,只有根端口或指定端口才能进入转发状态。

(2)**Learning(学习状态)**:端口可根据收到的用户流量构建 MAC 地址表,但不转发用户流量。学习状态用于防止出现临时环路。

(3)**Listening(侦听状态)**:端口可以转发 BPDU 报文,但不能转发用户流量。

(4)**Blocking(阻塞状态)**:端口只能接收并处理 BPDU 报文,不能转发 BPDU 报文,也不能转发用户流量。阻塞状态是预备端口的最终状态。

(5)**Disabled(禁用状态)**:端口既不处理和转发 BPDU 报文,也不转发用户流量。

4. BPDU

交换机之间通过交换封装在 BPDU 中的相关信息和参数计算生成树。BPDU 有两种类型:配置 BPDU 和 TCN(Topology Change Acknowledgment,拓扑变更通告)BPDU。

(1)配置 BPDU 包含 BID、路径开销和 PID 等参数。STP 通过在交换机之间传递配置 BPDU 来选举根交换机及确定每个交换机端口的角色和状态。在初始化过程中,每个交换机都主动发送配置 BPDU。在网络拓扑稳定后,只有根交换机主动发送配置 BPDU,其他交换机在接收到上游传来的配置 BPDU 后,才会发送自身的配置 BPDU。

(2)TCN BPDU 是指下游交换机感知到拓扑发生变化时向上游发送的拓扑变更通告。在交换网络中,如果生成树拓扑发生变化,交换机转发数据的路径也会随之发生改变。交换机依赖 MAC 地址表转发数据帧,默认情况下,MAC 地址表项的老化时间是 300 s。由于 MAC 地址表中未及时老化的表项会导致数据转发错误,因此在拓扑发生变化后需要及时更新 MAC 地址表项。拓扑变化过程中,根交换机通过下游交换机发送的 TCN BPDU 报文获知拓扑变化。根交换机生成带有 TC(拓扑变化)标志位被置位的配置 BPDU,通知其他交换机加速老化现有的 MAC 地址表项。

5. 计时器

STP 包含的一些重要的时间参数如下。

(1)**Hello Time**:运行 STP 的设备发送配置 BPDU 的时间间隔,用于检测链路是否存在故障。当网络拓扑稳定后,只有在根交换机上修改该值才有效。

(2)**Message Age**:如果配置 BPDU 是根交换机发出的,则 Message Age 为 0;否则,Message Age 是从根交换机发送到当前交换机接收到 BPDU 的总时间(包括传输延时等)。实际应用中,配置 BPDU 报文每经过一个交换机,Message Age 增加 1。

(3)**Max Age**:BPDU 报文的老化时间,可在根交换机上通过命令修改。Max Age 通过配置 BPDU 报文的传递,保证 Max Age 全网一致。非根交换机接收到配置 BPDU 报文后,会对报文中的 Message Age 和 Max Age 进行比较:如果 Message Age 小于或等于 Max Age,则该非根交换机会继续转发配置 BPDU 报文;如果 Message Age 大于 Max Age,则该配置 BPDU 报文将被老化掉,直接丢弃该配置 BPDU,并认为是网络直径过大,导致根交换机连接失败。

6. 交换机优先级配置

根交换机在网络中占据核心地位,如果选择一台性能较差的交换机或者将部署在接入层的交换机作为根交换机,则会影响整个网络的通信质量及数据传输效率。因此,基于企业业务对网络的需求,一般建议手动指定网络中配置高、性能好的交换机作为根交换机,以确保企业网络中的数据流量使用最优路径转发。

stp priority *priority* 命令用于配置设备优先级值。priority 值为整数,取值范围为 0~65 535,步长为 4 096。交换机的默认优先级取值是 32 768。另外,可以通过 stp root primary 命令指定根交换机。

7. 路径开销配置

路径开销可通过 stp cost *cost* 命令进行配置,其取值范围取决于路径开销的计算方法:

(1)使用华为的私有计算方法时,cost 取值范围是 1 ~ 200 000;

(2)在 IEEE 802.1d 标准方法下,cost 取值范围是 1 ~ 65 535;

(3)在 IEEE 802.1t 标准方法下,cost 取值范围是 1 ~ 200 000 000。

尽管 STP 能够解决环路问题,但是由于网络拓扑收敛速度较慢,而影响了用户通信质量。特别是当网络中的拓扑结构频繁变化时,网络会频繁出现连通中断,从而导致用户通信频繁受阻。

鉴于 STP 存在这些不足,IEEE 于 2001 年发布的 802.1w 标准中定义了 RSTP(快速生成树协议)。RSTP 在 STP 的基础上进行了大量改进与优化,不仅使协议框架更加清晰、规范,还实现了二层网络拓扑的快速收敛。

8. STP 存在的问题

(1)在设备运行 STP 初始化阶段,STP 从初始状态到完全收敛状态至少需要 30 s。

(2)当交换机有 AP 端口且 RP 端口故障时,AP 端口切换成 RP 端口并进入转发状态至少需要 30 s。

（3）当交换机无 AP 端口而 RP 端口故障时，对端 AP 端口切换成 DP 端口并进入转发状态大约需要 50 s。

（4）在运行 STP 的交换机连接用户终端的场景中，连接终端的链路进入转发状态需要 30 s。

（5）STP 的拓扑变更机制较为复杂和低效。拓扑发生变化时，先由变更点朝根交换机方向发送 TCN 消息，上游交换机收到该消息就会回复 TCA 消息进行确认；TCN 消息到达根交换机后，由根交换机发送 TCN 消息通知设备删除交换机 MAC 地址表项。

STP 还存在其他不足，如端口角色、端口状态太多且划分不明确等。

9. RSTP 对 STP 的改进

1）端口角色的重新划分

RSTP 定义了两种新的端口角色：备份端口（Backup Port）和预备端口（Alternate Port）。

RSTP 基础特性（上）

（1）从配置 BPDU 报文发送角度来看，预备端口是因为学习到其他网桥发送的配置 BPDU 报文而阻塞的端口；备份端口是因为学习到自身发送的配置 BPDU 报文而阻塞的端口。

（2）从用户流量角度来看，预备端口作为**根端口的备份端口**，提供了从指定交换机到根交换机的另一条可切换路径；备份端口作为**指定端口的备份端口**，提供了另外一条从根交换机到非根交换机的备份通路。**在 RSTP 域内为所有端口分配角色的过程就是整个拓扑收敛的过程**。

2）端口状态的重新划分

RSTP 将端口状态从 5 种缩减为 3 种：丢弃状态、学习状态和转发状态。

（1）丢弃状态：端口既不转发用户流量也不学习 MAC 地址。

（2）学习状态：端口不转发用户流量，但学习 MAC 地址。

（3）转发状态：端口既转发用户流量又学习 MAC 地址。

3）快速收敛

（1）针对问题一：P/A（Proposal/Agreement）机制。P/A 机制旨在**使指定端口快速进入转发状态**。P/A 机制要求两台交换机之间的链路必须是**点对点的全双工模式**。一旦 P/A 协商失败，指定端口的选择协商过程与 STP 一样，需要等待两个转发延迟。

当上游端口是 DP 端口，下游端口是 RP 端口时，可通过 P/A 机制快速协商进入转发状态；若下游端口是 AP 端口，则在收到 Proposal 报文后并不回应 Agreement 报文，DP 端口将在 30 s 后进入转发状态。

RSTP 网络的 **P/A 协商从根交换机向网络边缘逐段扩散**。对于 STP，指定端口的选择速度可以很快，其瓶颈在于为了避免环路，使全网的端口状态全部确定，必须等待至少两个转发延时，所有端口才能进行转发。**而 P/A 机制凭借来回确认机制和同步变量机制，无须依赖计时器即可保障网络没有环路**。

（2）针对问题二：根端口快速切换机制。AP 端口切换成 RP 端口并进入转发状态可在**秒级时间内完成收敛**。

（3）针对问题三：次等 BPDU 处理机制。RSTP 处理次等 BPDU 报文时不再依赖计时器超时解决拓扑收敛，而是立即向对端发送本地最优的 BPDU，并采用 P/A 机制，从而加快拓扑收敛，使对端 AP 端口切换成 DP 端口并进入转发状态可在秒级时间内完成。

若交换机的根端口消失，且没有 AP 端口，该交换机会将其他所有端口设置为 DP 端口，且设为丢弃状态，并产生和转发自身的 BPDU。

（4）针对问题四：边缘端口的引入。可以将交换机上连接 PC、路由器和防火墙的端口配置为边缘端口，此类端口能立即进入转发状态，缩短终端设备访问网络的等待时间，提高网络的可用性。但是，当该端口收到 BPDU 后，就会丧失边缘端口属性，成为普通 STP 端口，并重新进行生成树计算。

（5）针对问题五：拓扑变更机制的优化。判断拓扑变化的唯一标准是一个非边缘端口迁移到转发状态。一旦检测到拓扑发生变化，将进行以下处理。

①为本地交换机的所有非边缘指定端口启动 TC While Timer，该计时器值是 Hello Time 的两倍。在此期间，清空状态发生变化的端口学习到的 MAC 地址，并由这些端口向外发送 TC 置位的 RST BPDU。若 TC While Timer 超时，则停止发送 RST BPDU。

②其他交换机收到 RST BPDU 后，除接收端口外，清空所有端口学习到的 MAC 地址，然后为自身所有非边缘指定端口和根端口启动 TC While Timer，重复上述过程，从而实现 RST BPDU 在网络中的泛洪操作。

4）保护功能

（1）BPDU 保护。

应用场景：防止有人伪造 RST BPDU 恶意攻击交换机，而导致边缘端口接收到该报文后变为非边缘端口，并重新进行生成树计算，引起网络振荡。

实现原理：配置 BPDU 保护功能后，如果边缘端口收到 BPDU 报文，将被立即关闭。

RSTP 基础特性（下）

（2）根保护。

应用场景：由于维护人员配置错误或网络恶意攻击，网络中的合法根交换机有可能会收到优先级更高的 RST BPDU，使得合法根交换机失去根地位，从而引起网络拓扑结构错误变动。

实现原理：一旦启用 Root 保护功能的指定端口收到优先级更高的 RST BPDU，端口就进入丢弃状态，不再转发报文。如果在一段时间内端口一直没有收到优先级较高的 RST BPDU，会自动恢复到正常的转发状态。Root 保护功能只在指定端口上配置生效。

（3）TC-BPDU 泛洪保护。

交换机在收到 TC-BPDU 报文后，会执行 MAC 地址表项的删除操作。如果有人伪造 TC-BPDU 报文恶意攻击交换机，交换机在短时间内会收到很多 TC-BPDU 报文，频繁删除操作会给设备带来巨大负担，并给网络稳定带来很大隐患。

启用防止 TC-BPDU 报文攻击功能后，可配置在单位时间内 RSTP 进程处理 TC-BPDU 报文的次数（缺省的单位时间是 2 s，缺省的处理次数是 3 次）。如果在单位时间内，RSTP 进程收到的 TC-BPDU 报文数量大于配置的阈值，RSTP 进程只会处理阈值指定的次数；对于超出阈值的 TC-BPDU 报文，计时器到期后，RSTP 进程统一处理一次。这样可以避免频繁删除 MAC 地址表项，从而保护交换机。

10. MSTP

RSTP 在 STP 的基础上进行了改进，实现了网络拓扑的快速收敛。但由于局域网内所有 VLAN 共享一棵生成树，被阻塞的链路无法承载任何流量，因此**无法在 VLAN 间实现数据流量的负载均衡，从而造成带宽浪费。单生成树的弊端包括部分 VLAN 路径不通、无法实现流量分担、存在次优二层路径。**

单生成树弊端

为了弥补 STP 和 RSTP 的缺陷，IEEE 于 2002 年发布的 802.1s 标准定义了多生成树协议（Multiple Spanning Tree Protocol，MSTP）。**MSTP 兼容 STP 和 RSTP，既可实现快速收敛，又可提供数据转发的多个冗余路径，在数据转发过程中实现 VLAN 数据的负载均衡。**多生成树实例的引入有效解决了单生成树的弊端。

MSTP 原理

MST 域（Multiple Spanning Tree Region，多生成树域），由交换网络中的多台交换机及其之间的网段构成。处于同一个 MST 域的设备具有下列特点：

（1）都启用了 MSTP；

（2）具有相同的域名（大小写敏感，默认值为空）；

（3）VLAN 到生成树实例的映射配置一致；

（4）具有相同的 MSTP 修订级别配置（数值范围为 0~65 535，默认值为 0）。

一个 MST 域内可以生成多棵生成树，每棵生成树都称为一个 MSTI（MST Instance，多生成树实例），每个 MSTI 都使用单独的 RSTP 算法计算单独的生成树。每个 MSTI 都有一个标识（MSTID），MSTID 是一个 2 字节的整数。VRP 平台支持 **16** 个 MSTI（MSTID 取值范围是 0~15），默认所有 VLAN 映射到 MSTI 0。

VLAN 映射表是 MST 域的属性，描述 VLAN 和 MSTI 之间的映射关系，一个 **MSTI 可以与一个或多个 VLAN 对应，但一个 VLAN 只能与一个 MSTI 对应。**

每个生成树实例的拓扑不同，使基于 VLAN 的网络流量按不同的拓扑转发，可以提高网络链路的使用效率，并避免链路闲置，这种流量的**负载分担是区域内实例间的负载分担**。一个实例的拓扑变化不会影响其他实例的拓扑。相比单拓扑模型的 STP 和 RSTP，MSTP 的开销稍大。

MSTP 中自定义多个生成树实例的优势仅适用于单个区域。MSTP 把二层交换平面划分为多个区域，一台交换机只能属于一个区域，区域边界在链路上。由于 MST 多实例特性仅在区域内生效，区域间无法实现多实例负载分担，任何 VLAN 流量在区域间都是按一个拓扑转发的。因此，建议优先使用单区域设计，使用多区域会增加设计复杂性，并且丧失多实例负载分担的优势。

MSTI：自定义的多个实例可以采用不同拓扑，便于在区域内实现负载分担。

IST（Internal Spanning Tree，内部生成树）：MST 交换机上默认存在的特殊生成树实例（实例 ID 为 0），所有 VLAN 都默认映射到 IST 实例。如果没有定义其他 MST 实例，VLAN 数据默认使用 IST 实例拓扑转发，此时交换机相当于单实例 RSTP 模式交换机。

CST（Common Spanning Tree，通用生成树）：MSTI 仅出现在区域内，并不出现在区域间，如果把每个区域看作一台“大交换机”，则连接这些“大交换机”的树称为 CST。CST 在区域间连接每个区域的 IST/MST 实例。区域内 IST 和区域间 CST 连接在一起共同构成的树称为 CIST（Common and Internal Spanning Tree，通用内部生成树）。

二、基础任务目标

（1）理解 STP 的用途和工作原理。
（2）理解 STP 报文 BPDU 的种类和格式。
（3）理解 STP 端口状态及状态机。
（4）理解 STP 计时器。
（5）理解 STP 拓扑变更机制。
（6）能够正确配置根交换机、根端口和指定端口。

三、基础任务拓扑

Z 企业为提高局域网的可靠性，部署了四台交换机，其拓扑连接如图 2-4-1 所示。默认情况下，交换机之间运行 STP 后，根交换机、根端口、指定端口通过自动选举产生，因此带来了不确定因素，极有可能将一台接入层交换机选举为根交换机。为了解决该问题，网络管理员小刘进行了网络规划，指定 S1 为根交换机，S2 为备份根交换机，同时将 S4 交换机的 E0/0/1 接口配置为根端口，S3 交换机的 E0/0/3 接口配置为指定端口。

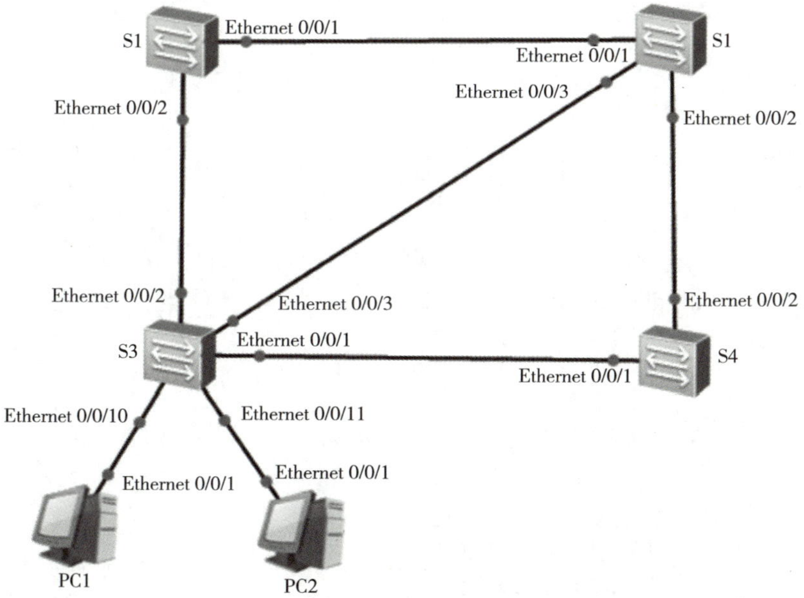

图 2-4-1　四台交换机的拓扑连接

四、基础任务实施

1. 基础配置

交换机默认启用 MSTP，现将其更改为 STP，以 S1 为例，其余交换机配置类似。

STP 实验

```
<Huawei>sy
[Huawei]sysname S1
[S1]stp enable
[S1]stp mode stp
```

2. 查看 STP 状态

默认情况下，交换机完成生成树计算需要等待 30 s，display stp 命令可以查询交换机 STP 的详细信息，包括 MAC 地址和优先级、各计时器默认值、各端口状态等。

```
<S1>display stp
-------[CIST Global Info][Mode STP]-------
CIST Bridge              :32768.4c1f-cca4-1bb4
Config Times             :Hello 2s MaxAge 20s FwDly 15s MaxHop 20
Active Times             :Hello 2s MaxAge 20s FwDly 15s MaxHop 20
CIST Root/ERPC           :32768.4c1f-cc0e-10bc / 200000
CIST RegRoot/IRPC        :32768.4c1f-cca4-1bb4 / 0
CIST RootPortId          :128.1
BPDU-Protection          :Disabled
TC or TCN received       :39
TC count per hello       :0
STP Converge Mode        :Normal
Time since last TC       :0 days 0h:1m:44s
Number of TC             :7
Last TC occurred         :Ethernet0/0/1
----[Port1(Ethernet0/0/1)][FORWARDING]----
 Port Protocol           :Enabled
 Port Role               :Root Port
 Port Priority           :128
 Port Cost(Dot1T )       :Config=auto / Active=200000
 Designated Bridge/Port  :32768.4c1f-cc0e-10bc / 128.1
 Port Edged              :Config=default / Active=disabled
 Point-to-point          :Config=auto / Active=true
 Transit Limit           :147 packets/hello-time
 Protection Type         :None
 Port STP Mode           :STP
 Port Protocol Type      :Config=auto / Active=dot1s
 BPDU Encapsulation      :Config=stp / Active=stp
```

```
PortTimes              :Hello 2s MaxAge 20s FwDly 15s RemHop 0
TC or TCN send         :35
TC or TCN received     :19
BPDU Sent              :707
          TCN: 0, Config: 707, RST: 0, MST: 0
BPDU Received          :71
          TCN: 2, Config: 69, RST: 0, MST: 0
```

可使用 display stp brief 命令查看 STP 摘要信息,包括端口角色和状态等。

```
<S2>display stp brief
MSTID  Port                    Role   STP State      Protection
0   Ethernet0/0/1              DESI   FORWARDING     NONE
0   Ethernet0/0/2              DESI   FORWARDING     NONE
0   Ethernet0/0/3              DESI   FORWARDING     NONE
```

从上述结果可以看出,交换机 S2 所有端口均是指定端口,所以 S2 是根交换机。

思考:为什么 S2 被选举为根交换机?

根交换机的选举原则:优先级最高的交换机会被选举为根交换机,如果优先级相同,则会比较 MAC 地址,MAC 地址越小则优级越高。

3. 配置网络中的根交换机

将交换机 S1 配置为根交换机,S2 配置为备份根交换机,修改 S1 和 S2 的优先级。

```
[S1]stp root primary
[S2]stp root secondary
```

查询 S1 和 S2 的优先级,可知 S1 的优先级已改为 0,成为根交换机。

```
[S1]display stp
-------[CIST Global Info][Mode STP]-------
CIST Bridge            :0.4c1f-cca4-1bb4
Config Times           :Hello 2s MaxAge 20s FwDly 15s MaxHop 20
Active Times           :Hello 2s MaxAge 20s FwDly 15s MaxHop 20
CIST Root/ERPC         :0.4c1f-cca4-1bb4 / 0
CIST RegRoot/IRPC      :0.4c1f-cca4-1bb4 / 0
CIST RootPortId        :0.0
BPDU-Protection        :Disabled
CIST Root Type         :Primary root
TC or TCN received     :46
TC count per hello     :0
STP Converge Mode      :Normal
Time since last TC     :0 days 0h:11m:46s
Number of TC           :7
```

```
Last TC occurred          :Ethernet0/0/1
```

S1 作为根交换机，其每个接口都是指定端口，处于转发状态。

```
[S1]display stp brief
 MSTID  Port                    Role
                                     STP State        Protection
 0    Ethernet0/0/1              DESI  FORWARDING       NONE
 0    Ethernet0/0/2              DESI  FORWARDING       NONE
```

S2 优先级改为 4096，成为备份根交换机。

```
[S2]display stp
-------[CIST Global Info][Mode STP]-------
CIST Bridge             :4096 .4c1f-cc0e-10bc
Config Times            :Hello 2s MaxAge 20s FwDly 15s MaxHop 20
Active Times            :Hello 2s MaxAge 20s FwDly 15s MaxHop 20
CIST Root/ERPC          :0.4c1f-cca4-1bb4 / 200000
CIST RegRoot/IRPC       :4096 .4c1f-cc0e-10bc / 0
CIST RootPortId         :128.1
BPDU-Protection         :Disabled
CIST Root Type          :Secondary root
TC or TCN received      :122
TC count per hello      :1
STP Converge Mode       :Normal
Time since last TC      :0 days 0h:0m:18s
Number of TC            :9
Last TC occurred        :Ethernet0/0/1
```

4. 理解根端口的选举

查询交换机 S4 各端口的 STP 状态，发现 E0/0/2 接口是根端口，E0/0/1 接口处于阻塞状态。

```
[S4]display stp brief
 MSTID  Port                    Role   STP State        Protection
 0    Ethernet0/0/1              ALTE   DISCARDING       NONE
 0    Ethernet0/0/2              ROOT   FORWARDING       NONE
```

思考：为什么 E0/0/2 接口是根端口，而 E0/0/1 接口处于阻塞状态？

非根交换机根端口的选举是依次比较根路径开销、对端 BID、对端 PID 和本端 PID。默认情况下，S4 的 E0/0/1 和 E0/0/2 接口的根路径开销相同，再比较对端 BID，E0/0/2 接口的对端是备份根交换机，显然优于 E0/0/1 接口对端的交换机 S3，故 E0/0/2 接口被选举为根端口。

如果想将 S4 的 E0/0/1 接口配置为根端口，可以通过修改端口开销，从而影响根路径开销实现。首先查询 S4 的 E0/0/2 接口开销。

```
[S4]display stp interface Ethernet 0/0/2
-------[CIST Global Info][Mode STP]-------
CIST Bridge                :32768.4c1f-ccd8-3b36
Config Times               :Hello 2s MaxAge 20s FwDly 15s MaxHop 20
Active Times               :Hello 2s MaxAge 20s FwDly 15s MaxHop 20
CIST Root/ERPC             :0.4c1f-cca4-1bb4 / 400000
CIST RegRoot/IRPC          :32768.4c1f-ccd8-3b36 / 0
CIST RootPortId            :128.1
BPDU-Protection            :Disabled
TC or TCN received         :227
TC count per hello         :0
STP Converge Mode          :Normal
Time since last TC         :0 days 0h:4m:20s
Number of TC               :13
Last TC occurred           :Ethernet0/0/1
----[Port2(Ethernet0/0/2)][FORWARDING]----
 Port Protocol             :Enabled
 Port Role                 :Root Port
 Port Priority             :128
 Port Cost(Dot1T )         :Config=auto / Active=200000
 Designated Bridge/Port    :4096.4c1f-cc0e-10bc / 128.2
 Port Edged                :Config=default / Active=disabled
 Point-to-point            :Config=auto / Active=true
 Transit Limit             :147 packets/hello-time
 Protection Type           :None
 Port STP Mode             :STP
 Port Protocol Type        :Config=auto / Active=dot1s
 BPDU Encapsulation        :Config=stp / Active=stp
 PortTimes                 :Hello 2s MaxAge 20s FwDly 15s RemHop 0
 TC or TCN send            :4
 TC or TCN received        :142
 BPDU Sent                 :5
          TCN: 4, Config: 1, RST: 0, MST: 0
 BPDU Received             :2090
          TCN: 0, Config: 2090, RST: 0, MST: 0
```

可以看到，接口开销采用的是 dot1t 计算方法，Config 是手动配置的路径开销，Active 是实际使用的路径开销，开销值为 200 000。为了将 E0/0/1 接口配置为根端口，需要增加 E0/0/2 接口的开销值，将其改为 250 000。

```
[S4-Ethernet0/0/2]stp cost 250000
```

修改完成，查询接口开销，可以看到 E0/0/2 接口的开销值已改为 250 000。

```
[S4]display stp interface    Ethernet 0/0/2
-------[CIST Global Info][Mode STP]-------
CIST Bridge              :32768.4c1f-ccd8-3b36
Config Times             :Hello 2s MaxAge 20s FwDly 15s MaxHop 20
Active Times             :Hello 2s MaxAge 20s FwDly 15s MaxHop 20
CIST Root/ERPC           :0.4c1f-cca4-1bb4 /400000
CIST RegRoot/IRPC        :32768.4c1f-ccd8-3b36 / 0
CIST RootPortId          :128.1
BPDU-Protection          :Disabled
TC or TCN received       :227
TC count per hello       :0
STP Converge Mode        :Normal
Time since last TC       :0 days 0h:19m:52s
Number of TC             :13
Last TC occurred         :Ethernet0/0/1
----[Port2(Ethernet0/0/2)][DISCARDING]----
 Port Protocol           :Enabled
 Port Role               :Alternate Port
 Port Priority           :128
 Port Cost(Dot1T )       :Config=250000 / Active=250000
 Designated Bridge/Port  :4096.4c1f-cc0e-10bc / 128.2
 Port Edged              :Config=default / Active=disabled
 Point-to-point          :Config=auto / Active=true
 Transit Limit           :147 packets/hello-time
 Protection Type         :None
 Port STP Mode           :STP
 Port Protocol Type      :Config=auto / Active=dot1s
 BPDU Encapsulation      :Config=stp / Active=stp
 PortTimes               :Hello 2s MaxAge 20s FwDly 15s RemHop 0
 TC or TCN send          :4
 TC or TCN received      :153
 BPDU Sent               :5
          TCN: 4, Config: 1, RST: 0, MST: 0
 BPDU Received           :2207
          TCN: 0, Config: 2207, RST: 0, MST: 0
```

查询 S4 的 STP 信息，可以看到此时 E0/0/1 接口变为根端口，E0/0/2 接口变为阻塞端口。

```
[S4]display stp brief
 MSTID  Port                    Role    STP State     Protection
 0    Ethernet0/0/1             ROOT    FORWARDING    NONE
 0    Ethernet0/0/2             ALTE    DISCARDING    NONE
```

5. 理解指定端口的选举

查询交换机 S3 各接口的 STP 状态。对于交换机 S2 和 S3 间的链路，S2 的 E0/0/3 接口是指定端口，S3 的 E0/0/3 接口是阻塞端口。如果把 S3 的 E0/0/3 接口配置为指定端口，该如何实现？

```
<S3>display stp br
 MSTID  Port                    Role    STP State     Protection
 0    Ethernet0/0/1             DESI    FORWARDING    NONE
 0    Ethernet0/0/2             ROOT    FORWARDING    NONE
 0    Ethernet0/0/3             ALTE    DISCARDING    NONE
 0    Ethernet0/0/10            DESI    FORWARDING    NONE
 0    Ethernet0/0/11            DESI    FORWARDING    NONE
```

指定端口的选举规则如下：首先比较累计根路径开销，累计根路径开销最小的端口被选举为指定端口；如果累计根路径开销相同，则比较端口所在交换机的 BID，BID 最小的端口被选举为指定端口；如果通过累计根路径开销和所在 BID 选举不出指定端口，则比较 PID，PID 最小的被选举为指定端口。

思考：为什么对于交换机 S2 和 S3 间的链路，S2 的 E0/0/3 接口是指定端口，S3 的 E0/0/3 接口是阻塞端口？

S2 的 E0/0/3 接口与 S3 的 E0/0/3 接口的根路径开销相同，此时比较两个接口所在交换机的 BID。由于 S2 是备份根交换机，其 BID 优于 S3，所以 S2 的 E0/0/3 接口被选举为该链路的指定端口。如果把 S3 的 E0/0/3 接口配置为指定端口，可以通过修改根路径开销实现。例如，可以把 S3 的根端口开销值设置为 100 000，只要比 S2 的根端口开销值 200 000 小即可。

```
[S3-Ethernet0/0/2]stp cost 100000
```

修改完成，查询 E0/0/2 接口开销，可以看到其已改为 100 000。

```
[S3]display stp interface Ethernet 0/0/2
-------[CIST Global Info][Mode STP]-------
CIST Bridge          :32768.4c1f-cc73-26f9
Config Times         :Hello 2s MaxAge 20s FwDly 15s MaxHop 20
Active Times         :Hello 2s MaxAge 20s FwDly 15s MaxHop 20
CIST Root/ERPC       :0.4c1f-cca4-1bb4 / 100000
CIST RegRoot/IRPC    :32768.4c1f-cc73-26f9 / 0
```

```
CIST RootPortId             :128.2
BPDU-Protection             :Disabled
TC or TCN received          :183
TC count per hello          :0
STP Converge Mode           :Normal
Time since last TC          :0 days 0h:15m:50s
Number of TC                :21
Last TC occurred            :Ethernet0/0/1
----[Port2(Ethernet0/0/2)][FORWARDING]----
 Port Protocol              :Enabled
 Port Role                  :Root Port
 Port Priority              :128
 Port Cost(Dot1T )          :Config=100000 / Active=100000
 Designated Bridge/Port     :0.4c1f-cca4-1bb4 / 128.2
 Port Edged                 :Config=default / Active=disabled
 Point-to-point             :Config=auto / Active=true
 Transit Limit              :147 packets/hello-time
 Protection Type            :None
 Port STP Mode              :STP
 Port Protocol Type         :Config=auto / Active=dot1s
 BPDU Encapsulation         :Config=stp / Active=stp
 PortTimes                  :Hello 2s MaxAge 20s FwDly 15s RemHop 0
 TC or TCN send             :39
 TC or TCN received         :126
 BPDU Sent                  :357
          TCN: 22, Config: 335, RST: 0, MST: 0
 BPDU Received              :2315
          TCN: 0, Config: 2315, RST: 0, MST: 0
```

查询 S3 端口角色，可以看到 S3 的 E0/0/3 接口变成指定端口，从丢弃状态变为转发状态。

```
[S3]display stp brief
 MSTID  Port                        Role   STP State     Protection
 0      Ethernet0/0/1               DESI   FORWARDING    NONE
 0      Ethernet0/0/2               ROOT   FORWARDING    NONE
 0      Ethernet0/0/3               DESI   FORWARDING    NONE
 0      Ethernet0/0/10              DESI   FORWARDING    NONE
 0      Ethernet0/0/11              DESI   FORWARDING    NONE
```

查询 S2 端口角色，可以看到 S2 的 E0/0/3 接口变成阻塞端口，从转发状态变为丢弃状态。

```
<S2>display stp brief
 MSTID  Port                         Role   STP State     Protection
 0      Ethernet0/0/1                ROOT   FORWARDING    NONE
 0      Ethernet0/0/2                DESI   FORWARDING    NONE
 0      Ethernet0/0/3                ALTE   DISCARDING    NONE
```

上述操作验证了选举指定端口时首先比较的是根路径开销的规则。

五、基础任务评价

基础任务评价见表 2-4-1。

表 2-4-1　基础任务评价

序号	考核要点	完成情况
1	STP 的用途	
2	STP 的工作原理	
3	STP 协议报文 BPDU 的种类和格式	
4	STP 端口状态及状态机	
5	STP 计时器	
6	STP 拓扑变更机制	
7	配置根交换机、根端口和指定端口	
8	总结本次任务的收获	

六、拓展任务 1 目标

（1）理解 RSTP 端口角色和端口状态的重新划分。

（2）理解 RSTP 快速收敛机制。

（3）理解 RSTP 保护功能。

（4）掌握 RSTP 的配置方法。

七、拓展任务 1 拓扑

Z 企业局域网络由四台交换机连接成环形拓扑，如图 2-4-2 所示。为了规避广播风暴等环路风险，网络管理员小刘在所有交换机上部署了 RSTP，且将性能较好的 S1 配置为根交换机，S2 配置为次根交换机，并通过配置边缘端口进一步优化网络。

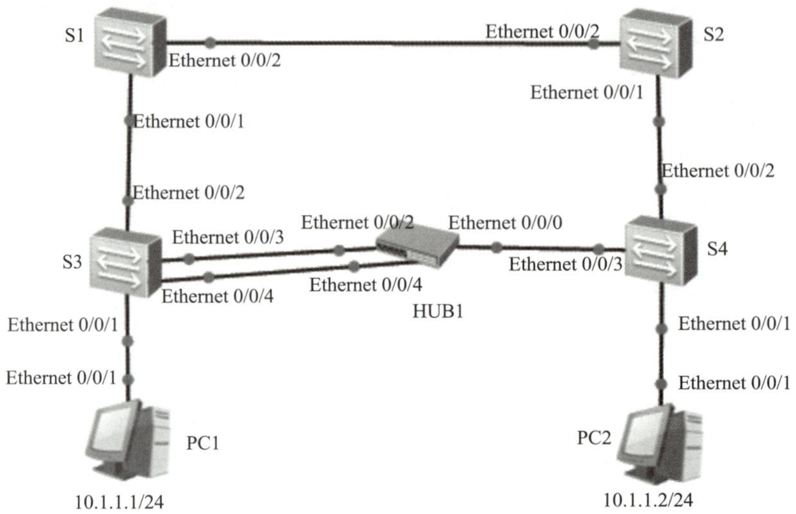

图 2-4-2　四台交换机连接成环形拓扑

八、拓展任务 1 实施

RSTP 实验

1. 基础配置

配置 PC 的 IP 地址和子网掩码，将 PC1 的 IP 地址设为 10.1.1.1，子网掩码设为 255.255.255.0；PC2 的 IP 地址设为 10.1.1.2，子网掩码设为 255.255.255.0。配置完成后，测试主机之间的连通性。

2. 配置 RSTP 基本功能

四台交换机配置类似，以 S1 为例进行配置。

```
<Huawei>sy
[Huawei]sysname S1
[S1]stp mode rstp
```

配置完成后，查看生成树模式及根交换机位置。以 S1 和 S4 为例，可以看到生成树模式已修改为 RSTP，根交换机是 S4。

```
[S1]display stp
-------[CIST Global Info][Mode RSTP]-------
CIST Bridge          :32768.4c1f-cc48-0233
Config Times         :Hello 2s MaxAge 20s FwDly 15s MaxHop 20
Active Times         :Hello 2s MaxAge 20s FwDly 15s MaxHop 20
CIST Root/ERPC       :32768.4c1f-cc0d-0868 / 400000
CIST RegRoot/IRPC    :32768.4c1f-cc48-0233 / 0
CIST RootPortId      :128.2
BPDU-Protection      :Disabled
```

```
TC or TCN received          :13
TC count per hello          :0
STP Converge Mode           :Normal
Time since last TC          :0 days 0h:1m:38s
Number of TC                :7
Last TC occurred            :Ethernet0/0/2
```

```
<S4>display stp
-------[CIST Global Info][Mode RSTP]-------
CIST Bridge                 :32768.4c1f-cc0d-0868
Config Times                :Hello 2s MaxAge 20s FwDly 15s MaxHop 20
Active Times                :Hello 2s MaxAge 20s FwDly 15s MaxHop 20
CIST Root/ERPC              :32768.4c1f-cc0d-0868 / 0
CIST RegRoot/IRPC           :32768.4c1f-cc0d-0868 / 0
CIST RootPortId             :0.0
BPDU-Protection             :Disabled
TC or TCN received          :23
TC count per hello          :0
STP Converge Mode           :Normal
Time since last TC          :0 days 0h:4m:3s
Number of TC                :8
Last TC occurred            :Ethernet0/0/2
```

从 S4 的端口摘要信息可知，每一个端口都是指定端口。但是，在实际网络中，接入层交换机不适宜作为根交换机。

```
<S4>display stp brief
 MSTID  Port                    Role  STP State     Protection
 0      Ethernet0/0/1           DESI  FORWARDING    NONE
 0      Ethernet0/0/2           DESI  FORWARDING    NONE
 0      Ethernet0/0/3           DESI  FORWARDING    NONE
```

3. 重新选择根交换机

将汇聚层交换机 S1 配置为根交换机，S2 配置为次根交换机。

```
[S1]stp root primary
[S2]stp root secondary
```

以 S1 和 S2 为例，通过分析各交换机端口角色，并使用 display stp brief 命令验证分析结果。

```
[S1]display stp br
 MSTID  Port                  Role   STP State     Protection
 0      Ethernet0/0/1         DESI   FORWARDING    NONE
 0      Ethernet0/0/2         DESI   FORWARDING    NONE
```

```
[S2]display stp br
 MSTID  Port                  Role   STP State     Protection
 0      Ethernet0/0/1         DESI   FORWARDING    NONE
 0      Ethernet0/0/2         ROOT   FORWARDING    NONE
```

4. RSTP 快速收敛

关闭 S2 的根端口 E0/0/2，同时使用 display stp brief 命令观察 S2 和 S4 上各端口角色的变化。

```
[S2-Ethernet0/0/2]shutdown
[S2]display stp br
MSTID  Port                   Role   STP State     Protection
0      Ethernet0/0/1          ROOT   FORWARDING    NONE
```

结果显示，S2 的 E0/0/1 端口迅速变成根端口，并进入转发状态。在关闭 S2 的根端口之前，S4 各端口的 STP 角色如下。

```
<S4>dis stp br
 MSTID  Port                  Role   STP State     Protection
 0      Ethernet0/0/1         DESI   FORWARDING    NONE
 0      Ethernet0/0/2         ROOT   FORWARDING    NONE
 0      Ethernet0/0/3         ALTE   DISCARDING    NONE
```

关闭 S2 的根端口后，查询 S4 各端口的 STP 角色如下。

```
<S4>dis stp br
 MSTID  Port                  Role   STP State     Protection
 0      Ethernet0/0/1         DESI   FORWARDING    NONE
 0      Ethernet0/0/2         DESI   FORWARDING    NONE
 0      Ethernet0/0/3         ROOT   FORWARDING    NONE
```

S4 的 E0/0/2 端口变为指定端口，E0/0/3 端口原为阻塞端口，为丢弃状态，随后快速切换为根端口，变为转发状态。

可以恢复 S2 的 E0/0/2 端口，再次观察 S2 和 S4 上各端口角色的变化。

```
[S2-Ethernet0/0/2]undo shutdown
```

5. 边缘端口

作为对比，在将 S4 的 E0/0/1 端口配置为边缘端口前，先将端口关闭再重新开启，观察端口状态的变化。

```
[S4-Ethernet0/0/1]shutdown
[S4-Ethernet0/0/1]undo shutdown
[S4]display stp brief
 MSTID  Port                    Role  STP State     Protection
0   Ethernet0/0/1               DESI  DISCARDING    NONE
0   Ethernet0/0/2               ROOT  FORWARDING    NONE
0   Ethernet0/0/3               ALTE  DISCARDING    NONE
```

```
[S4]display stp brief
 MSTID  Port                    Role  STP State     Protection
0   Ethernet0/0/1               DESI  LEARNING      NONE
0   Ethernet0/0/2               ROOT  FORWARDING    NONE
0   Ethernet0/0/3               ALTE  DISCARDING    NONE
```

```
[S4]display stp brief
 MSTID  Port                    Role  STP State     Protection
0   Ethernet0/0/1               DESI  FORWARDING    NONE
0   Ethernet0/0/2               ROOT  FORWARDING    NONE
0   Ethernet0/0/                ALTE  DISCARDING    NONE
```

可以看到，E0/0/1 接口角色很快变为 DESI，初始状态为丢弃状态，15 s 后迁移到学习状态，维持 15 s，一共耗时 30 s 才最终进入转发状态。

将 S4 的 E0/0/1 接口配置为边缘端口。

```
[S4-Ethernet0/0/1]stp edged-port enable
[S4-Ethernet0/0/1]shutdown
[S4-Ethernet0/0/1]undo shutdown
[S4]display stp brief
MSTID  Port                     Role  STP State     Protection
0   Ethernet0/0/1               DESI  FORWARDING    NONE
0   Ethernet0/0/2               ROOT  FORWARDING    NONE
0   Ethernet0/0/3               ALTE  DISCARDING    NONE
```

配置完成后，E0/0/1 接口很快进入转发状态。

6. 备份端口

通过查询可知,在 S3 和 S4 间的链路中,S3 的 E0/0/3 接口是指定端口,E0/0/4 接口是备份端口,S4 的 E0/0/3 接口是阻塞端口。

```
<S3>display stp brief
 MSTID  Port                Role   STP State     Protection
 0      Ethernet0/0/1       DESI   FORWARDING    NONE
 0      Ethernet0/0/2       ROOT   FORWARDING    NONE
 0      Ethernet0/0/3       DESI   FORWARDING    NONE
 0      Ethernet0/0/4       BACK   DISCARDING    NONE
```

```
[S4]display stp brief
 MSTID  Port                Role   STP State     Protection
 0      Ethernet0/0/1       DESI   FORWARDING    NONE
 0      Ethernet0/0/2       ROOT   FORWARDING    NONE
 0      Ethernet0/0/3       ALTE   DISCARDING    NONE
```

当关闭 S3 的 E0/0/3 接口时,作为指定端口备份的 E0/0/4 接口将成为新的指定端口,经过 30 s 后,进入转发状态。

```
[S3-Ethernet0/0/3]shutdown
[S3]display stp brief
 MSTID  Port                Role   STP State     Protection
 0      Ethernet0/0/1       DESI   FORWARDING    NONE
 0      Ethernet0/0/2       ROOT   FORWARDING    NONE
 0      Ethernet0/0/4       BACK   DISCARDING    NONE
[S3]display stp brief
 MSTID  Port                Role   STP State     Protection
 0      Ethernet0/0/1       DESI   FORWARDING    NONE
 0      Ethernet0/0/2       ROOT   FORWARDING    NONE
 0      Ethernet0/0/4       DESI   DISCARDING    NONE
<S3>display stp brief
 MSTID  Port                Role   STP State     Protection
 0      Ethernet0/0/1       DESI   FORWARDING    NONE
 0      Ethernet0/0/2       ROOT   FORWARDING    NONE
 0      Ethernet0/0/4       DESI   LEARNING      NONE
<S3>display stp brief
 MSTID  Port                Role   STP State     Protection
 0      Ethernet0/0/1       DESI   FORWARDING    NONE
 0      Ethernet0/0/2       ROOT   FORWARDING    NONE
 0      Ethernet0/0/4       DESI   FORWARDING    NONE
```

若关闭 S4 的根端口,作为根端口备份的 E0/0/3 接口瞬间切换为根端口,进入转发状态。

```
[S4-Ethernet0/0/2]shutdown
[S3]display stp brief
  MSTID  Port                          Role   STP State    Protection
0   Ethernet0/0/1                      DESI   FORWARDING   NONE
0   Ethernet0/0/3                      ROOT   FORWARDING   NONE
```

最后,恢复端口状态。

```
[S4-Ethernet0/0/2]undo shutdown
```

九、拓展任务 1 评价

拓展任务 1 评价见表 2-4-2。

表 2-4-2　拓展任务 1 评价

序号	考核要点	完成情况
1	RSTP 端口角色的重新划分	
2	RSTP 端口状态的重新划分	
3	RSTP 快速收敛机制	
4	RSTP 保护功能	
5	RSTP 的配置	
6	总结本次任务的收获	

十、拓展任务 2 目标

(1)理解 MSTP 如何解决单生成树的弊端。
(2)能够正确配置 MSTP。

十一、拓展任务 2 拓扑

Z 企业局域网内三台交换机连接成环,其中 PC1 和 PC2 属于 HR 部门,划入 VLAN 10;PC3 和 PC4 属于 IT 部门,划入 VLAN 20,网络拓扑结构如图 2-4-3 所示。网络管理员小刘发现当运行 STP 或 RSTP 时,为避免产生环路, STP 会阻塞一条链路,进而导致该链路资源闲置。为了充分利用所有链路资源,实现流量负载分担,小刘决定采用 MSTP 进行配置部署。

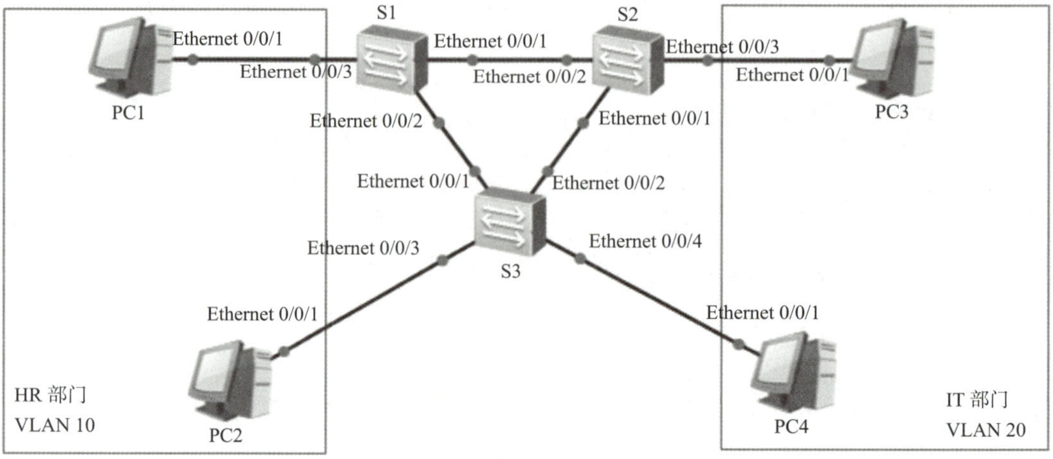

图 2-4-3　三台交换机的网络拓扑结构

十二、拓展任务 2 实施

MSTP 实验

1. 基础配置

根据表 2-4-3 配置各 PC 的 IP 地址、子网掩码和网关。

表 2-4-3　IP 地址规划

设备	部门	VLAN	IP 地址	子网掩码	网关
PC1	HR	10	192.168.10.1	255.255.255.0	N/A
PC2	HR	10	192.168.10.2	255.255.255.0	N/A
PC3	IT	20	192.168.20.1	255.255.255.0	N/A
PC4	IT	30	192.168.20.2	255.255.255.0	N/A

2. 各交换机 Access 和 Trunk 接口配置

1）配置交换机 S1

```
<Huawei>sy
[Huawei]sys S1
[S1]vlan batch 10 20
[S1]int e0/0/1
[S1-Ethernet0/0/1]port link-type trunk
[S1-Ethernet0/0/1]port trunk allow-pass vlan all
[S1-Ethernet0/0/1]int e0/0/2
[S1-Ethernet0/0/2]port link-type trunk
[S1-Ethernet0/0/2]port trunk allow-pass vlan all
[S1-Ethernet0/0/2]int e0/0/3
[S1-Ethernet0/0/3]port link-type access
```

```
[S1-Ethernet0/0/3]port default vlan 10
```

2)配置交换机 S2

```
<Huawei>sy
[Huawei]sys S2
[S2]vlan batch 10 20
[S2]int e0/0/1
[S2-Ethernet0/0/1]port link-type trunk
[S2-Ethernet0/0/1]port trunk allow-pass vlan all
[S2-Ethernet0/0/1]int e0/0/2
[S2-Ethernet0/0/2]port link-type trunk
[S2-Ethernet0/0/2]port trunk allow-pass vlan all
[S2-Ethernet0/0/2]int e0/0/3
[S2-Ethernet0/0/3]port link-type access
[S2-Ethernet0/0/3]port default vlan 20
```

3)配置交换机 S3

```
<Huawei>sy
[Huawei]sys S3
[S3]vlan batch 10 20
[S3]int e0/0/1
[S3-Ethernet0/0/1]port link-type trunk
[S3-Ethernet0/0/1]port trunk allow-pass vlan all
[S3-Ethernet0/0/1]int e0/0/2
[S3-Ethernet0/0/2]port link-type trunk
[S3-Ethernet0/0/2]port trunk allow-pass vlan all
[S3-Ethernet0/0/2]int e0/0/3
[S3-Ethernet0/0/3]port link-type access
[S3-Ethernet0/0/3]port default vlan 10
[S3-Ethernet0/0/3]int e0/0/4
[S3-Ethernet0/0/4]port link-type access
[S3-Ethernet0/0/4]port default vlan 20
```

通过查询各交换机的端口角色可知,S2 是根交换机,S1 的 E0/0/2 接口处于阻塞状态。

```
[S1]dis stp br
 MSTID  Port                     Role   STP State      Protection
 0      Ethernet0/0/1            ROOT   FORWARDING     NONE
 0      Ethernet0/0/2            ALTE   DISCARDING     NONE
 0      Ethernet0/0/3            DESI   FORWARDING     NONE
[S2]dis stp br
```

```
MSTID  Port              Role   STP State    Protection
0      Ethernet0/0/1     DESI   FORWARDING   NONE
0      Ethernet0/0/2     DESI   FORWARDING   NONE
0      Ethernet0/0/3     DESI   FORWARDING   NONE
[S3]dis stp br
MSTID  Port              Role   STP State    Protection
0      Ethernet0/0/1     DESI   FORWARDING   NONE
0      Ethernet0/0/2     ROOT   FORWARDING   NONE
0      Ethernet0/0/3     DESI   FORWARDING   NONE
0      Ethernet0/0/4     DESI   FORWARDING   NONE
```

3. 单生成树带来的弊端

在单生成树环境下，进行以下测试：相同部门的 PC 之间持续发送 ping 包。其中：PC1 访问 PC2，执行 PC>ping 192.168.10.2 -t 命令；PC3 访问 PC4，执行 PC>ping 192.168.20.2 -t 命令。

通过在 S3 的 E0/0/1 和 E0/0/2 接口抓包，发现数据都是经过 E0/0/2 接口转发的，如图 2-4-4 所示。此时 S1 和 S3 之间的链路完全处于闲置状态，造成资源浪费；同时 S2 和 S3 之间的链路数据转发任务繁重，容易引起拥塞和丢包。这些现象体现了单生成树协议的局限性，可以利用多实例生成树协议解决以上问题。

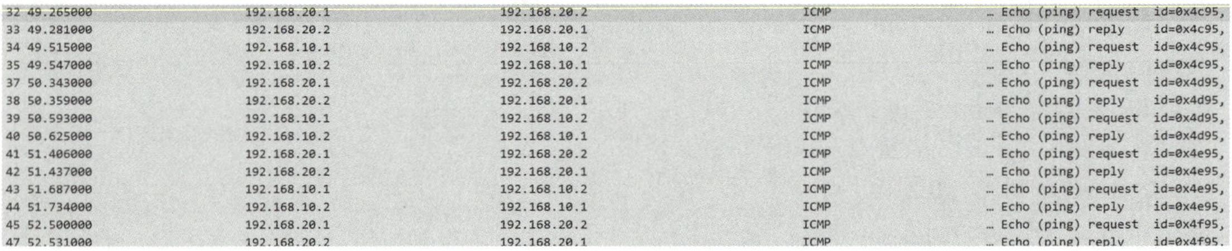

32	49.265000	192.168.20.1	192.168.20.2	ICMP	… Echo (ping) request id=0x4c95,
33	49.281000	192.168.20.2	192.168.20.1	ICMP	… Echo (ping) reply id=0x4c95,
34	49.515000	192.168.10.1	192.168.10.2	ICMP	… Echo (ping) request id=0x4c95,
35	49.547000	192.168.10.2	192.168.10.1	ICMP	… Echo (ping) reply id=0x4c95,
37	50.343000	192.168.20.1	192.168.20.2	ICMP	… Echo (ping) request id=0x4d95,
38	50.359000	192.168.20.2	192.168.20.1	ICMP	… Echo (ping) reply id=0x4d95,
39	50.593000	192.168.10.1	192.168.10.2	ICMP	… Echo (ping) request id=0x4d95,
40	50.625000	192.168.10.2	192.168.10.1	ICMP	… Echo (ping) reply id=0x4d95,
41	51.406000	192.168.20.1	192.168.20.2	ICMP	… Echo (ping) request id=0x4e95,
42	51.437000	192.168.20.2	192.168.20.1	ICMP	… Echo (ping) reply id=0x4e95,
43	51.687000	192.168.10.1	192.168.10.2	ICMP	… Echo (ping) request id=0x4e95,
44	51.734000	192.168.10.2	192.168.10.1	ICMP	… Echo (ping) reply id=0x4e95,
45	52.500000	192.168.20.1	192.168.20.2	ICMP	… Echo (ping) request id=0x4f95,
47	52.531000	192.168.20.2	192.168.20.1	ICMP	… Echo (ping) reply id=0x4f95,

图 2-4-4　S3 的 E0/0/2 接口抓包

4. 配置 MSTP 多实例

1）配置交换机 S1

```
[S1]stp instance 1 root primary
[S1]stp instance 2 root secondary
[S1]stp region-configuration
[S1-mst-region]region-name huawei
[S1-mst-region]revision-level 1
[S1-mst-region]instance 1 vlan 10
[S1-mst-region]instance 2 vlan 20
[S1-mst-region]active region-configuration
```

2）配置交换机 S2

```
[S2]stp instance 1 root secondary
[S2]stp instance 2 root primary
[S2]stp region-configuration
[S2-mst-region]region-name huawei
[S2-mst-region]revision-level 1
[S2-mst-region]instance 1 vlan 10
[S2-mst-region]instance 2 vlan 20
[S2-mst-region]active region-configuration
```

3）配置交换机 S3

```
[S3]stp region-configuration
[S3-mst-region]region-name huawei
[S3-mst-region]revision-level 1
[S3-mst-region]instance 1 vlan 10
[S3-mst-region]instance 2 vlan 20
[S3-mst-region]active region-configuration
```

在各交换机上使用 display stp brief 命令查询端口角色状态：在实例 1 中，S1 是根交换机，S3 的 E0/0/2 接口处于阻塞状态；在实例 2 中，S2 是根交换机，S3 的 E0/0/1 接口处于阻塞状态。

<S1>display stp brief

MSTID	Port	Role	STP State	Protection
0	Ethernet0/0/1	ROOT	FORWARDING	NONE
0	Ethernet0/0/2	ALTE	DISCARDING	NONE
0	Ethernet0/0/3	DESI	FORWARDING	NONE
1	**Ethernet0/0/1**	**DESI**	**FORWARDING**	**NONE**
1	**Ethernet0/0/2**	**DESI**	**FORWARDING**	**NONE**
1	**Ethernet0/0/3**	**DESI**	**FORWARDING**	**NONE**
2	Ethernet0/0/1	ROOT	FORWARDING	NONE
2	Ethernet0/0/2	DESI	FORWARDING	NONE

<S2>display stp brief

MSTID	Port	Role	STP State	Protection
0	Ethernet0/0/1	DESI	FORWARDING	NONE
0	Ethernet0/0/2	DESI	FORWARDING	NONE
0	Ethernet0/0/3	DESI	FORWARDING	NONE
1	Ethernet0/0/1	DESI	FORWARDING	NONE
1	Ethernet0/0/2	ROOT	FORWARDING	NONE
2	**Ethernet0/0/1**	**DESI**	**FORWARDING**	**NONE**

```
2  Ethernet0/0/2          DESI   FORWARDING   NONE
2  Ethernet0/0/3          DESI   FORWARDING   NONE
```

```
<S3>display stp brief
 MSTID  Port              Role   STP State    Protection
0  Ethernet0/0/1          DESI   FORWARDING   NONE
0  Ethernet0/0/2          ROOT   FORWARDING   NONE
0  Ethernet0/0/3          DESI   FORWARDING   NONE
0  Ethernet0/0/4          DESI   FORWARDING   NONE
1  Ethernet0/0/1          ROOT   FORWARDING   NONE
1  Ethernet0/0/2          ALTE   DISCARDING   NONE
1  Ethernet0/0/3          DESI   FORWARDING   NONE
2  Ethernet0/0/1          ALTE   DISCARDING   NONE
2  Ethernet0/0/2          ROOT   FORWARDING   NONE
2  Ethernet0/0/4          DESI   FORWARDING   NONE
```

再次在相同部门的 PC 之间持续发送 ping 包,发现不同 VLAN 的数据从 S3 的不同接口转发,实现了流量负载分担,如图 2-4-5 和图 2-4-6 所示。

27 24.078000	192.168.10.1	192.168.10.2	ICMP	… Echo (ping) request id=0x4997,
28 24.125000	192.168.10.2	192.168.10.1	ICMP	… Echo (ping) reply id=0x4997,
31 25.172000	192.168.10.1	192.168.10.2	ICMP	… Echo (ping) request id=0x4a97,
32 25.219000	192.168.10.2	192.168.10.1	ICMP	… Echo (ping) reply id=0x4a97,

图 2-4-5　S3 的 E0/0/1 接口抓包

38 32.969000	192.168.20.1	192.168.20.2	ICMP	… Echo (ping) request id=0x5697,
39 33.015000	192.168.20.2	192.168.20.1	ICMP	… Echo (ping) reply id=0x5697,
40 34.062000	192.168.20.1	192.168.20.2	ICMP	… Echo (ping) request id=0x5797,
41 34.094000	192.168.20.2	192.168.20.1	ICMP	… Echo (ping) reply id=0x5797,

图 2-4-6　S3 的 E0/0/2 接口抓包

十三、拓展任务 2 评价

拓展任务 2 评价见表 2-4-4。

表 2-4-4　拓展任务 2 评价

序号	考核要点	完成情况
1	单生成树的弊端	
2	配置 MSTP	
3	总结本次任务的收获	

十四、日积月累

(1)STP的基本原理。

STP通过构建无环树形结构来消除交换网络中的环路。在每个STP网络中，都会存在一个根交换机，其他交换机为非根交换机。非根交换机需选举出唯一的、距离根交换机最近的根端口，每个网段有且只有一个指定端口。一般情况下，根交换机的所有端口都是指定端口，除了根端口，指定端口外的其余端口处于阻塞状态。

①根交换机选举原则：优先级最高(BID最小)的设备会被选举为根交换机。如果优先级相同，则比较MAC地址，MAC地址越小优先级越高。

②根端口选举原则：依次比较RPC、对端BID、对端PID、本端PID。

③指定端口选举原则：依次比较RPC、本端BID、本端PID。

(2)BID优先级为什么是4 096的整数倍？端口优先级为什么是16的整数倍？

根据IEEE802.1D标准，BID由16位的桥优先级与桥MAC地址构成。其中，优先级占据高16位，低48位是MAC地址。在高16位优先级中，低12位定义为扩展的SystemID，在STP和RSTP中该部分取值为0。由于2^{12}=4 096，所以设置优先级时必须是4 096的整数倍，即以4 096为步长。

PID由一个字节的优先级和一个字节的端口号组成。在配置端口优先级时仅能设置高4位，低12位作为端口号(端口号由系统自己分配，不可修改)。由于2^4=16，所以设置优先级时必须是16的整数倍，即以16为步长。

(3)RSTP快速收敛机制有哪些？

STP虽然能解决环路问题，但是网络拓扑收敛慢，一般需要30~50 s，远超过三层路由协议的收敛时间。如果网络中拓扑结构频繁变化，网络也会频繁失去连通性。华为交换机在设计开发STP时，把许多新的RSTP快速收敛技术引入STP中。例如：

①使用新的端口角色与状态；

②当RP端口失效时，AP端口立即成为新的RP端口，无须重新选举；

③端口接收到次BPDU后，不再等待Max Age，立即开始计算端口角色；

④端口接收不到BPDU，不再使用Max Age判定上行链路失效，至少经过三个Hello间隔后重新收敛，这样检测网络故障时间就变短了。

以上只是在STP中加入RSTP端口角色快速收敛机制，但是**STP的算法是被动算法，状态的迁移依赖于计时器**，所以拓扑变化所需要时间最短仍是30 s。

(4)RSTP定义了哪些端口角色？

RSTR定义了根端口、指定端口、备份端口、预备端口、边缘端口。

(5)RSTP定义了几种端口状态？

RSTP的状态规范把原来的5种状态缩减为3种，即丢弃状态、学习状态和转发状态。

(6)什么是P/A机制的同步过程？

所谓同步，就是交换机将除边缘端口和已经处于丢弃状态的端口外的其他端口设置为丢弃状态，以保证RP端口进入转发状态时没有环路。

(7)RSTP对STP的改进有哪些？

①重新划分端口角色，RSTP 定义了两种新的端口角色，即备份端口和预备端口。

②重新划分端口状态，RSTP 的状态规范把原来的 5 种状态缩减为 3 种，即丢弃状态、学习状态和转发状态。

③快速收敛，引入 P/A 机制、根端口快速切换机制、次等 BPDU 处理机制、边缘端口及优化拓扑变更机制。

④保护功能，有 BPDU 保护、根保护、TC-BPDU 泛洪保护等。

（8）单生成树的缺陷主要有哪些？

链路被阻塞后将不承载任何流量，无法在 VLAN 间实现数据流量的负载均衡，从而造成带宽浪费，导致部分 VLAN 路径不通，造成次优路径。

任务 5　配置链路聚合提高链路性能

链路聚合

一、知识准备

1. 链路聚合作用

在企业网络中，所有设备的流量在转发到其他网络或外网前都会先汇聚到核心层，再由核心层设备进行转发。因此，核心层设备承担数据高速交换任务时容易发生拥塞，这对链路带宽和可靠性提出了更高的要求。在传统技术中，常用更换高速率的接口板或者升级设备的方式来提高带宽，但是这种方式成本高昂，而且不够灵活。在核心层部署链路聚合，无须进行硬件升级，即可提升整个网络的数据吞吐量，解决拥塞问题。

链路聚合是把两台设备之间的多条物理链路聚合成一条逻辑链路。这两台设备可以是一对路由器、一对交换机或者一台路由器和一台交换机。一条聚合链路可以包含多条成员链路，在 ARG3 系列路由器和 X7 系列交换机上默认最多支持 8 条成员链路。

链路聚合的优势如下。

（1）提高链路带宽。理论上，聚合接口的带宽可以扩展至所有成员接口带宽的总和，通过多条链路的聚合，可以有效提升逻辑链路的传输能力。

（2）增强网络可靠性。配置链路聚合后，如果某个成员接口发生故障，该成员接口的物理链路会把流量切换到另一条成员链路上，确保网络传输不中断。

（3）实现负载均衡。聚合接口可以把流量分散到多个不同的成员接口，通过成员链路把流量发送到同一个目的地，最大限度地降低网络拥塞风险。

2. 链路聚合模式

链路聚合模式有两种：手动负载分担模式和静态 LACP（Link Aggregation Control Protocol，链路聚合控制协议）模式。

1）手动负载分担模式

在手动负载分担模式下，Eth-Trunk 接口的建立及成员接口的加入均需手动配置，没有 LACP 参与。该模式下，所有活动链路都参与数据的转发，平均分担流量，因此被称为负载分担模式。如果某条活动链路出现故障，链路聚合组会自动在剩余的活动链路中平均分担流量。当需要在两个直连设备间提供一个较大的链路带宽，而设备又不支持 LACP 时，可以使用手动负载分担模式。ARG3 系列路由器和 X7 系列交换机可以基于目的 MAC 地址、源 MAC 地址、源 MAC 地址和目的 MAC 地址组合、源 IP 地址、目的 IP 地址、源 IP 地址和目的 IP 地址组合等进行负载分担。

2）静态 LACP 模式

在静态 LACP 模式下，链路两端的设备相互发送 LACP 报文，并协商聚合参数，协商完成后，确定活动接口和非活动接口。在静态 LACP 模式下，需要手动创建一个 Eth-Trunk 接口，并添加成员接口，由 LACP 选举活动接口和非活动接口。静态 LACP 模式也叫 **M:N 模式**。其中，M 代表活动链路，用于在负载分担模式下转发数据；N 代表非活动链路，用于冗余备份。如果一条活动链路发生故障，该链路传输的数据会被切换到一条优先级最高的备份链路上，这条备份链路转变为活动状态。如果被替代的故障链路恢复正常，而且该链路的优先级高于替代链路，当启用 LACP 优先级抢占功能时，高优先级链路将抢占低优先级链路，恢复活动状态；否则，系统不会重新选择活动接口，故障链路恢复正常后将作为备用链路。

默认情况下，优先级抢占功能处于禁用状态。可以通过执行以下命令开启或者禁用优先级抢占功能。

（1）开启：在 Eth-Trunk 视图下执行 lacp preempt enable 命令。

（2）禁止：在 Eth-Trunk 视图下执行 undo lacp preempt enable 命令。

如果两端都按照本端各自的接口优先级选择活动接口，两端所确定的活动接口很可能不一致，活动链路也就无法建立。区分主动端与被动端的目的是确保两端设备最终确定的活动接口一致。只有主动端设置的活动链路数量才有效，且由主动端决定哪些链路是活动链路，抢占功能（抢占延时）也只需在主动端开启。聚合链路的主动端和被动端确定原则如下。

（1）根据聚合链路两端设备的系统 LACP 优先级确定，值越小优先级越高，默认值为 32 768。

（2）如果聚合链路两端设备的系统 LACP 优先级相同，则比较两端设备的系统 MAC 地址，MAC 地址值越小优先级越高。

两种链路聚合模式的主要区别：**在静态 LACP 模式中，部分链路充当备份链路；在手动负载分担模式中，所有成员接口都处于转发状态，共同分担负载流量。**

在聚合接口中，聚合链路两端的物理接口（成员接口）的所有参数必须一致，包括物理接口数量、传输速率、双工模式和流量控制模式。成员接口可以是二层接口或三层接口。

3. 负载分担方式

链路聚合接口负载分担方式分为两种：逐流负载分担和逐包负载分担，具体见表 2-5-1。

表 2-5-1 负载分担方式

接口负载分担	依据	特点
逐流负载分担	当报文的源 IP 地址、目的 IP 地址都相同，或报文的源 MAC 地址、目的 MAC 地址都相同时，这些报文从同一条成员链路上通过	保证包顺序，但不能保证带宽利用率
逐包负载分担	以报文为单位分别从不同的成员链路上发送	保证带宽利用率，但不能保证包顺序

在 Eth-Trunk 接口中，某成员接口的权重值占所有成员接口负载分担权重之和的比例越大，该成员接口承担的负载就越大。

数据流在聚合链路上传输，数据顺序必须保持不变。可以把一个数据流看作一组 MAC 地址和 IP 地址相同的帧。Eth-Trunk 接口采用逐流负载分担机制，这种机制把数据帧中的地址通过 Hash（哈希）算法生成 HASH-KEY 值，并根据这个数值在 Eth-Trunk 接口转发表中寻找对应的出接口。不同地址生成的 HASH-KEY 值不同，从而出接口也就不同，这样既保证了同一数据流的帧在同一条物理链路转发，又实现了流量在聚合组内各物理链路上的负载分担，即逐流负载分担。**逐流负载分担能保证包顺序，但不能保证带宽利用率。**

4. 三层链路聚合

如果要在路由器上配置三层链路聚合，需要先创建 Eth-Trunk 接口，然后在 Eth-Trunk 接口上执行 **undo portswitch** 命令，把聚合链路从二层模式转为三层模式。执行 undo portswitch 命令后，可以为 Eth-Trunk 接口分配 IP 地址。

5. 链路聚合注意事项

配置 Eth-Trunk 接口和成员接口，需要遵循以下规则。

（1）只能删除不包含任何成员接口的 Eth-Trunk 接口。

（2）把接口加入 Eth-Trunk 接口时，二层 Eth-Trunk 接口的成员接口必须是二层接口，三层 Eth-Trunk 接口的成员接口必须是三层接口。

（3）单个 Eth-Trunk 接口最多可以支持 8 个成员接口（LACP 模式下，成员接口总数可达 16 个，其中活动成员接口最多为 8 个）。

（4）加入 Eth-Trunk 接口的类型必须是 Hybrid（默认的接口类型），且成员接口必须保持所有默认配置。

（5）Eth-Trunk 接口不能充当其他 Eth-Trunk 接口的成员接口，即 Eth-Trunk 接口不能嵌套。

（6）一个以太网接口只能加入一个 Eth-Trunk 接口，如果要把该以太网接口加入另一个 Eth-Trunk 接口，必须先把该以太网接口从当前所属的 Eth-Trunk 接口中删除。

（7）同一 Eth-Trunk 接口的成员接口类型必须相同。例如，一个百兆以太网接口（FE 口）和一个千兆以太网接口（GE 口）不能加入同一个 Eth-Trunk 接口。

（8）**如果本地设备使用了 Eth-Trunk 接口，与其成员接口直连的对端接口也必须配置为 Eth-Trunk 接口，以确保两端正常通信。**

二、任务目标

（1）了解链路聚合的作用和条件。
（2）了解负载分担的方式。
（3）理解链路聚合两种模式的特点和不同。
（4）能够正确配置两种模式的链路聚合。

三、任务拓扑

交换机 S1 和 S2 是 Z 企业局域网的核心交换机，此前 S1 和 S2 之间仅通过一条光纤线路互连。考虑到带宽和冗余需求，网络管理员小刘现对其进行升级，决定采用链路聚合技术实现上述目标，两台交换机的链路聚合拓扑如图 2-5-1 所示。

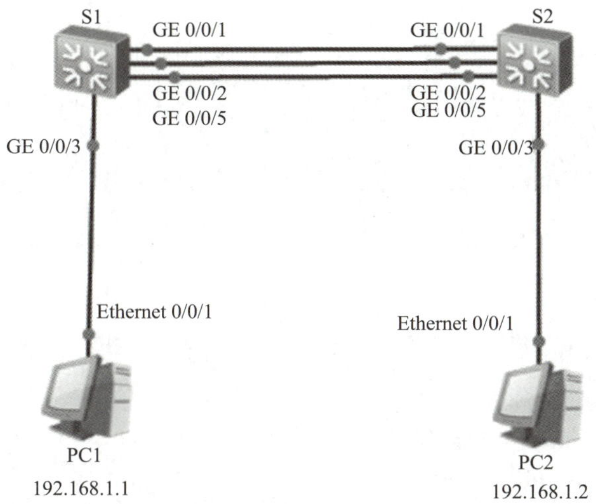

图 2-5-1　两台交换机的链路聚合拓扑

四、任务实施

链路聚合实验

1. 配置 Eth-Trunk 接口前

查看交换机 S1 和 S2 的 STP 状态信息。

```
<S1>display stp brief
 MSTID  Port                     Role   STP State     Protection
 0    GigabitEthernet0/0/1       DESI   FORWARDING    NONE
 0    GigabitEthernet0/0/2       DESI   FORWARDING    NONE
 0    GigabitEthernet0/0/3       DESI   FORWARDING    NONE
 0    GigabitEthernet0/0/5       DESI   FORWARDING    NONE
<S2>display stp brief
 MSTID  Port                     Role   STP State     Protection
```

```
0  GigabitEthernet0/0/1        ROOT   FORWARDING   NONE
0  GigabitEthernet0/0/2        ALTE   DISCARDING   NONE
0  GigabitEthernet0/0/3        DESI   FORWARDING   NONE
0  GigabitEthernet0/0/5        ALTE   DISCARDING   NONE
```

可以发现，S1 和 S2 之间虽然有 3 条链路,但是仅有一条链路 G0/0/1 在转发数据，G0/0/2 和 G0/0/5 处于阻塞状态。因此,要增加 S1 和 S2 之间的带宽,单靠增加链路数量是不够的,因为存在环路时,STP 会逻辑阻塞多余的接口。但是,如果不开启 STP,又会存在二层环路,导致广播风暴、重复帧、MAC 地址表振荡等一系列问题。

2. 手动聚合模式

手动创建链路聚合接口,将 G0/0/1 和 G0/0/2 加入聚合接口,以下展示了两种将接口加入聚合接口的方法。

1)配置交换机 S1

```
[S1]int Eth-Trunk 1
[S1-Eth-Trunk1]mode manual load-balance
[S1-GigabitEthernet0/0/1]eth-trunk 1
[S1-GigabitEthernet0/0/2]eth-trunk 1
[S1-GigabitEthernet0/0/5]eth-trunk 1
```

2)配置交换机 S2

```
[S2]int Eth-Trunk 1
[S2-Eth-Trunk1]mode manual load-balance
[S2-Eth-Trunk1]trunkport GigabitEthernet0/0/1   to   0/0/2
[S2-Eth-Trunk1]trunkport GigabitEthernet0/0/5
```

3)以 S1 为例查询配置结果

```
<S1>display eth-trunk 1
Eth-Trunk1's state information is:
WorkingMode: NORMAL            Hash arithmetic: According to SIP-XOR-DIP
Least Active-linknumber: 1   Max Bandwidth-affected-linknumber: 8
Operate status: up            Number Of Up Port In Trunk: 3
--------------------------------------------------------------------------------
PortName                      Status      Weight
GigabitEthernet0/0/1          Up          1
GigabitEthernet0/0/2          Up          1
GigabitEthernet0/0/5          Up          1

<S1>display int Eth-Trunk 1
Eth-Trunk1 current state : UP
```

```
Line protocol current state : UP
Description:
Switch Port, PVID :      1, Hash arithmetic : According to SIP-XOR-DIP,Maximal BW:
 3G, Current BW: 3G, The Maximum Frame Length is 9216
IP Sending Frames' Format is PKTFMT_ETHNT_2, Hardware address is 4c1f-cc8d-3d21
Current system time: 2025-01-04 19:20:01-08:00
     Input bandwidth utilization   :      0%
     Output bandwidth utilization :      0%
-----------------------------------------------------------------------------
PortName                          Status       Weight
-----------------------------------------------------------------------------
GigabitEthernet0/0/1              UP           1
GigabitEthernet0/0/2              UP           1
GigabitEthernet0/0/5              UP           1
-----------------------------------------------------------------------------
The Number of Ports in Trunk : 3
The Number of UP Ports in Trunk : 3
```

目前,该聚合接口的总带宽为 G0/0/1、G0/0/2 和 G0/0/5 接口带宽之和,即 3 Gbit/s。查看交换机 S1 接口的生成树状态,可以看到 S1 的 3 个接口被捆绑成为一个 Eth-Trunk 接口,并且该接口处于转发状态。

```
<S1>display stp brief
 MSTID  Port                          Role    STP State       Protection
 0    GigabitEthernet0/0/3            DESI    DISCARDING      NONE
 0    Eth-Trunk1                      DESI    FORWARDING      NONE
```

4)测试

在 **PC1 上执行** ping 192.168.1.2 -t 命令,通过抓包可知,按照负载分担算法,数据通过 G0/0/1 接口转发。若将 S1 的 G0/0/1 接口关闭,模拟链路故障,链路随即触发切换机制,由 G0/0/2 接口承担数据转发任务,仅出现少量数据包丢失,数据转发快速恢复正常。

3. 静态 LACP 聚合模式

配置静态 LACP 聚合模式前,先把聚合接口的成员接口删除。删除聚合接口的成员接口的方法有以下两种。

方法 1:以 S1 为例。

```
[S1-Eth-Trunk1]undo trunkport GigabitEthernet   0/0/1   to   0/0/2
```

方法 2:以 S2 为例。

```
[S2-GigabitEthernet0/0/1]undo eth-trunk
[S2-GigabitEthernet0/0/2]undo eth-trunk
```

PC1 访问 PC2，如图 2-5-2 所示。

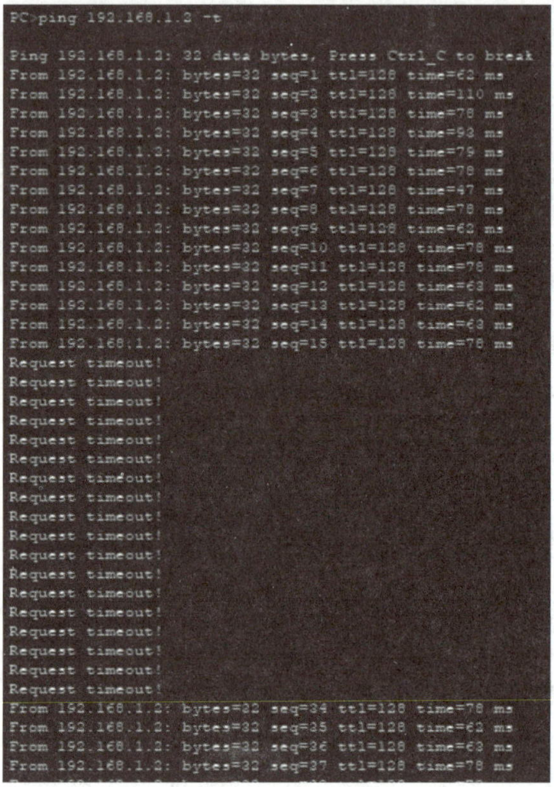
```
PC>ping 192.168.1.2 -t

Ping 192.168.1.2: 32 data bytes, Press Ctrl_C to break
From 192.168.1.2: bytes=32 seq=1 ttl=128 time=62 ms
From 192.168.1.2: bytes=32 seq=2 ttl=128 time=110 ms
From 192.168.1.2: bytes=32 seq=3 ttl=128 time=78 ms
From 192.168.1.2: bytes=32 seq=4 ttl=128 time=93 ms
From 192.168.1.2: bytes=32 seq=5 ttl=128 time=79 ms
From 192.168.1.2: bytes=32 seq=6 ttl=128 time=78 ms
From 192.168.1.2: bytes=32 seq=7 ttl=128 time=47 ms
From 192.168.1.2: bytes=32 seq=8 ttl=128 time=78 ms
From 192.168.1.2: bytes=32 seq=9 ttl=128 time=62 ms
From 192.168.1.2: bytes=32 seq=10 ttl=128 time=78 ms
From 192.168.1.2: bytes=32 seq=11 ttl=128 time=78 ms
From 192.168.1.2: bytes=32 seq=12 ttl=128 time=63 ms
From 192.168.1.2: bytes=32 seq=13 ttl=128 time=62 ms
From 192.168.1.2: bytes=32 seq=14 ttl=128 time=63 ms
From 192.168.1.2: bytes=32 seq=15 ttl=128 time=78 ms
Request timeout!
Request timeout!
Request timeout!
Request timeout!
Request timeout!
Request timeout!
Request timeout!
Request timeout!
Request timeout!
Request timeout!
Request timeout!
Request timeout!
Request timeout!
Request timeout!
Request timeout!
Request timeout!
Request timeout!
Request timeout!
From 192.168.1.2: bytes=32 seq=34 ttl=128 time=78 ms
From 192.168.1.2: bytes=32 seq=35 ttl=128 time=63 ms
From 192.168.1.2: bytes=32 seq=36 ttl=128 time=63 ms
From 192.168.1.2: bytes=32 seq=37 ttl=128 time=78 ms
```

图 2-5-2　PC1 访问 PC2

1）配置交换机 S1

```
[S1]int Eth-Trunk 1
[S1-Eth-Trunk1]mode lacp-static
[S1-GigabitEthernet0/0/1]eth-trunk 1
[S1-GigabitEthernet0/0/2]eth-trunk 1
[S1-GigabitEthernet0/0/5]eth-trunk 1
```

2）配置交换机 S2

```
[S2]int Eth-Trunk 1
[S2-Eth-Trunk1]mode lacp-static
[S2-GigabitEthernet0/0/1]eth-trunk 1
[S2-GigabitEthernet0/0/2]eth-trunk 1
[S2-GigabitEthernet0/0/5]eth-trunk 1
```

3）查询配置结果

以 S1 为例，查询配置结果。

```
[S1]dis eth-trunk 1
Eth-Trunk1's state information is:
Local:
LAG ID: 1                        WorkingMode: STATIC
Preempt Delay: Disabled          Hash arithmetic: According to SIP-XOR-DIP
System Priority: 32768           System ID: 4c1f-cc8d-3d21
Least Active-linknumber: 1       Max Active-linknumber: 8
Operate status: up               Number Of Up Port In Trunk: 3
--------------------------------------------------------------------------------
ActorPortName          Status    PortType  PortPri  PortNo  PortKey  PortState  Weight
GigabitEthernet0/0/1   Selected  1GE       32768    2       305      10111100   1
GigabitEthernet0/0/2   Selected  1GE       32768    3       305      10111100   1
GigabitEthernet0/0/5   Selected  1GE       32768    6       305      10111100   1

Partner:
--------------------------------------------------------------------------------
ActorPortName          SysPri    SystemID        PortPri  PortNo  PortKey  PortState
GigabitEthernet0/0/1   32768     4c1f-ccbe-3d9c  32768    2       305      10111100
GigabitEthernet0/0/2   32768     4c1f-ccbe-3d9c  32768    3       305      10111100
GigabitEthernet0/0/5   32768     4c1f-ccbe-3d9c  32768    6       305      10111100
```

当前 3 个接口都处于活动状态，原因是默认活动接口数量上限为 8。

4）选择活动接口

将交换机 S1 配置为主动端，将其系统优先级修改为 100，设置活动接口数量上限为 2，并将 G0/0/1 、G0/0/5 接口优先级设为 100，使其成为活动接口。

```
[S1]lacp priority 100
[S1]int Eth-Trunk 1
[S1-Eth-Trunk1]max   active-linknumber   2
[S1-Eth-Trunk1]int g0/0/1
[S1-GigabitEthernet0/0/1]lacp priority 100
[S1-GigabitEthernet0/0/1]int g0/0/5
[S1-GigabitEthernet0/0/5]lacp priority 100
```

查询配置结果，发现 G0/0/2 变为备份接口，G0/0/1 和 G0/0/5 为活动接口。

```
<S1>dis eth-trunk 1
Eth-Trunk1's state information is:
Local:
LAG ID: 1                        WorkingMode: STATIC
Preempt Delay: Disabled          Hash arithmetic: According to SIP-XOR-DIP
System Priority: 100             System ID: 4c1f-cc8d-3d21
Least Active-linknumber: 1       Max Active-linknumber: 2
```

```
Operate status: up            Number Of Up Port In Trunk: 2
--------------------------------------------------------------------------------
ActorPortName          Status     PortType  PortPri  PortNo  PortKey  PortState  Weight
GigabitEthernet0/0/1   Selected   1GE       100      2       305      10111100   1
GigabitEthernet0/0/2   Unselect   1GE       32768    3       305      10100000   1
GigabitEthernet0/0/5   Selected   1GE       100      6       305      10111100   1

Partner:
--------------------------------------------------------------------------------
ActorPortName          SysPri   SystemID         PortPri  PortNo  PortKey  PortState
GigabitEthernet0/0/1   32768    4c1f-ccbe-3d9c   32768    2       305      10111100
GigabitEthernet0/0/2   32768    4c1f-ccbe-3d9c   32768    3       305      10110000
GigabitEthernet0/0/5   32768    4c1f-ccbe-3d9c   32768    6       305      10111100
```

将活动接口 G0/0/5 关闭，再次查询聚合接口，发现 G0/0/2 变为活动接口转发数据。

```
[S1-GigabitEthernet0/0/5]shutdown
[S1-GigabitEthernet0/0/5]quit
[S1]dis eth-trunk 1
Eth-Trunk1's state information is:
Local:
LAG ID: 1                     WorkingMode: STATIC
Preempt Delay: Disabled       Hash arithmetic: According to SIP-XOR-DIP
System Priority: 100          System ID: 4c1f-cc8d-3d21
Least Active-linknumber: 1    Max Active-linknumber: 2
Operate status: up            Number Of Up Port In Trunk: 2
--------------------------------------------------------------------------------
ActorPortName          Status     PortType  PortPri  PortNo  PortKey  PortState  Weight
GigabitEthernet0/0/1   Selected   1GE       100      2       305      10111100   1
GigabitEthernet0/0/2   Selected   1GE       32768    3       305      10111100   1
GigabitEthernet0/0/5   Unselect   1GE       100      6       305      10100010   1

Partner:
--------------------------------------------------------------------------------
ActorPortName          SysPri   SystemID         PortPri  PortNo  PortKey  PortState
GigabitEthernet0/0/1   32768    4c1f-ccbe-3d9c   32768    2       305      10111100
GigabitEthernet0/0/2   32768    4c1f-ccbe-3d9c   32768    3       305      10111100
GigabitEthernet0/0/5   0        0000-0000-0000   0        0       0        10100011
```

恢复 G0/0/5 状态后查询聚合接口，发现 G0/0/2 仍是活动接口并转发数据，证明默认情况下优先级抢占功能处于禁用状态。

```
[S1-GigabitEthernet0/0/5]undo shutdown
[S1-GigabitEthernet0/0/5]quit
```

```
[S1]dis eth-trunk 1
Eth-Trunk1's state information is:
Local:
LAG ID: 1                        WorkingMode: STATIC
Preempt Delay: Disabled          Hash arithmetic: According to SIP-XOR-DIP
System Priority: 100             System ID: 4c1f-cc8d-3d21
Least Active-linknumber: 1       Max Active-linknumber: 2
Operate status: up               Number Of Up Port In Trunk: 2
--------------------------------------------------------------------------------
ActorPortName          Status     PortType  PortPri  PortNo  PortKey  PortState  Weight
GigabitEthernet0/0/1   Selected   1GE       100      2       305      10111100   1
GigabitEthernet0/0/2   Selected   1GE       32768    3       305      10111100   1
GigabitEthernet0/0/5   Unselect   1GE       100      6       305      10100000   1

Partner:
--------------------------------------------------------------------------------
ActorPortName          SysPri     SystemID        PortPri  PortNo  PortKey  PortState
GigabitEthernet0/0/1   32768      4c1f-ccbe-3d9c  32768    2       305      10111100
GigabitEthernet0/0/2   32768      4c1f-ccbe-3d9c  32768    3       305      10111100
GigabitEthernet0/0/5   32768      4c1f-ccbe-3d9c  32768    6       305      10110000
```

5)开启优先级抢占功能

开启优先级抢占功能,并将默认的抢占延时 30 s 修改为 10 s。

```
[S1-Eth-Trunk1]lacp preempt enable
[S1-Eth-Trunk1]lacp preempt delay 10
[S1]dis eth-trunk 1
```

将活动接口 G0/0/5 关闭,查询聚合接口状态,发现 G0/0/2 变为活动接口转发数据。恢复 G0/0/5 状态后查询聚合接口状态,发现 G0/0/5 变为活动接口转发数据。

```
[S1]dis eth-trunk 1
Eth-Trunk1's state information is:
Local:
LAG ID: 1                        WorkingMode: STATIC
Preempt Delay Time: 10           Hash arithmetic: According to SIP-XOR-DIP
System Priority: 100             System ID: 4c1f-cc8d-3d21
Least Active-linknumber: 1       Max Active-linknumber: 2
Operate status: up               Number Of Up Port In Trunk: 2
--------------------------------------------------------------------------------
ActorPortName          Status     PortType  PortPri  PortNo  PortKey  PortState  Weight
GigabitEthernet0/0/1   Selected   1GE       100      2       305      10111100   1
GigabitEthernet0/0/2   Unselect   1GE       32768    3       305      10100000   1
```

```
GigabitEthernet0/0/5      Selected   1GE      100      6       305      10111100    1

Partner:
--------------------------------------------------------------------------------
ActorPortName             SysPri     SystemID        PortPri   PortNo   PortKey   PortState
GigabitEthernet0/0/1      32768      4c1f-ccbe-3d9c  32768     2        305       10111100
GigabitEthernet0/0/2      32768      4c1f-ccbe-3d9c  32768     3        305       10110000
GigabitEthernet0/0/5      32768      4c1f-ccbe-3d9c  32768     6        305       10111100
```

需要注意的是，主动端设置的活动链路数量才有效，且由主动端决定哪些链路是活动链路。此外，优先级抢占功能及其抢占延时参数也只需要在主动端开启。

6）负载分担方式

负载分担有两种方式：逐流负载分担和逐包负载分担。默认情况下，采用逐流负载分担方式。

```
[S1]load-balance  ?
  flow      Load balance per flow
  packet    Load balance per packet

[S1-Eth-Trunk1]load-balance ?
  dst-ip        According to destination IP hash arithmetic
  dst-mac       According to destination MAC hash arithmetic
  src-dst-ip    According to source/destination IP hash arithmetic
  src-dst-mac   According to source/destination MAC hash arithmetic
  src-ip        According to source IP hash arithmetic
  src-mac       According to source MAC hash arithmetic
```

查询修改结果，发现主动端交换机 S1 的负载分担 Hash 算法修改为基于目的 MAC 地址，但是 S2 没有变化。这表明负载分担方式在主动端修改，而不会影响被动端。

```
[S1-Eth-Trunk1]load-balance dst-mac

[S1]dis eth-trunk 1
Eth-Trunk1's state information is:
Local:
LAG ID: 1                        WorkingMode: STATIC
Preempt Delay Time: 10           Hash arithmetic: According to DA
System Priority: 100             System ID: 4c1f-cc8d-3d21
Least Active-linknumber: 1       Max Active-linknumber: 2
Operate status: up               Number Of Up Port In Trunk: 2
--------------------------------------------------------------------------------
ActorPortName             Status     PortType  PortPri  PortNo  PortKey  PortState  Weight
GigabitEthernet0/0/1      Selected   1GE       100      2       305      10111100   1
```

```
GigabitEthernet0/0/2      Unselect  1GE      32768    3        305      10100000    1
GigabitEthernet0/0/5      Selected  1GE      100      6        305      10111100    1

Partner:
--------------------------------------------------------------------------------------------
ActorPortName             SysPri    SystemID         PortPri  PortNo   PortKey     PortState
GigabitEthernet0/0/1      32768     4c1f-ccbe-3d9c   32768    2        305         10111100
GigabitEthernet0/0/2      32768     4c1f-ccbe-3d9c   32768    3        305         10110000
GigabitEthernet0/0/5      32768     4c1f-ccbe-3d9c   32768    6        305         10111100

<S2>dis eth-trunk 1
Eth-Trunk1's state information is:
Local:
LAG ID: 1                       WorkingMode: STATIC
Preempt Delay: Disabled         Hash arithmetic: According to SIP-XOR-DIP
System Priority: 32768          System ID: 4c1f-ccbe-3d9c
Least Active-linknumber: 1      Max Active-linknumber: 8
Operate status: up              Number Of Up Port In Trunk: 2
--------------------------------------------------------------------------------------------
ActorPortName             Statu     PortType  PortPri  PortNo   PortKey  PortState   Weight
GigabitEthernet0/0/1      Selected  1GE       32768    2        305      10111100    1
GigabitEthernet0/0/2      Unselect  1GE       32768    3        305      10110000    1
GigabitEthernet0/0/5      Selected  1GE       32768    6        305      10111100    1

Partner:
--------------------------------------------------------------------------------------------
ActorPortName             SysPri    SystemID         PortPri  PortNo   PortKey     PortState
GigabitEthernet0/0/1      100       4c1f-cc8d-3d21   100      2        305         10111100
GigabitEthernet0/0/2      100       4c1f-cc8d-3d21   32768    3        305         10100000
GigabitEthernet0/0/5      100       4c1f-cc8d-3d21   100      6        305         10111100
```

PC1 访问 PC2 时，分别对 G0/0/1 和 G0/0/2 接口进行抓包分析，发现数据经由不同链路进行转发，如图 2-5-3 和图 2-5-4 所示。

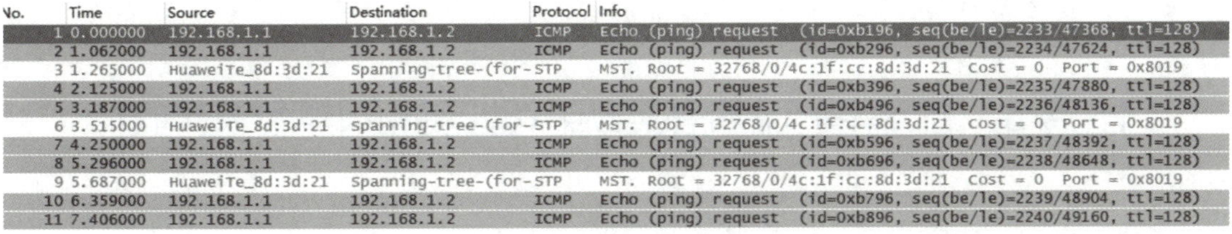

No.	Time	Source	Destination	Protocol	Info
1	0.000000	192.168.1.1	192.168.1.2	ICMP	Echo (ping) request (id=0xb196, seq(be/le)=2233/47368, ttl=128)
2	1.062000	192.168.1.1	192.168.1.2	ICMP	Echo (ping) request (id=0xb296, seq(be/le)=2234/47624, ttl=128)
3	1.265000	HuaweiTe_8d:3d:21	Spanning-tree-(for-	STP	MST. Root = 32768/0/4c:1f:cc:8d:3d:21 Cost = 0 Port = 0x8019
4	2.125000	192.168.1.1	192.168.1.2	ICMP	Echo (ping) request (id=0xb396, seq(be/le)=2235/47880, ttl=128)
5	3.187000	192.168.1.1	192.168.1.2	ICMP	Echo (ping) request (id=0xb496, seq(be/le)=2236/48136, ttl=128)
6	3.515000	HuaweiTe_8d:3d:21	Spanning-tree-(for-	STP	MST. Root = 32768/0/4c:1f:cc:8d:3d:21 Cost = 0 Port = 0x8019
7	4.250000	192.168.1.1	192.168.1.2	ICMP	Echo (ping) request (id=0xb596, seq(be/le)=2237/48392, ttl=128)
8	5.296000	192.168.1.1	192.168.1.2	ICMP	Echo (ping) request (id=0xb696, seq(be/le)=2238/48648, ttl=128)
9	5.687000	HuaweiTe_8d:3d:21	Spanning-tree-(for-	STP	MST. Root = 32768/0/4c:1f:cc:8d:3d:21 Cost = 0 Port = 0x8019
10	6.359000	192.168.1.1	192.168.1.2	ICMP	Echo (ping) request (id=0xb796, seq(be/le)=2239/48904, ttl=128)
11	7.406000	192.168.1.1	192.168.1.2	ICMP	Echo (ping) request (id=0xb896, seq(be/le)=2240/49160, ttl=128)

图 2-5-3　G0/0/1 接口抓包

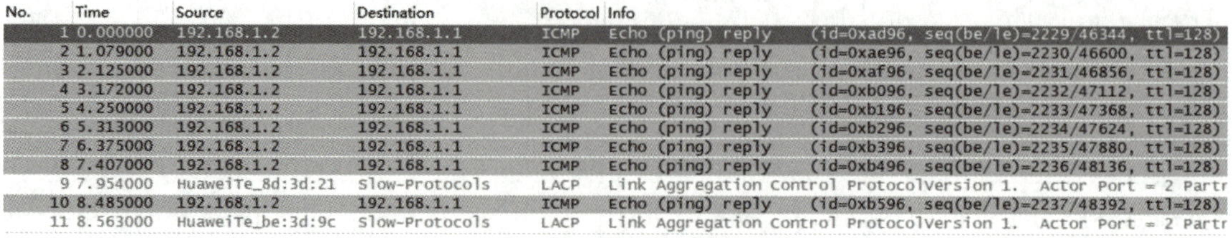

No.	Time	Source	Destination	Protocol	Info
1	0.000000	192.168.1.2	192.168.1.1	ICMP	Echo (ping) reply (id=0xad96, seq(be/le)=2229/46344, ttl=128)
2	1.079000	192.168.1.2	192.168.1.1	ICMP	Echo (ping) reply (id=0xae96, seq(be/le)=2230/46600, ttl=128)
3	2.125000	192.168.1.2	192.168.1.1	ICMP	Echo (ping) reply (id=0xaf96, seq(be/le)=2231/46856, ttl=128)
4	3.172000	192.168.1.2	192.168.1.1	ICMP	Echo (ping) reply (id=0xb096, seq(be/le)=2232/47112, ttl=128)
5	4.250000	192.168.1.2	192.168.1.1	ICMP	Echo (ping) reply (id=0xb196, seq(be/le)=2233/47368, ttl=128)
6	5.313000	192.168.1.2	192.168.1.1	ICMP	Echo (ping) reply (id=0xb296, seq(be/le)=2234/47624, ttl=128)
7	6.375000	192.168.1.2	192.168.1.1	ICMP	Echo (ping) reply (id=0xb396, seq(be/le)=2235/47880, ttl=128)
8	7.407000	192.168.1.2	192.168.1.1	ICMP	Echo (ping) reply (id=0xb496, seq(be/le)=2236/48136, ttl=128)
9	7.954000	HuaweiTe_8d:3d:21	Slow-Protocols	LACP	Link Aggregation Control ProtocolVersion 1. Actor Port = 2 Partr
10	8.485000	192.168.1.2	192.168.1.1	ICMP	Echo (ping) reply (id=0xb596, seq(be/le)=2237/48392, ttl=128)
11	8.563000	HuaweiTe_be:3d:9c	Slow-Protocols	LACP	Link Aggregation Control ProtocolVersion 1. Actor Port = 2 Partr

图 2-5-4　G0/0/2 接口抓包

五、任务评价

任务评价见表 2-5-2。

表 2-5-2　任务评价

序号	考核要点	完成情况
1	链路聚合的作用	
2	链路聚合的条件	
3	负载分担方式	
4	链路聚合两种模式的特点和不同	
5	配置两种模式的链路聚合	
6	总结本次任务的收获	

六、日积月累

(1)如果管理员尝试将千兆以太网接口和百兆以太网接口加入同一个 Eth-Trunk 接口，会出现什么情况?

百兆以太网接口和千兆以太网接口不能加入同一个 Eth-Trunk 接口。如果将两个不同类型的接口加入同一个 Eth-Trunk 接口，设备会提示发生错误。

(2)哪种链路聚合方法支持链路备份?

只有 LACP 聚合模式支持备份成员链路，如需建立备份链路，应使用 LACP 聚合模式的链路聚合。

任务 6　配置静态路由实现小型园区网络路由可达

一、知识准备

1. 自治系统

自治系统(Autonomous System，AS)是由同一管理机构管理、使用统一路由策略的路由器集合。通常，一个企业网络被认为是一个自治系统。根据 RFC1030 的定义，自治系统是由单一实体管辖的网络，这个实体可以是互联网服务提供商或大型组织机构。自治系统内部遵循单一且明确的路由策略。最初，自治系统内部只允许运行单个路由协议；然而，随着网络的发展，现在一个自治系统内可以支持同时运行多种路由协议。

一个自治系统通常由多个不同的局域网组成。以企业网络为例，各个部门、分支机构和总部可以属于不同的局域网，局域网内的主机可以通过交换机实现相互通信，不同局域网之间的主机通信可以通过路由器完成。**路由器工作在网络层，可以隔离广播域，并作为局域网的网关，发现到达目的网络的最优路径，最终实现报文在不同网络间的转发。**

2. 路由基础

路由器收到数据包后，会根据数据包中的目的 IP 地址选择一条最优路径，并将数据包转发到下一个路由器，最优路径上最后一个路由器负责将数据包送到目的主机。数据包在网络上的传输过程类似接力赛，每一个路由器负责将数据包按照最优路径向下一个路由器转发，最终将数据包转发到目的地。不过，受特别的路由策略影响，数据包传输的路径可能并不一定是理论上的最优路径。

路由基础

路由器转发数据包的关键是路由表。每个路由器中都保存着一张路由表，该表中每条路由项都指明了数据包要到达某网络或主机应通过的物理接口、下一个路由器地址，或者不再经过别的路由器而直接到达目的地的路径。路由表中包含下列关键项。

（1）目的地址：标识 IP 包的目的地址或网络。

（2）子网掩码：与 IP 地址进行“逻辑与”运算，可得到相应的网段信息。例如，目的地址为 8.0.0.0，子网掩码为 255.0.0.0，二者相“与”后便可得到一个 A 类的网段信息（8.0.0.0/8）。子网掩码的另一个作用是当路由表中有多条目的地址相同的路由信息时，路由器将选择其子网掩码最长的一项作为匹配项。

（3）输出接口：指定 IP 包从该路由器的哪个接口转发出去。

（4）下一跳 IP 地址：指明 IP 包所经由的下一个路由器的接口地址。

根据来源的不同，路由表中的路由通常可分为以下三类。

（1）直连路由：链路层协议发现的路由，也称为接口路由。

（2）静态路由：由网络管理员手动配置的路由。

（3）动态路由：由路由协议发现的路由。

当数据报文到达路由器时，路由器首先提取报文的目的 IP 地址，然后查找路由表，将报文的目的 IP 地址与路由表中某表项的子网掩码字段进行“与”运算，再将“与”运算后的结果与路由表该表项的目的 IP 地址比较，相同则匹配，否则不匹配。**当存在多个匹配项时，路由器会选择一个子网掩码最长的匹配项。**路由器可以通过多种协议学习到去往同一目的网络的路由，每个路由协议都有一个协议优先级（取值越小优先级越高）。**当有多个路由信息时，选择优先级最高的路由作为最佳路由加入全局 IP 路由表。**

路由协议的优先级分为外部优先级和内部优先级两种。选择路由时**先比较路由的外部优先级**，当不同路由协议配置了相同的外部优先级时，系统会通过内部优先级确定最优路由。我们通常所说的协议优先级指的是外部优先级。除直连路由外，各种协议路由的优先级都可以手动配置。路由协议的内部优先级则不能手动修改。

当无法用优先级判断最优路由时，路由器使用度量值确定需要加入路由表的路由。度量值越小的路由优先级越高。一些常用的度量值有跳数、带宽、时延、代价、负载、可靠性等。跳数是指到达目的地所需经过的路由器数目。带宽是指链路的容量，高速链路开销（度量值）较小。

路由器收到数据包后，会先检查其目的 IP 地址，然后查找路由表，在查找到匹配的路由表项后，路由器会根据该表项所指示的出接口信息和下一跳信息将数据包转发出去。

路由收敛是指网络拓扑发生变化后，路由器通过重新计算路由表，实现路由路径替换的过程。

3. 静态路由

静态路由是指由管理员手动配置和维护的路由。静态路由配置简单，相比动态路由占用带宽少，并且无须像动态路由那样占用路由器的 CPU 资源来计算和分析路由更新。静态路由的缺点在于，当网络拓扑结构或者链路状态发生变化时，其无法自动适应拓扑改变，需要管理员手动调整。

静态路由通常适用于结构简单的网络。在复杂的网络环境中，一般会使用动态路由协议生成动态路由。不过，即使是在复杂的网络环境中，合理配置静态路由也有助于优化网络的性能。静态路由有 5 个主要参数：目的地址、子网掩码、出接口、下一跳、优先级。

静态路由可以应用在串行网络或以太网中，但在这两种网络中的配置有所不同。在串行网络中配置静态路由时，可以只指定下一跳地址或出接口。以华为 ARG3 系列路由器为例，其串行接口默认封装 PPP（Point-to-Point-Protocol，点对点协议），这种类型接口的静态路由的下一跳地址就是与接口相连的对端接口地址，因此在串行网络中配置静态路由时可以只配置出接口。以太网是广播类型网络，与串行网络不同。在以太网中配置静态路由，必须指定下一跳地址。因为以太网中可能出现多个下一跳项，无法唯一确定数据转发路径。

当源网络和目的网络之间存在多条链路时，可以通过等价路由实现流量负载分担。这些等价路由具有相同的目的网络、子网掩码、优先级和度量值，不仅能实现负载分担，还具有备份冗余功能。当实现负载分担时，路由器根据五元组（源 IP、目的 IP、源端口、目的端口、协议）进行报文转发。当五元组相同时，路由器会选择与上一次相同的下一跳 IP 地址发送报文；当五元组不同时，则选择其他路径转发。

华为设备中静态路由的默认优先级为 60。配置多条到达相同目的地的静态路由，如果指定相同优先级则可实现负载分担；如果指定不同优先级，使一条静态路由的优先级高于其他静态路由，可实现静态路由备份，也称浮动静态路由。当主用静态路由出现物理链路故障或者接口故障时，该静态路由无法提供到达目的地的路径，在路由表中会被删除。此时，浮动静态路由会被加入路由表，以保证报文通过备份链路转发到目的地。在主用静态路由的物理链路恢复正常后，主用静态路由会重新被加入路由表，并且数据转发业务会从浮动静态路由切换到主用静态路由，而浮动静态路由会在路由表中再次被隐藏，发挥路由备份的作用。

4. 默认路由

当路由表中没有与报文的目的地址相匹配的表项时，设备可以选择缺省路由作为报文的转发路径。在路由表中，缺省路由的目的网络地址和子网掩码为 0.0.0.0。缺省静态路由的默认优先级也是 60。在路由选择过程中，缺省路由会被最后匹配。在末梢网络中使用缺省静态路由可以大大简化路由配置。

每台路由器都有一个全局 IP 路由表，路由协议分别维护各自的协议路由表。IP 路由表中保存的是各路由协议的最佳路由和决策优选路由，并负责把优选路由下发到转发表（FIB），由 FIB 指导报文转发。FIB 包含路由器在转发报文时所必需的一组最小信息集。IP 路由表依据各路由协议的优先级和度量值选取路由。下一跳不可达的路由不会出现在 IP 路由表中。路由器转发数据的关键组件是路由表（RIB）和 FIB，其中 FIB 处于数据平面，RIB 处于控制平面。

迭代路由指的是路由的下一跳不是本路由器直连的下一跳路由器的接口，而需要再次查询路由表才能确定如何到达的另外一台路由器的接口。FIB 不存在迭代路由。

二、基础任务目标

（1）理解自治系统的概念。

（2）理解 IP 路由表的组成。

（3）理解最长匹配原则、路由优先级、路由度量值。

（4）理解路由器逐跳查找路由表转发数据的原理。

（5）理解静态路由的特点和使用场景。

（6）理解默认路由的特点和作用。

（7）能够正确配置静态路由和默认路由。

三、基础任务拓扑

三台路由器可以组成一个简单的网络，并可以通过静态路由和默认路由实现两台主机间的通信，静态路由及默认路由基础配置拓扑如图 2-6-1 所示。

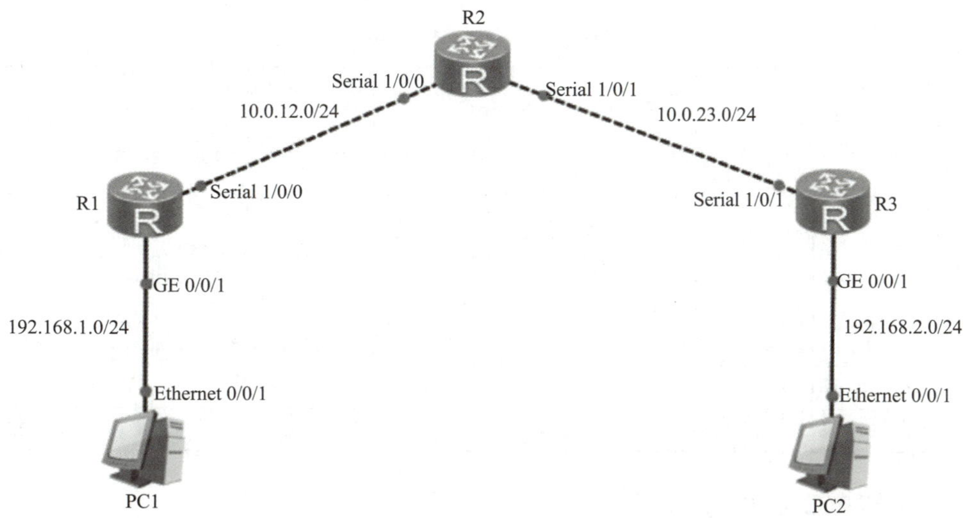

图 2-6-1　静态路由及默认路由基础配置拓扑

四、基础任务实施

静态路由实验

1. 增加接口卡

在设备电源关闭的情况下，增加串口接口卡，如图 2-6-2 所示。

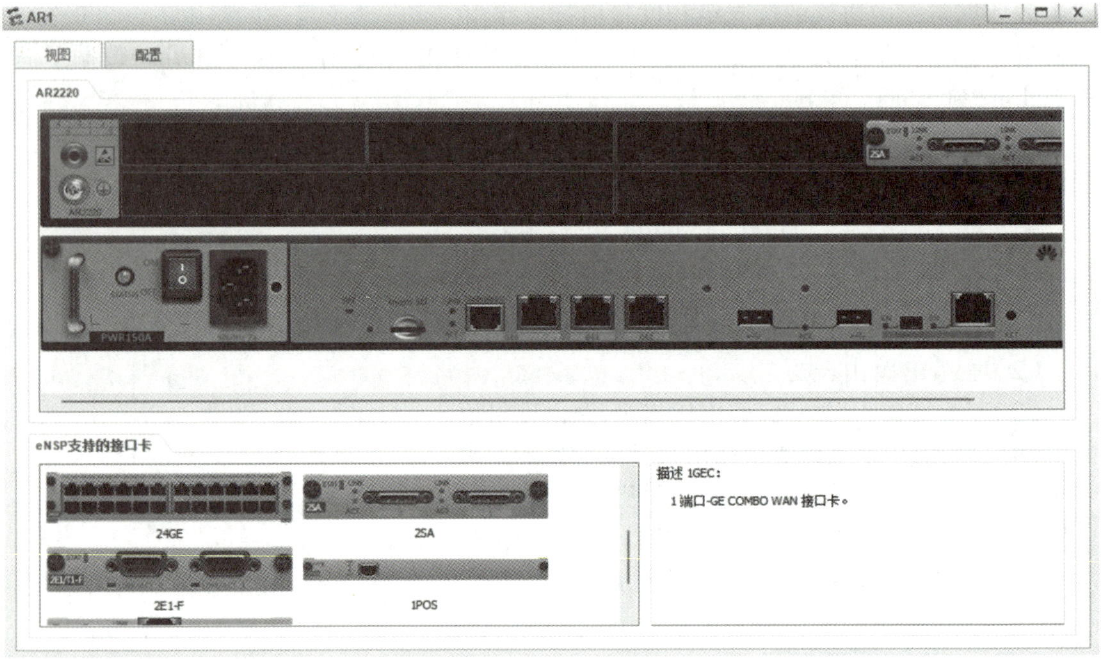

图 2-6-2　增加串口接口卡

2. 基础配置

根据表 2-6-1 配置 PC 和路由器的 IP 地址、子网掩码和网关。

表 2-6-1　IP 地址规划

设备	接口	IP 地址	子网掩码	网关
R1（AR2220）	G0/0/1	192.168.1.254	255.255.255.0	—
	S1/0/0	10.0.12.1	255.255.255.0	—
R2（AR2220）	S1/0/0	10.0.12.2	255.255.255.0	—
	S1/0/1	10.0.23.2	255.255.255.0	—
R3（AR2220）	G0/0/1	192.168.2.254	255.255.255.0	—
	S1/0/1	10.0.23.3	255.255.255.0	—
PC1	E0/0/1	192.168.1.1	255.255.255.0	192.168.1.254
PC2	E0/0/1	192.168.2.1	255.255.255.0	192.168.2.254

3. PC1 与 PC2 互访

尝试从 PC1 直接访问 PC2，发现无法连通。

```
PC>ping 192.168.2.1
Ping 192.168.2.1: 32 data bytes, Press Ctrl_C to break
Request timeout!
Request timeout!
Request timeout!
Request timeout!
Request timeout!

--- 192.168.2.1 ping statistics ---
5    packet(s) transmitted
0    packet(s) received
100.00% packet loss
```

查询 PC1 网关 R1 的路由表，发现只有直连网段的路由信息，没有关于 PC2 所在网段（192.168.2.0/24）的路由信息。同样，R2 和 R3 也只有自身直连网段的路由信息。因此，PC1 访问 PC2 失败的原因是缺少对方网段的路由信息。

以 R1 为例，查询路由表发现只包含直连路由信息。

```
[R1]dis ip routing-table
Route Flags: R - relay, D - download to fib
------------------------------------------------------------------------------
Routing Tables: Public
         Destinations : 11          Routes : 11

Destination/Mask     Proto   Pre  Cost  Flags  NextHop         Interface

10.0.12.0/24         Direct  0    0     D      10.0.12.1       Serial1/0/0
10.0.12.1/32         Direct  0    0     D      127.0.0.1       Serial1/0/0
10.0.12.2/32         Direct  0    0     D      10.0.12.2       Serial1/0/0
10.0.12.255/32       Direct  0    0     D      127.0.0.1       Serial1/0/0
127.0.0.0/8          Direct  0    0     D      127.0.0.1       InLoopBack0
127.0.0.1/32         Direct  0    0     D      127.0.0.1       InLoopBack0
127.255.255.255/32   Direct  0    0     D      127.0.0.1       InLoopBack0
192.168.1.0/24       Direct  0    0     D      192.168.1.254   GigabitEthernet0/0/1
192.168.1.254/32     Direct  0    0     D      127.0.0.1       GigabitEthernet0/0/1
192.168.1.255/32     Direct  0    0     D      127.0.0.1       GigabitEthernet0/0/1
255.255.255.255/32   Direct  0    0     D      127.0.0.1       InLoopBack0
```

4. 实现 PC1 和 PC2 之间的通信

PC1 访问 PC2 是跨网段转发，数据流向为 PC1 → R1 → R2 → R3 → PC2。因此，需要在 R1 和 R2 上配置静态路由。

```
[R1]ip route-static 192.168.2.0 24 10.0.12.2
```

```
[R2]ip route-static 192.168.2.0 24 10.0.23.3
```

再次测试 PC1 访问 PC2，依然失败。在 R2 的 S1/0/1 接口抓包发现，只有 Request 报文（去程），没有 Reply 报文（回程），表明缺少回程路由，如图 2-6-3 所示。

No.	Time	Source	Destination	Protocol	Le	Info
1	0.000000	192.168.1.1	192.168.2.1	ICMP	…	Echo (ping) request id=0x61af, seq=1/
2	1.984000	192.168.1.1	192.168.2.1	ICMP	…	Echo (ping) request id=0x63af, seq=2/
7	3.984000	192.168.1.1	192.168.2.1	ICMP	…	Echo (ping) request id=0x65af, seq=3/
8	5.984000	192.168.1.1	192.168.2.1	ICMP	…	Echo (ping) request id=0x67af, seq=4/
9	7.984000	192.168.1.1	192.168.2.1	ICMP	…	Echo (ping) request id=0x69af, seq=5/

图 2-6-3　R2 的 S1/0/1 接口抓包

补充回程路由。

```
[R3]ip route-static 192.168.1.0 24 10.0.23.2
[R2]ip route-static 192.168.1.0 24 10.0.12.1
```

再次测试 PC1 访问 PC2，能够正常通信。所以，通信必须配置双向路由。

```
PC>ping 192.168.2.1
Ping 192.168.2.1: 32 data bytes, Press Ctrl_C to break
From 192.168.2.1: bytes=32 seq=1 ttl=125 time=16 ms
From 192.168.2.1: bytes=32 seq=2 ttl=125 time=31 ms
From 192.168.2.1: bytes=32 seq=3 ttl=125 time=31 ms
From 192.168.2.1: bytes=32 seq=4 ttl=125 time=47 ms
From 192.168.2.1: bytes=32 seq=5 ttl=125 time=31 ms

--- 192.168.2.1 ping statistics ---
5 packet(s) transmitted
5 packet(s) received
0.00% packet loss
  round-trip min/avg/max = 16/31/47 ms
```

5. 实现全网路由互通，增强网络可靠性

1）PC1 访问路由器 R3

尝试从 PC1 访问路由器 R3 的接口 IP（10.0.23.3），发现无法连通。

```
PC>ping 10.0.23.3
Ping 10.0.23.3: 32 data bytes, Press Ctrl_C to break
Request timeout!
Request timeout!
Request timeout!
Request timeout!
Request timeout!
--- 10.0.23.3 ping statistics ---
5 packet(s) transmitted
```

```
0    packet(s) received
100.00% packet loss
```

R3 上有 PC1 网段(192.168.1.0/24)的静态路由，但是 R1 上缺少通往 R3 直连网段(10.0.23.0/24)的路由条目，导致数据包无法正常转发。

路由表查询验证。

```
<R1>dis ip routing-table
Route Flags: R - relay, D - download to fib
------------------------------------------------------------------------------
Routing Tables: Public
         Destinations : 12        Routes : 12

Destination/Mask    Proto    Pre   Cost   Flags   NextHop         Interface

10.0.12.0/24        Direct   0     0      D       10.0.12.1       Serial1/0/0
10.0.12.1/32        Direct   0     0      D       127.0.0.1       Serial1/0/0
10.0.12.2/32        Direct   0     0      D       10.0.12.2       Serial1/0/0
10.0.12.255/32      Direct   0     0      D       127.0.0.1       Serial1/0/0
127.0.0.0/8         Direct   0     0      D       127.0.0.1       InLoopBack0
127.0.0.1/32        Direct   0     0      D       127.0.0.1       InLoopBack0
127.255.255.255/32  Direct   0     0      D       127.0.0.1       InLoopBack0
192.168.1.0/24      Direct   0     0      D       192.168.1.254   GigabitEthernet
0/0/1
192.168.1.254/32    Direct   0     0      D       127.0.0.1       GigabitEthernet0/0/1
192.168.1.255/32    Direct   0     0      D       127.0.0.1       GigabitEthernet0/0/1
192.168.2.0/24      Static   60    0      RD      10.0.12.2       Serial1/0/0
255.255.255.255/32  Direct   0     0      D       127.0.0.1       InLoopBack0

<R3>dis ip routing-table
Route Flags: R - relay, D - download to fib
------------------------------------------------------------------------------
Routing Tables: Public
         Destinations : 12        Routes : 12

Destination/Mask    Proto    Pre   Cost   Flags   NextHop         Interface

10.0.23.0/24        Direct   0     0      D       10.0.23.3       Serial1/0/1
10.0.23.2/32        Direct   0     0      D       10.0.23.2       Serial1/0/1
10.0.23.3/32        Direct   0     0      D       127.0.0.1       Serial1/0/1
10.0.23.255/32      Direct   0     0      D       127.0.0.1       Serial1/0/1
127.0.0.0/8         Direct   0     0      D       127.0.0.1       InLoopBack0
127.0.0.1/32        Direct   0     0      D       127.0.0.1       InLoopBack0
```

```
127.255.255.255/32  Direct  0   0   D   127.0.0.1       InLoopBack0
192.168.1.0/24      Static  60  0   RD  10.0.23.2       Serial1/0/1
192.168.2.0/24      Direct  0   0   D   192.168.2.254   GigabitEthernet0/0/1
192.168.2.254/32    Direct  0   0   D   127.0.0.1       GigabitEthernet0/0/1
192.168.2.255/32    Direct  0   0   D   127.0.0.1       GigabitEthernet0/0/1
255.255.255.255/32  Direct  0   0   D   127.0.0.1       InLoopBack0
```

所以，需要在 R1 上添加静态路由，指定目的网段是 10.0.23.0，下一跳是 R2（10.0.12.2）。

```
[R1]ip route-static 10.0.23.0 24 10.0.12.2

[R1]dis ip routing-table protocol static
Route Flags: R - relay, D - download to fib
------------------------------------------------------------------------------Public routing table : Static
         Destinations : 2          Routes : 2          Configured Routes : 2

Static routing table status : <Active>
         Destinations : 2          Routes : 2

Destination/Mask    Proto   Pre  Cost  Flags  NextHop     Interface

10.0.23.0/24        Static  60   0     RD     10.0.12.2   Serial1/0/0
192.168.2.0/24      Static  60   0     RD     10.0.12.2   Serial1/0/0

Static routing table status : <Inactive>
         Destinations : 0          Routes : 0
```

再次测试，可以看到 PC1 能够访问 R3。

```
PC>ping 10.0.23.3

Ping 10.0.23.3: 32 data bytes, Press Ctrl_C to break
From 10.0.23.3: bytes=32 seq=1 ttl=253 time=62 ms
From 10.0.23.3: bytes=32 seq=2 ttl=253 time=47 ms
From 10.0.23.3: bytes=32 seq=3 ttl=253 time=31 ms
From 10.0.23.3: bytes=32 seq=4 ttl=253 time=32 ms
From 10.0.23.3: bytes=32 seq=5 ttl=253 time=46 ms

--- 10.0.23.3 ping statistics ---
5   packet(s) transmitted
5   packet(s) received
0.00% packet loss
  round-trip min/avg/max = 31/43/62 ms
```

2）PC2 访问路由器 R1

与 PC1 访问 R3 的原理相同，需要在 R3 上添加通往 R1 直连网段（10.0.12.0/24）的静态路由，下一跳指向 R2（10.0.23.2）。

```
[R3]ip route-static 10.0.12.0 24 10.0.23.2
```

PC2 访问 R1。

```
PC>ping 10.0.12.1

Ping 10.0.12.1: 32 data bytes, Press Ctrl_C to break
From 10.0.12.1: bytes=32 seq=1 ttl=253 time=63 ms
From 10.0.12.1: bytes=32 seq=2 ttl=253 time=15 ms
From 10.0.12.1: bytes=32 seq=3 ttl=253 time=32 ms
From 10.0.12.1: bytes=32 seq=4 ttl=253 time=31 ms
From 10.0.12.1: bytes=32 seq=5 ttl=253 time=16 ms

--- 10.0.12.1 ping statistics ---
5    packet(s) transmitted
5    packet(s) received
0.00% packet loss
  round-trip min/avg/max = 15/31/63 ms
```

6. 路由优化

查询 R1 的路由表，发现两条静态路由的下一跳和出接口相同，可以配置一条默认路由来代替这两条静态路由。

首先配置默认路由，下一跳指向 R2，再删除两条静态路由。

```
[R1]ip route-static 0.0.0.0 0 10.0.12.2
[R1]undo ip route-static 10.0.23.0 255.255.255.0 10.0.12.2
[R1]undo ip route-static 192.168.2.0 255.255.255.0 10.0.12.2
```

再次查询 R1 的路由表，可以看到生成了目的网段和子网掩码全为 0 的缺省路由。

```
[R1]dis ip routing-table
Route Flags: R - relay, D - download to fib
------------------------------------------------------------------------------
Routing Tables: Public
         Destinations : 12        Routes : 12

Destination/Mask    Proto   Pre  Cost  Flags  NextHop      Interface

0.0.0.0/0           Static  60   0     RD     10.0.12.2    Serial1/0/0
```

```
10.0.12.0/24        Direct  0  0  D  10.0.12.1      Serial1/0/0
10.0.12.1/32        Direct  0  0  D  127.0.0.1      Serial1/0/0
10.0.12.2/32        Direct  0  0  D  10.0.12.2      Serial1/0/0
10.0.12.255/32      Direct  0  0  D  127.0.0.1      Serial1/0/0
127.0.0.0/8         Direct  0  0  D  127.0.0.1      InLoopBack0
127.0.0.1/32        Direct  0  0  D  127.0.0.1      InLoopBack0
127.255.255.255/32  Direct  0  0  D  127.0.0.1      InLoopBack0
192.168.1.0/24      Direct  0  0  D  192.168.1.254  GigabitEthernet0/0/1
192.168.1.254/32    Direct  0  0  D  127.0.0.1      GigabitEthernet0/0/1
192.168.1.255/32    Direct  0  0  D  127.0.0.1      GigabitEthernet0/0/1
255.255.255.255/32  Direct  0  0  D  127.0.0.1      InLoopBack0
```

在路由器 R3 上进行类似操作，先配置默认路由，下一跳指向 R2，再删除两条静态路由。

```
[R3]ip route-static 0.0.0.0 0 10.0.23.2
[R3]undo ip route-static 10.0.12.0 255.255.255.0 10.0.23.2
[R3]undo ip route-static 192.168.1.0 255.255.255.0 10.0.23.2
```

完成上述配置后，大家可以自行测试主机与主机之间、主机与路由器之间以及路由器之间的连通性。

五、基础任务评价

基础任务评价见表 2-6-2。

表 2-6-2　基础任务评价

序号	考核要点	完成情况
1	自治系统的概念	
2	IP 路由表的组成	
3	最长匹配原则	
4	路由优先级	
5	路由度量值	
6	路由器逐跳查找路由表转发数据的原理	
7	静态路由的特点	
8	静态路由的使用场景	
9	默认路由的特点	
10	默认路由的作用	
11	配置静态路由	
12	配置默认路由	
13	总结本次任务的收获	

六、拓展任务目标

(1)理解浮动静态路由的应用场景。
(2)能够正确配置浮动静态路由。

七、拓展任务拓扑

R2 是 Z 企业总部路由器，R1 和 R3 分别是分部 A 和分部 B 的路由器。现要实现总部与各分部之间、分部与分部之间的通信，且分部与分部之间的直连链路是主用链路，通过总部的链路作为备用链路。网络管理员小刘决定采用浮动静态路由方案实现此需求。浮动静态路由配置拓扑如图 2-6-4 所示。

八、拓展任务实施

浮动静态路由实验

1. 增加接口卡

在设备电源关闭的情况下，增加串口接口卡。

2. 基础配置

根据表 2-6-3 配置 PC 和路由器的 IP 地址、子网掩码和网关。

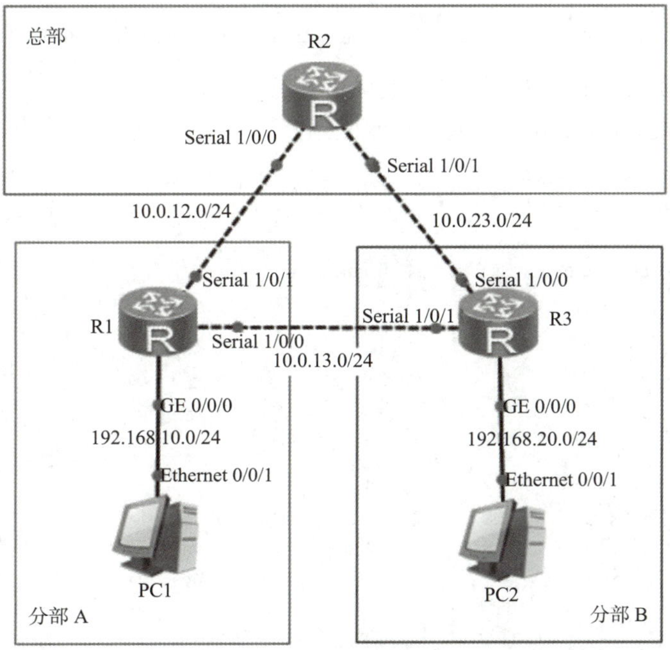

图 2-6-4　浮动静态路由配置拓扑

表 2-6-3　IP 地址规划

设备	接口	IP 地址	子网掩码	网关
R1（AR2220）	G0/0/0	192.168.10.254	255.255.255.0	—
	S1/0/0	10.0.13.1	255.255.255.0	—
	S1/0/1	10.0.12.1	255.255.255.0	—
R2（AR2220）	S1/0/0	10.0.12.2	255.255.255.0	—
	S1/0/1	10.0.23.2	255.255.255.0	—
R3（AR2220）	G0/0/0	192.168.20.254	255.255.255.0	—
	S1/0/0	10.0.23.3	255.255.255.0	—
	S1/0/1	10.0.13.3	255.255.255.0	—
PC1	E0/0/1	192.168.10.1	255.255.255.0	192.168.10.254
PC2	E0/0/1	192.168.20.1	255.255.255.0	192.168.20.254

3. 实现两分部间、总部与两分部间通信

在 R1 和 R2 上配置静态路由。

```
[R1]ip route-static 192.168.20.0 24 10.0.12.2
[R2]ip route-static 192.168.20.0 24 10.0.23.3
```

在 R1 的 S1/0/1 接口抓包，在 PC1 上执行 ping 192.168.20.1 命令，发现只有 Request 报文，没有 Reply 报文，如图 2-6-5 所示。其原因是只有去方向的路由，没有回程路由。

```
PC>ping 192.168.20.1

Ping 192.168.20.1: 32 data bytes, Press Ctrl_C to break
Request timeout!
Request timeout!
Request timeout!
Request timeout!
Request timeout!

--- 192.168.20.1 ping statistics ---
5   packet(s) transmitted
0   packet(s) received
100.00% packet loss
  round-trip min/avg/max = 15/31/63 ms
```

```
 5 8.437000  192.168.10.1   192.168.20.1   ICMP   Echo (ping) request  (id=0x3885, seq(be/le)=1/256, ttl=127)
10 10.422000 192.168.10.1   192.168.20.1   ICMP   Echo (ping) request  (id=0x3a85, seq(be/le)=2/512, ttl=127)
11 12.437000 192.168.10.1   192.168.20.1   ICMP   Echo (ping) request  (id=0x3c85, seq(be/le)=3/768, ttl=127)
12 14.422000 192.168.10.1   192.168.20.1   ICMP   Echo (ping) request  (id=0x3e85, seq(be/le)=4/1024, ttl=127)
13 16.437000 192.168.10.1   192.168.20.1   ICMP   Echo (ping) request  (id=0x4085, seq(be/le)=5/1280, ttl=127)
```

图 2-6-5　R1 的 S1/0/1 接口抓包

在 R2 和 R3 上配置回程路由。

```
[R2]ip route-static 192.168.10.0 24    10.0.12.1
[R3]ip route-static 192.168.10.0 24    10.0.23.2
```

再次测试，PC1 和 PC2 之间能够通信。分析数据的转发路径，发现 PC1 首先把数据发给网关设备路由器 R1，R1 查询路由表后将数据发给 R2，R2 再将数据转发给 R3。

4. 静态路由实现负载分担

PC1 和 PC2 之间互访的数据能否通过 R1 和 R3 互连的链路转发呢？在 R1 和 R3 上配置静态路由，以实现负载分担。

```
[R1]ip route-static 192.168.20.0 24 10.0.13.3
[R3]ip route-static 192.168.10.0 24 10.0.13.1
```

查询 R1 的静态路由表。

```
[R1]dis ip routing-table pro static
Route Flags: R - relay, D - download to fib
------------------------------------------------------------------------------
Public routing table : Static
         Destinations : 1          Routes : 2          Configured Routes : 2

Static routing table status : <Active>
         Destinations : 1          Routes : 2

Destination/Mask    Proto    Pre   Cost   Flags   NextHop     Interface

192.168.20.0/24     Static   60    0      RD      10.0.12.2   Serial1/0/1
                    Static   60    0      RD      10.0.13.3   Serial1/0/0

Static routing table status : <Inactive>
         Destinations : 0          Routes : 0
```

到达相同目的网络 192.168.20.0 的两条路由，优先级相同（都是 60）且开销相同（都是 0），这样的静态路由实现了负载分担。

对 PC1 访问 PC2 进行测试，同时在 R1 的 S1/0/0 和 S1/0/1 接口抓包，如图 2-6-6 和图 2-6-7 所示。发现数据去和回经过不同路径，证实了等价路由实现负载分担。

5	6.031000	192.168.10.1	192.168.20.1	ICMP	Echo (ping) request (id=0xb687, seq(be/le)=1/256, ttl=127)
6	8.031000	192.168.10.1	192.168.20.1	ICMP	Echo (ping) request (id=0xb887, seq(be/le)=2/512, ttl=127)
7	9.062000	192.168.10.1	192.168.20.1	ICMP	Echo (ping) request (id=0xb987, seq(be/le)=3/768, ttl=127)
10	10.109000	192.168.10.1	192.168.20.1	ICMP	Echo (ping) request (id=0xba87, seq(be/le)=4/1024, ttl=127)
13	11.140000	192.168.10.1	192.168.20.1	ICMP	Echo (ping) request (id=0xbb87, seq(be/le)=5/1280, ttl=127)

图 2-6-6　R1 的 S1/0/0 抓包

13 27.875000	192.168.20.1	192.168.10.1	ICMP	Echo (ping) reply	(id=0xb887, seq(be/le)=2/512, ttl=126)
14 28.921000	192.168.20.1	192.168.10.1	ICMP	Echo (ping) reply	(id=0xb987, seq(be/le)=3/768, ttl=126)
15 29.953000	192.168.20.1	192.168.10.1	ICMP	Echo (ping) reply	(id=0xba87, seq(be/le)=4/1024, ttl=126)
20 30.984000	192.168.20.1	192.168.10.1	ICMP	Echo (ping) reply	(id=0xbb87, seq(be/le)=5/1280, ttl=126)

图 2-6-7　R1 的 S1/0/1 抓包

5. 浮动静态路由实现路由备份

在 R1 上将静态路由的优先级修改为 59，由于数值越小优先级越高，故下一跳为 10.0.13.3 的静态路由成为活动路由，并加入全局路由表。在 R3 上将静态路由的优先级修改为 59，由于数值越小优先级越高，故下一跳为 10.0.13.1 的静态路由成为活动路由，并加入全局路由表。

```
[R1]ip route-static 192.168.20.0 24 10.0.13.3   preference   59
[R3]ip route-static 192.168.10.0 24 10.0.13.1   preference   59
```

查询 R1 的全局路由表和静态路由表可知，优先级为 59 的静态路由已被优选并加入全局路由表。而优先级为 60、下一跳为 10.0.12.2 的静态路由则成为非活动路由，仅存在于静态路由表中。

```
[R1]dis ip routing-table
Route Flags: R - relay, D - download to fib
------------------------------------------------------------------------------
Routing Tables: Public
         Destinations : 16        Routes : 16

Destination/Mask    Proto   Pre  Cost  Flags  NextHop         Interface

10.0.12.0/24        Direct  0    0     D      10.0.12.1       Serial1/0/1
10.0.12.1/32        Direct  0    0     D      127.0.0.1       Serial1/0/1
10.0.12.2/32        Direct  0    0     D      10.0.12.2       Serial1/0/1
10.0.12.255/32      Direct  0    0     D      127.0.0.1       Serial1/0/1
10.0.13.0/24        Direct  0    0     D      10.0.13.1       Serial1/0/0
10.0.13.1/32        Direct  0    0     D      127.0.0.1       Serial1/0/0
10.0.13.3/32        Direct  0    0     D      10.0.13.3       Serial1/0/0
10.0.13.255/32      Direct  0    0     D      127.0.0.1       Serial1/0/0
127.0.0.0/8         Direct  0    0     D      127.0.0.1       InLoopBack0
127.0.0.1/32        Direct  0    0     D      127.0.0.1       InLoopBack0
127.255.255.255/32  Direct  0    0     D      127.0.0.1       InLoopBack0
192.168.10.0/24     Direct  0    0     D      192.168.10.254  GigabitEthernet0/0/0
192.168.10.254/32   Direct  0    0     D      127.0.0.1       GigabitEthernet0/0/0
192.168.10.255/32   Direct  0    0     D      127.0.0.1       GigabitEthernet0/0/0
192.168.20.0/24     Static  59   0     RD     10.0.13.3       Serial1/0/0
```

```
255.255.255.255/32    Direct    0    0    D    127.0.0.1    InLoopBack0

[R1]dis ip routing-table pro static
Route Flags: R - relay, D - download to fib
------------------------------------------------------------------------------
Public routing table : Static
        Destinations : 1        Routes : 2        Configured Routes : 2

Static routing table status : <Active>
        Destinations : 1        Routes : 1

Destination/Mask    Proto    Pre    Cost    Flags    NextHop      Interface

192.168.20.0/24     Static   59     0       RD       10.0.13.3    Serial1/0/0

Static routing table status : <Inactive>
        Destinations : 1        Routes : 1

Destination/Mask    Proto    Pre    Cost    Flags    NextHop      Interface

192.168.20.0/24     Static   60     0       R        10.0.12.2    Serial1/0/1
```

从 PC1 访问 PC2，跟踪数据转发路径，结果显示数据经由 R1 转发给 R3，再到达目的主机 PC2。

```
PC>tracert 192.168.20.1

traceroute to 192.168.20.1, 8 hops max
(ICMP), press Ctrl+C to stop
1  192.168.10.254  16 ms  <1 ms  15 ms
2  10.0.13.3       16 ms  16 ms  31 ms
3  192.168.20.1    <1 ms  16 ms  15 ms
```

将 R1 的 S1/0/0 接口关闭，模拟链路故障，再次测试，发现数据经由 R1 转发给 R2，再转发给 R3，最后到达目的主机 PC2。

```
PC>tracert 192.168.20.1

traceroute to 192.168.20.1, 8 hops max
(ICMP), press Ctrl+C to stop
1  192.168.10.254  <1 ms  16 ms  15 ms
2  10.0.12.2       47 ms  16 ms  16 ms
```

```
3   10.0.23.3        31 ms   31 ms   31 ms
4   192.168.20.1     16 ms   31 ms   16 ms
```

查询 R1 的路由表,发现优先级为 60 的静态路由已被优选并加入全局路由表,指导数据报文转发。

```
[R1]dis ip routing-table
Route Flags: R - relay, D - download to fib
------------------------------------------------------------------------------
Routing Tables: Public
         Destinations : 12        Routes : 12

Destination/Mask     Proto   Pre  Cost  Flags  NextHop          Interface

10.0.12.0/24         Direct  0    0     D      10.0.12.1        Serial1/0/1
10.0.12.1/32         Direct  0    0     D      127.0.0.1        Serial1/0/1
10.0.12.2/32         Direct  0    0     D      10.0.12.2        Serial1/0/1
10.0.12.255/32       Direct  0    0     D      127.0.0.1        Serial1/0/1
127.0.0.0/8          Direct  0    0     D      127.0.0.1        InLoopBack0
127.0.0.1/32         Direct  0    0     D      127.0.0.1        InLoopBack0
127.255.255.255/32   Direct  0    0     D      127.0.0.1        InLoopBack0
192.168.10.0/24      Direct  0    0     D      192.168.10.254   GigabitEthernet0/0/0
192.168.10.254/32    Direct  0    0     D      127.0.0.1        GigabitEthernet0/0/0
192.168.10.255/32    Direct  0    0     D      127.0.0.1        GigabitEthernet0/0/0
192.168.20.0/24      Static  60   0     RD     10.0.12.2        Serial1/0/1
255.255.255.255/32   Direct  0    0     D      127.0.0.1        InLoopBack0
```

将 R1 的 S1/0/0 接口恢复,再次查看路由表,发现原来优先级为 59 的静态路由重新生效。

九、拓展任务评价

拓展任务评价见表 2-6-4。

表 2-6-4 拓展任务评价

序号	考核要点	完成情况
1	浮动静态路由的应用场景	
2	配置浮动静态路由	
3	总结本次任务的收获	

十、日积月累

（1）路由器选择最优路由的顺序是什么?

路由器选择最优路由的顺序依次为最长子网掩码匹配原则、路由协议优先级、度量值、等价负载分担。

（2）配置缺省路由时,目的网络地址是什么?

在配置缺省路由时,目的网络地址和子网掩码为 0.0.0.0,代表的是任意网络。

（3）如何将静态路由配置为浮动静态路由?

在配置静态路由时,通过调整其中一条静态路由的优先级,就可将其修改为浮动静态路由,从而起到冗余备份的作用。优先级高的静态路由优先进入全局 IP 路由表。

项目三 中型园区网络规划与部署

本项目主要介绍中型园区网络建设中运用的核心网络技术，包括通过开放式最短路径优先（Open Shortest Path First，OSPF）协议实现复杂网络环境下的路由可达性；借助虚拟路由冗余协议（Virtual Router Redundancy Protocol，VRRP）实现备份，避免网关单点故障；利用动态主机配置协议（Dynamic Host Configuration Protocol，DHCP）实现众多终端 IP 地址及其他网络参数自动获取。

高素质技能型人才培养目标

知识目标	（1）理解 OSPF 协议的基本原理； （2）理解 VRRP 的基本原理； （3）理解 DHCP 的基本原理
能力目标	（1）能够正确配置 OSPF； （2）能够灵活运用 OSPF 开销和优先级调整技术； （3）能够通过配置路由引入实现不同协议路由的互联互通； （4）能够通过配置路由聚合缩小路由表规模； （5）能够正确配置 DHCP，实现主机 IP 地址等网络参数的自动化动态分配
素质目标	（1）培养学生的团队协作能力； （2）培养学生的辩证思维能力，激发创新意识和探索精神； （3）增强学生在网络工程项目中的成本管控意识和规范操作意识

课程思政

阔步迈向网络强国

2014年2月27日，习近平总书记在中央网络安全和信息化领导小组第一次会议上发表重要讲话，明确提出要从国际国内大势出发，总体布局，统筹各方，创新发展，努力把我国建设成为网络强国。十年多来，习近平总书记举旗定向、领航掌舵，亲自擘画网络强国宏伟蓝图，部署推动网信事业高质量发展。

建设网络强国是把握人类社会发展规律、掌握信息革命历史主动的战略选择。习近平总书记深刻指出，"人类经历了农业革命、工业革命，正在经历信息革命""互联网是我们这个时代最具发展活力的领域"。世界主要国家都把互联网作为谋求竞争新优势的战略方向，能不能适应和引领互联网发展，成为决定大国兴衰的一个关键。我们更加深刻认识到，只有加快建设网络强国，才能在新一轮科技革命和产业变革中赢得先机，牢牢掌握信息革命历史主动，确保始终引领发展潮流、走在时代前列。

建设网络强国是统筹高质量发展和高水平安全、以信息化赋能中国式现代化的重大举措。当前，互联网带来了一系列新机遇、新挑战，信息化已成为驱动和引领经济社会高质量发展的关键引擎，网络安全已成为最复杂、最现实、最严峻的非传统安全问题之一。我们更加深刻认识到，只有加快建设网络强国，紧紧围绕推进中国式现代化这个最大的政治，加强网络内容建设和管理，着力维护网络安全，加快信息化发展步伐，推进信息惠民为民，拓展深化网络空间国际交流合作，才能为推进中国式现代化丰富实践路径、注入驱动力量、提供有力支撑。

征程万里风正劲，奋楫扬帆再出发。新时代新征程，我们要更加紧密地团结在以习近平同志为核心的党中央周围，坚持以习近平新时代中国特色社会主义思想特别是习近平总书记关于网络强国的重要思想为指导，踔厉奋发、勇毅前行，向着习近平总书记指明的网络强国战略目标阔步迈进，为全面建设社会主义现代化国家、全面推进中华民族伟大复兴作出新的更大贡献！

任务1 配置OSPF实现中型园区网络路由可达

一、知识准备

OSPF 协议

OSPF协议作为一种基于链路状态的路由协议，支持区域划分，可以将一个自治系统划分为多个区域，并限制每个区域的范围以解决网络扩容问题，适用于大中型网络。**区域内部的路由器使用最短路径优先（SPF）算法保证了区域内部路由无环路，区域间的连接规则保证了区域之间无路由环路**，因此OSPF协议可以从根源上保证无路由环路。

OSPF 协议支持触发更新，能够快速检测并通告自治系统内部的拓扑变化，同时支持认证功能，保障路由器间报文交换的安全性。

1. OSPF 协议的基本原理

OSPF 协议要求每台运行该协议的路由器都了解全网的链路状态信息，这样才能计算出最优路径。OSPF 的收敛过程由链路状态公告（Link State Advertisement，LSA）的泛洪开始。LSA 包含路由器的**接口 IP 地址、子网掩码、开销和网络类型**等信息。收到 LSA 的路由器可以**根据 LSA** 提供的信息**建立链路状态数据库**（Link State Database，LSDB），并在 LSDB 的基础上使用 **SPF 算法**生成**到达每个网络的最短路径树**。最后，**将最优路由加入 IP 路由表**。由于 OSPF 路由器是在全网拓扑可知的情况下计算路由，因此在区域内路由绝对无环。

2. Router ID

Router ID 是一个 **32 位的无符号整数**，用于唯一标识一个自治系统内的路由器，即**在一个自治系统中每个路由器的 Router ID 必须唯一**。

可以为每台运行 OSPF 协议的路由器手动配置一个 Router ID，也可以任其自动选出一个 IP 地址作为 Router ID。如果设备存在多个逻辑接口地址，则路由器使用**逻辑接口中最大的 IP 地址**作为 Router ID；如果设备没有配置逻辑接口，则路由器使用**物理接口中最大的 IP 地址作为 Router ID**。**通常建议手动配置 Router ID，以防止 Router ID 因为接口地址的变化而改变**。在为一台运行 OSPF 协议的路由器配置新的 Router ID 后，可以在路由器上通过**重置 OSPF 进程**来更新 Router ID。

3. OSPF 报文

OSPF 直接运行在 IP 协议之上，使用 **IP 协议号 89**。所有报文都使用相同的 OSPF 报文头部，并分为以下五种类型。

1）Hello 报文

Hello 报文周期性发送，用于**发现和维护邻居关系**。在**广播和 NBMA**（非广播多路访问）类型的网络中 Hello 报文用于选举**指定路由器（DR）和备份指定路由器（BDR）**。

2）DD（Database Description）报文

两台路由器进行 LSDB 数据库同步时，DD 报文用于**描述本地 LSDB 的摘要信息**。DD 报文**包括 LSDB 中每一条 LSA 的头部**（LSA 的头部可以唯一标识一条 LSA）。由于 LSA 头部只占一条 LSA 整个数据量的一小部分，这样就可以减少路由器之间的协议报文流量。

3）LSR（Link State Request）报文

两台路由器互相交换 DD 报文后，就知道对方有哪些 LSA 是本地 LSDB 所缺少的，这时发送 LSR 报文向对方**请求缺少的 LSA**。**LSR 报文只包含所需要的 LSA 的摘要信息**。

4）LSU（Link State Update）报文

LSU 报文用于向对端路由器**发送所需要的 LSA，或者泛洪自身的更新 LSA**。**LSU 报文包含完整的 LSA 内容**。

5）LSAck（Link State Acknowledgment）报文

LSAck 报文用于对接收的 LSU 报文进行确认。

4. 邻居关系和邻接关系

在 OSPF 网络中，路由器之间需要通过建立邻居（Neighbor）关系和邻接（Adjacency）关系实现链路状态信息和路由信息交换。

1）邻居关系

OSPF 路由器启动后，通过向外发送 Hello 报文发现邻居。收到 Hello 报文的 OSPF 路由器会检查报文中所定义的参数，包括 Hello/Dead 发送时间间隔、区域 ID、认证类型和密钥、子网掩码等。如果以上参数一致，且 Router ID 无冲突，双方就会形成邻居关系。

2）邻接关系

形成邻居关系的路由器不一定都能形成邻接关系，只有在双方成功交换 DD 报文，并交换 LSA 后，才能形成真正意义上的邻接关系。

5. 邻居状态机

邻居和邻接关系建立的过程如图 3-1-1 所示。

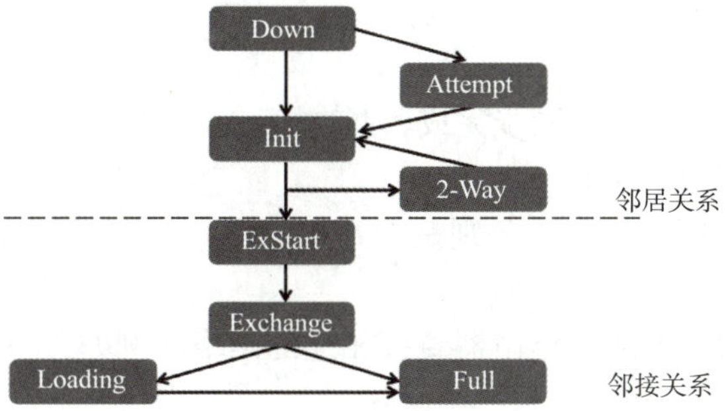

图 3-1-1　邻居状态机

1）Down

此状态是邻居的初始状态，表示尚未从邻居收到任何信息。

2）Attempt

此状态只在 NBMA 网络上存在，表示未收到邻居的任何信息，但是已经周期性地向邻居发送报文，发送时间间隔为 Hello Interval。如果在 Router Dead Interval 时间间隔内未收到邻居的 Hello 报文，则转为 Down 状态。

3）Init

在此状态下，路由器已经从邻居收到了 **Hello 报文**，但是自身的 Router ID 不在所收到的 Hello 报文的邻居列表中，尚未与邻居建立双向通信关系。

4）2-Way

当路由器再次收到 Hello 报文，且自身的 Router ID 在邻居列表中时，路由器进入 2-Way 状态。双方都进入此状态表示双向通信已经建立，形成邻居关系。这是建立邻接关系前的最高级状态。

5）ExStart

此状态是形成邻接关系的初始阶段，邻居状态变成此状态以后，路由器开始向邻居发送 **DD 报文**。主从关系是在此状态下形成的，Router ID 大的一方成为主路由器。初始 DD 序列号也是在此状态下决定的。主从双方通过序列号保证 DD 报文传输的可靠性和完整性。

在此状态下发送的 DD 报文是空的，不包含链路状态描述信息。

6)Exchange

在此状态下，路由器通过发送**包含链路状态信息摘要，即 LSA 的头部信息的 DD 报文，描述本地 LSDB 的内容**。从设备先向主设备发送 DD 报文，其中包含本地 LSDB 中 LSA 头部，并使用主设备的序列号。主设备也把自己的 LSA 头部列表用 DD 报文发送，且序列号增 1。从设备收到 DD 报文后，**会回应相同序列号的 DD 报文作为隐式确认**。任何一方只要还有未传递完的 LSA 头部，主设备就一直重传 DD 报文并由从设备回应。Exchange 阶段，路由器通过这种可靠的 DD 交互，快速完成交换 LSA 头部。

7)Loading

此状态是路由器间通过发送 LSR 报文请求本地 LSDB 中没有的 LSA。接收方通过 LSU 报文发送完整的 LSA。请求方收到 LSU 后，如果核对无误，则 LSAck 确认该 LSU，**一份 LSAck 可以同时为多份 LSU 做确认，这是一种显式确认**。

8)Full

此状态是路由器的 LSDB 同步完成，**邻接关系完全建立**。

6. OSPF 支持的网络类型

OSPF 定义了四种网络类型，分别是点到点网络、广播型网络、NBMA 网络和点到多点网络。

点到点网络是指只把两台路由器直接相连的网络。例如，运行 PPP 的 64K 串行线路就是典型的点到点网络。

广播型网络是指支持两台以上路由器连接，并且具备广播能力的网络。例如，含有三台路由器的以太网就是典型的广播型网络。**所有含有多个路由器的广播型网络和 NBMA 网络都有一个 DR 和 BDR**。

DR 和 BDR 可以减少邻接关系的数量，从而减少链路状态信息以及路由信息的交换次数，这样可以节省带宽，缓解路由器的压力。一个既不是 DR 也不是 BDR 的路由器只需与 DR 和 BDR 形成邻接关系并交换链路状态信息以及路由信息。

7. DR 和 BDR 选举

在邻居发现完成后，在广播型和 NBMA 网络中，路由器会根据参与选举的**每个接口的优先级**进行 DR 和 BDR 选举。**优先级取值范围为 0~255，值越大优先级越高**。默认情况下，接口优先级为 1。如果一个接口优先级为 0，那么该接口将不参与 DR 和 BDR 选举。**如果优先级相同，则比较 Router ID(数值大者优先)**。

如果 DR 由于某种故障失效，则网络中必须重新选举 DR，并同步链路状态信息，这个过程需要较长的时间。为了节省时间，OSPF 协议又定义了 BDR，将其作为 DR 路由器的备份。当 DR 失效时，BDR 自动升级为 DR，并选择新的 BDR 。其他非 DR/BDR 的路由器都称为 DROther(其他路由器)。

BDR 会与网络上所有的 DROther 建立邻接关系。DROther 彼此间会一直保持 2-Way 邻居状态，与 DR/BDR 间是 Full 状态的邻接关系。

为了维护网络邻接关系的稳定性，如果网络中已经存在 DR、BDR，则新进入网络的路由器即使优先级更高也不会成为 DR 或者 BDR。如果当前 DR 发生故障，则 BDR 自动成为新的 DR，重新选举 BDR；如果当前 BDR 发生故障，则 DR 不变，重新选举 BDR。这种选举机制的目的是**保持邻接关系的稳定性，减小拓扑结构改变对邻接关系的影响**。

8. OSPF 区域

OSPF 支持将一组网段组合在一起，这样的组合称为区域。通过**划分 OSPF 区域可以缩小路由器的 LSDB 规模，减少网络流量**。

区域内的详细拓扑信息不向其他区域发送，区域间传递的是抽象的路由信息，而不是详细地描述拓扑结构的链路状态信息。也就是说，每个 OSPF 路由器只能在所属区域内部学习到完整的链路状态信息。每个区域都有独立的 LSDB，不同区域的 LSDB 是不同的。路由器会为每一个连接的区域维护一个单独的 LSDB。由于详细链路状态信息不会被发布到区域以外，因此 LSDB 的规模大大缩小。

每个区域都必须连接到骨干区域（Area 0）。为了避免区域间形成路由环路，非骨干区域之间不允许直接相互发布路由信息，必须经由骨干区域转发。根据在自治系统中所处的不同位置，可以将路由器分为不同的类型。

（1）区域边界路由器（Area Boundary Router，ABR）是指运行在区域之间的路由器。该设备接口可以分属于不同区域，但其中一个接口必须连接骨干区域，也就是说 **ABR 用于连接骨干区域和非骨干区域**，它包含所有相连区域的 LSDB。

（2）自治系统边界路由器（Autonomous System Boundary Router，ASBR）是指和其他自治系统中的路由器交换路由信息的路由器，它会向整个自治系统通告自治系统外部的路由信息。虽然 ASBR 位于自治系统边界，但可以是区域内设备，也可以是 ABR，只要一台 OSPF 设备引入了外部路由的信息（包括直连路由、静态路由、RIP、IS-IS 路由、BGP 路由或者其他 OSPF 进程路由等），它就成为 ASBR。

（3）区域内路由器（Internal Router，IR）是指路由器所有接口都在同一个区域内的路由器。

（4）骨干路由器（Backbone Router，BR）至少有一个接口连接骨干区域，所有 ABR 和位于骨干区域的内部路由器都是骨干路由器。

规模较小的网络可以把所有路由器都划分到同一个区域中，同一个 OSPF 区域的路由器的 LSDB 完全一致。OSPF 区域号可以手动配置，为了便于网络扩展，建议将该区域号设置为 0，即骨干区域。

二、任务目标

（1）理解 OSPF 协议的基本原理。

（2）理解 OSPF 报文的作用。

（3）理解 OSPF 邻居状态机的八种状态。

（4）理解 OSPF 邻居和邻接。

（5）理解 OSPF 支持的网络类型和 DR/BDR 选举。

（6）理解 OSPF 多区域配置以及 ABR 和 ASBR。

（7）理解 OSPF 被动接口原理，能够正确配置被动接口。

(8)理解 OSPF 认证,能够正确配置认证。
(9)能够正确配置 OSPF。

三、任务拓扑

为了减轻路由器负担,Z 企业的五台路由器采用 OSPF 实现网络互通,并划分为三个区域,具体多区域配置拓扑如图 3-1-2 所示。

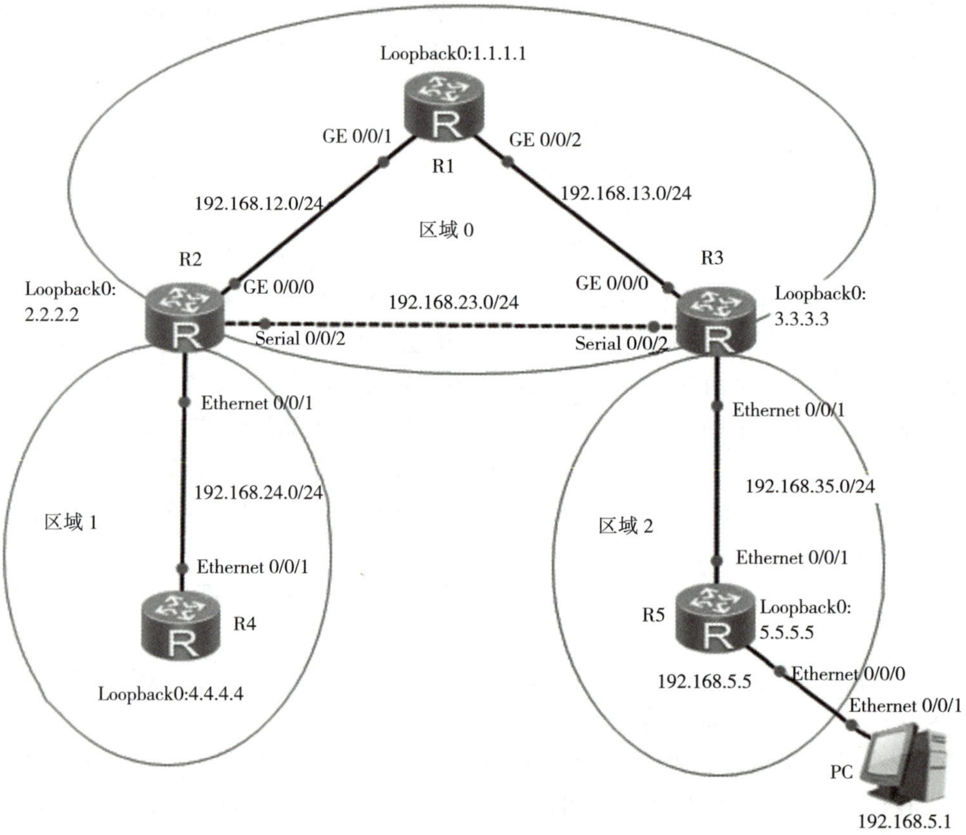

图 3-1-2 OSPF 多区域配置拓扑

四、任务实施

1. 基础配置

根据表 3-1-1 配置 PC 和各路由器接口的 IP 地址、子网掩码和网关。

表 3-1-1 IP 地址规划

设备	接口	IP 地址	子网掩码	网关
R1（Router）	G0/0/1	192.168.12.1	255.255.255.0	—
	G0/0/2	192.168.13.1	255.255.255.0	—
	Loopback0	1.1.1.1	255.255.255.255	—
R2（Router）	E0/0/1	192.168.24.2	255.255.255.0	—
	G0/0/0	192.168.12.2	255.255.255.0	—
	S0/0/2	192.168.23.2	255.255.255.0	—
	Loopback0	2.2.2.2	255.255.255.255	—
R3（Router）	E0/0/1	192.168.35.3	255.255.255.0	—
	G0/0/0	192.168.13.3	255.255.255.0	—
	S0/0/2	192.168.23.3	255.255.255.0	—
	Loopback0	3.3.3.3	255.255.255.255	—
R4（Router）	E0/0/1	192.168.24.4	255.255.255.0	—
	Loopback0	4.4.4.4	255.255.255.255	—
R5（Router）	E0/0/0	192.168.5.5	255.255.255.0	—
	E0/0/1	192.168.35.5	255.255.255.0	—
	Loopback0	5.5.5.5	255.255.255.255	—
PC	E0/0/1	192.168.5.1	255.255.255.0	192.168.5.5

2. OSPF 协议基础配置

使用 OSPF 协议可以创建并运行 OSPF 进程，同时可以指定路由器的 Router ID，便于识别 OSPF 路由器。如果未写进程号，则进程号默认是 1。使用 area 命令创建区域并进入区域视图，使用 network 命令指定运行 OSPF 的接口网段。

```
[R1]ospf 1 router-id  1.1.1.1
[R1-ospf-1]area 0
[R1-ospf-1-area-0.0.0.0]net 192.168.12.1 0.0.0.0
[R1-ospf-1-area-0.0.0.0]net 192.168.13.1 0.0.0.0
[R1-ospf-1-area-0.0.0.0]net 1.1.1.1 0.0.0.0

[R2]ospf 1 router-id  2.2.2.2
[R2-ospf-1]area 0
[R2-ospf-1-area-0.0.0.0]net 192.168.12.2 0.0.0.0
[R2-ospf-1-area-0.0.0.0]net 192.168.23.2 0.0.0.0
[R2-ospf-1-area-0.0.0.0]net 2.2.2.2 0.0.0.0
[R2-ospf-1-area-0.0.0.0]q
[R2-ospf-1]area 1
[R2-ospf-1-area-0.0.0.1]net 192.168.24.2 0.0.0.0
```

```
[R3]ospf 1 router-id 3.3.3.3
[R3-ospf-1]area 0
[R3-ospf-1-area-0.0.0.0]net 192.168.13.3 0.0.0.0
[R3-ospf-1-area-0.0.0.0]net 192.168.23.3 0.0.0.0
[R3-ospf-1-area-0.0.0.0]net 3.3.3.3 0.0.0.0
[R3-ospf-1-area-0.0.0.0]q
[R3-ospf-1]area 2
[R3-ospf-1-area-0.0.0.2]net 192.168.35.3 0.0.0.0

[R4]ospf 1 router-id 4.4.4.4
[R4-ospf-1]area 1
[R4-ospf-1-area-0.0.0.1]net 192.168.24.4 0.0.0.0
[R4-ospf-1-area-0.0.0.1]net 4.4.4.4 0.0.0.0

[R5]ospf 1 router-id 5.5.5.5
[R5-ospf-1]area 2
[R5-ospf-1-area-0.0.0.2]net 192.168.35.5 0.0.0.0
[R5-ospf-1-area-0.0.0.2]net 5.5.5.5 0.0.0.0
[R5-ospf-1-area-0.0.0.2]net 192.168.5.5 0.0.0.0
```

配置完成后，重启所有路由器的 OSPF 进程，以 R1 为例，其余路由器操作类似。

```
<R1>reset ospf 1 process
```

配置完成后，查看 OSPF 接口是否正确，以 R2 为例。

```
<R2>dis ospf int

          OSPF Process 1 with Router ID 2.2.2.2
                  Interfaces

 Area: 0.0.0.0              (MPLS TE not enabled)
 IP Address                   Type        State      Cost     Pri     DR              BDR
192.168.23.2                  P2P         P-2-P      1562     1       0.0.0.0         0.0.0.0
192.168.12.2                  Broadcast   DR         1        1       192.168.12.2    192.168.12.1
2.2.2.2                       P2P         P-2-P      0        1       0.0.0.0         0.0.0.0

 Area: 0.0.0.1              (MPLS TE not enabled)
 IP Address                   Type        State      Cost     Pri     DR              BDR
192.168.24.2                  Broadcast   BDR        1        1       192.168.24.4    192.168.24.2
```

查看 OSPF 邻居关系的建立情况，以 R2 为例。

```
<R2>dis ospf peer br
```

```
          OSPF Process 1 with Router ID 2.2.2.2
                   Peer Statistic Information
-----------------------------------------------------------------------------------
Area Id            Interface                      Neighbor id      State
0.0.0.0            Serial0/0/2                    3.3.3.3          Full
0.0.0.0            GigabitEthernet0/0/0           1.1.1.1          Full
0.0.0.1            Ethernet0/0/1                  4.4.4.4          Full
-----------------------------------------------------------------------------------
```

注意:在点到点网络中,能够建立 OSPF 邻居关系的路由器一定会进一步建立邻接关系,例如路由器 R2 与 R3 的串口之间处于 Full 状态。但是,点到点网络与广播型网络中 OSPF 邻接关系的建立过程存在差异,点到点网络不存在 2-Way 状态,直接由 Init 状态进入 ExStart 状态。

查看 OSPF 路由表,以 R1 为例。

```
<R1>dis ip routing-table protocol  ospf
Route Flags: R - relay, D - download to fib
------------------------------------------------------------------------------
Public routing table : OSPF
         Destinations : 8          Routes : 9
OSPF routing table status : <Active>
         Destinations : 8          Routes : 9
Destination/Mask    Proto   Pre  Cost   Flags  NextHop         Interface
2.2.2.2/32          OSPF    10   1      D      192.168.12.2    GigabitEthernet0/0/1
3.3.3.3/32          OSPF    10   1      D      192.168.13.3    GigabitEthernet0/0/2
4.4.4.4/32          OSPF    10   2      D      192.168.12.2    GigabitEthernet0/0/1
5.5.5.5/32          OSPF    10   2      D      192.168.13.3    GigabitEthernet0/0/2
192.168.5.0/24      OSPF    10   3      D      192.168.13.3    GigabitEthernet0/0/2
192.168.23.0/24     OSPF    10   1563   D      192.168.13.3    GigabitEthernet0/0/2
                    OSPF    10   1563   D      192.168.12.2    GigabitEthernet0/0/1
192.168.24.0/24     OSPF    10   2      D      192.168.12.2    GigabitEthernet0/0/1
192.168.35.0/24     OSPF    10   2      D      192.168.13.3    GigabitEthernet0/0/2
OSPF routing table status : <Inactive>
         Destinations : 0          Routes : 0
```

查看接口,以 R2 为例,分别查看其 G0/0/0 和 S0/0/2 接口 OSPF 的详细信息。

```
<R2>dis ospf int g0/0/0
          OSPF Process 1 with Router ID 2.2.2.2
                   Interfaces
Interface: 192.168.12.2 (GigabitEthernet0/0/0)
Cost: 1          State: DR          Type: Broadcast     MTU: 1500
Priority: 1
```

```
Designated Router: 192.168.12.2
Backup Designated Router: 192.168.12.1
Timers: Hello 10 , Dead 40 , Poll   120 , Retransmit 5 , Transmit Delay 1

<R2>dis ospf int s0/0/2
        OSPF Process 1 with Router ID 2.2.2.2
                Interfaces
Interface: 192.168.23.2 (Serial0/0/2) --> 192.168.23.3
Cost: 1562      State: P-2-P      Type: P2P        MTU: 1500
Timers: Hello 10 , Dead 40 , Poll   120 , Retransmit 5 , Transmit Delay 1
```

由结果可知,广播型网络接口和点到点网络接口默认 Hello 时间间隔都是 10 s,失效时间都是 40 s。

3. DR/BDR 选举情况

在广播型网络和 NBMA 网络中,OSPF 定义了 DR,即所有其他路由器都只将各自的链路状态信息发送给 DR,再由 DR 以组播方式发送至所有路由器,从而大大减少了 OSPF 数据包的发送数量。

DR 的选举机制为比较 DR 优先级,优先级高者为 DR,次高者为 BDR;如果优先级相同,则 Router ID 数值大的成为 DR。如果一台路由器的 DR 优先级为 0,则表示放弃 DR 选举。

可在接口视图下执行 **ospf dr-priority** *priority* 命令修改优先级。

接口的配置顺序会影响 Router ID 的自动选举,如果先配置物理接口,再配置回环接口,则 Router ID 显示的就是第一个配置的物理接口 IP 地址。

ospf router-id *router-id* 命令用于配置 OSPF 下的私有 Router ID,如果不配置,则默认使用全局 Router ID。**display router id** 命令用于查看全局 Router ID。**router id** *router-id* 命令用于 配置全局 Router ID。

另外,DR 不具抢占性,因此配置完成后需要重启所有路由器的 OSPF 进程。

在 R1 上查看 DR/BDR 选举情况。

```
<R1>dis ospf int

        OSPF Process 1 with Router ID 1.1.1.1
                Interfaces

Area: 0.0.0.0             (MPLS TE not enabled)
IP Address          Type        State     Cost    Pri    DR              BDR
192.168.12.1        Broadcast   BDR       1       1      192.168.12.2    192.168.12.1
192.168.13.1        Broadcast   BDR       1       1      192.168.13.3    192.168.13.1
1.1.1.1             P2P         P-2-P     0       1      0.0.0.0         0.0.0.0
```

Loopback 接口所在网段默认是点到点网络,不选举 DR 和 BDR。而 192.168.12.0/24 和

192.168.13.0/24 为以太网，默认是广播型网络，选举 DR 和 BDR。根据选举原则，在接口优先级相同的情况下比较路由器 Router ID，故在这两个网段中 R1 相应接口都为 BDR。

在广播型网络中选举 DR/BDR，如果将网络类型改为点到点网络，则不会选举。

```
[R1]int g0/0/1
[R1-GigabitEthernet0/0/1]ospf network-type p2p

[R2]int g0/0/0
[R2-GigabitEthernet0/0/0]ospf network-type p2p
```

配置完成后，查看 OSPF 接口情况，可见类型改为 P2P 后，不再选举 DR。因此，对于一个广播型网络，如果只包含两台设备，且跳过 DR 选举，则可以将接口网络类型改为 P2P。测试完成后，将网络类型还原为默认的广播型网络。

```
[R1-GigabitEthernet0/0/1]ospf network-type broad
[R2-GigabitEthernet0/0/0]ospf network-type broad
```

4. OSPF 被动接口

OSPF 被动接口也称抑制接口，其成为被动接口后，将不会接收和发送 OSPF 报文。

在 PC 的 E0/0/1 接口抓包，发现路由器 R5 通过不停地发出 Hello 报文尝试发现邻居。对于 PC 而言，该报文毫无意义，对于网络也是不安全的。因为 Hello 报文中含有很多 OSPF 网络的重要信息，如果被恶意截取，容易出现安全隐患。

将 R5 的 E0/0/0 接口配置为被动接口。

```
[R5-ospf-1]silent-interface e0/0/0
```

发现 R5 不再周期性发送 OSPF 报文。如果有多个接口需要配置为被动接口，且只有 E0/0/0 接口保持活动状态，则可以简化配置。

```
[R5]ospf 1
[R5-ospf-1]silent-interface all
[R5-ospf-1]undo silent-interface e0/0/0
```

虽然配置了静默接口，但是 192.168.5.0/24 网段路由仍然可以被 OSPF 域内的路由器学习到，且不影响该网段的网络可达性。因为被动接口只是不再收发任何 OSPF 报文，但是其所在网段的直连路由条目如果已经在 OSPF 进程中通告，那么也会被其他路由器接收到。

5. OSPF 认证

OSPF 支持报文认证功能，只有通过认证的报文才能被接收，否则将不能正常建立邻居关系。OSPF 支持区域认证和链路认证两种认证方式。每种认证方式又分为简单认证、MD5 认证和 Keychain 认证。

在区域认证方式下，区域中所有路由器的认证方式和口令必须一致。链路认证相比区域认证更加灵活，可专门针对某个邻居设置单独的认证方式和密码。如果同时配置了区域认证和链路认证，优先使用链路认证建立 OSPF 邻居。

简单认证在数据传递过程中，认证密钥和密钥 ID 都明文传输，很容易被截获。MD5 认证的密钥使用 MD5 算法加密传输，相比简单认证更为安全。Keychain 认证可以同时配置多个密钥，不同密钥可单独设置生效周期等。

1）区域简单认证

R2 和 R4 在区域 1，配置区域简单认证。

```
[R2-ospf-1-area-0.0.0.1]authentication-mode simple plain huawei
[R4-ospf-1-area-0.0.0.1]authentication-mode simple cipher huawei
```

其中，plain 表示查看配置文件时，以明文方式显示密码；cipher 表示查看配置文件时，以密文方式显示密码；authentication-mode simple huawei 表示不指定明文、密文时，默认为密文显示密码。

2）链路认证

配置 R1 和 R2 的链路认证。

```
[R1-GigabitEthernet0/0/1]ospf authentication-mode md5 1 huawei
[R2-GigabitEthernet0/0/0]ospf authentication-mode md5 1 huawei
```

五、任务评价

任务评价见表 3-1-2。

表 3-1-2　任务评价

序号	考核要点	完成情况
1	OSPF 协议的基本原理	
2	OSPF 报文的作用	
3	OSPF 邻居状态机的八种状态	
4	OSPF 邻居和邻接	
5	OSPF 支持的网络类型	
6	OSPF 的 DR/BDR 选举	
7	OSPF 多区域配置	
8	ABR 和 ASBR	
9	OSPF 被动接口原理及配置	
10	OSPF 认证	
11	配置 OSPF	
12	总结本次任务的收获	

六、日积月累

(1)Hello 报文中的 Router Dead Interval 字段的作用是什么?

Hello 报文中的 Router Dead Interval 字段代表死亡间隔,如果在此时间内未收到邻居发来的 Hello 报文,则认为邻居失效。死亡间隔是 Hello 间隔的 4 倍,在广播型网络中 Hello 报文间隔默认为 10 s,因此 Router Dead Interval 默认值为 40 s。

(2)在广播型网络上,DR 和 BDR 用于接收链路状态更新报文的地址是什么?

在广播型网络上,DR 和 BDR 都使用组播地址 224.0.0.6 接收链路状态更新报文。

任务 2　修改开销和优先级影响路由选路

一、知识准备

路由器上可能同时运行多种动态路由协议,当在不同协议中发现同一条路由时,协议优先级高的将被优选。OSPF 优先级为 10,RIP 优先级为 100。

OSPF 基于接口带宽计算开销,计算公式为接口开销=带宽参考值 ÷ 带宽。其中,带宽参考值可配置,默认值为 100 Mbit/s。因此,一个 64 Kbit/s 串口的开销为 1 562,一个 E1 接口(2.048 Mbit/s)的开销为 48。bandwidth-reference 命令用于调整带宽参考值,改变接口开销,**带宽参考值越大,开销越精准**。在支持 10 Gbit/s 速率的情况下,可以通过将带宽参考值提高到 10 000 Mbit/s 来分别为 10 Gbit/s、1 Gbit/s 和 100 Mbit/s 的链路提供 1、10 和 100 的开销。**配置带宽参考值时,需要在整个 OSPF 网络中统一调整**。另外,还可以通过 ospf cost 命令手动为接口调整开销,开销值范围是 1~65 535,默认值为 1。

OSPF 常见的计时器有 Hello timer 和 Dead timer。Hello timer 决定了 OSPF 发送 Hello 报文的间隔; Dead timer 则是用于保持邻居关系的计时器,其默认时长是 Hello timer 的 4 倍。P2P 和 Broadcast 类型的接口发送 Hello 报文的时间间隔为 10 s, 邻居失效时间为 40 s。P2MP 和 NBMA 类型的接口发送 Hello 报文的时间间隔为 30 s, 邻居失效时间为 120 s。

二、任务目标

(1)理解 OSPF 开销的定义和对路由选路的影响。

(2)理解 OSPF 计时器。

(3)能够配置 OSPF 优先级。

(4)能够修改 OSPF 计时器值。

(5)能够修改 OSPF 接口开销。

三、任务拓扑

本任务模拟Z企业两个分支机构之间通过两条路径实现网络互通，R1为分支A的网关设备，R4为分支B的网关设备。Z企业原网络为分支间通过R2通信,设备之间运行OSPF协议,都属于区域0。为满足带宽需要,两分支机构间增加一条通过R3相连的路径作为主路径,该路径运行RIP,之前的链路为备用路径,如图3-2-1所示。后期R3设备升级,支持OSPF协议后,将网络割接到OSPF协议以便统一管理。

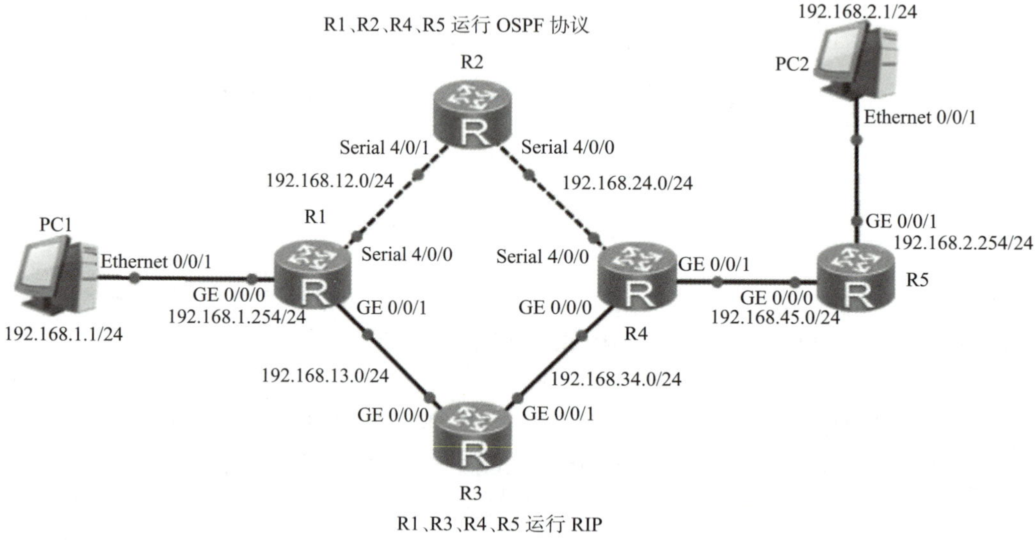

图3-2-1　OSPF开销、协议优先级计时器修改拓扑

四、任务实施

1. 基础配置

1)IP地址配置

根据表3-2-1配置PC和各路由器接口的IP地址、子网掩码和网关。

表3-2-1　IP地址规划

设备	接口	IP地址	子网掩码	网关
R1(Router)	G0/0/0	192.168.1.254	255.255.255.0	—
	G0/0/1	192.168.13.1	255.255.255.0	—
	S4/0/0	192.168.12.1	255.255.255.0	—
R2(Router)	S4/0/0	192.168.24.2	255.255.255.0	—
	S4/0/1	192.168.12.2	255.255.255.0	—

续表

设备	接口	IP 地址	子网掩码	网关
R3(Router)	G0/0/0	192.168.13.3	255.255.255.0	—
	G0/0/1	192.168.34.3	255.255.255.0	—
R4(Router)	G0/0/0	192.168.34.4	255.255.255.0	—
	G0/0/1	192.168.45.4	255.255.255.0	—
	S4/0/0	192.168.24.4	255.255.255.0	—
R5(Router)	G0/0/0	192.168.45.5	255.255.255.0	—
	G0/0/1	192.168.2.254	255.255.255.0	—
PC1	E0/0/1	192.168.1.1	255.255.255.0	192.168.1.254
PC2	E0/0/1	192.168.2.1	255.255.255.0	192.168.2.254

2)OSPF 配置

路由器 R1、R2、R4 和 R5 运行 OSPF 协议。

```
[R1]ospf 1
[R1-ospf-1]area 0
[R1-ospf-1-area-0.0.0.0]network 192.168.1.254 0.0.0.0
[R1-ospf-1-area-0.0.0.0]network 192.168.12.1 0.0.0.0
[R2]ospf 1
[R2-ospf-1]area 0
[R2-ospf-1-area-0.0.0.0]net 192.168.12.2 0.0.0.0
[R2-ospf-1-area-0.0.0.0]net 192.168.24.2 0.0.0.0
[R4]ospf 1
[R4-ospf-1]area 0
[R4-ospf-1-area-0.0.0.0]net 192.168.24.4 0.0.0.0
[R4-ospf-1-area-0.0.0.0]net 192.168.45.4 0.0.0.0
[R5]ospf 1
[R5-ospf-1]area 0
[R5-ospf-1-area-0.0.0.0]net 192.168.45.5 0.0.0.0
[R5-ospf-1-area-0.0.0.0]net 192.168.2.254 0.0.0.0
```

配置完成后，测试两台 PC 是否可以互访。

```
PC>ping 192.168.2.1

Ping 192.168.2.1: 32 data bytes, Press Ctrl_C to break
From 192.168.2.1: bytes=32 seq=1 ttl=124 time=16 ms
From 192.168.2.1: bytes=32 seq=2 ttl=124 time=16 ms
From 192.168.2.1: bytes=32 seq=3 ttl=124 time=16 ms
From 192.168.2.1: bytes=32 seq=4 ttl=124 time=31 ms
```

```
From 192.168.2.1: bytes=32 seq=5 ttl=124 time=32 ms

--- 192.168.2.1 ping statistics ---
5   packet(s) transmitted
5   packet(s) received
0.00% packet loss
  round-trip min/avg/max = 16/22/32 ms
```

两台 PC 可以互访，表明 OSPF 网络配置成功。

3）RIP 配置

对网络进行升级，R1、R3、R4 和 R5 运行 RIP。

```
[R1]rip 1
[R1-rip-1]ver 2
[R1-rip-1]net 192.168.1.0
[R1-rip-1]net 192.168.13.0
[R3]rip 1
[R3-rip-1]ver 2
[R3-rip-1]net 192.168.13.0
[R3-rip-1]net 192.168.34.0
[R4]rip 1
[R4-rip-1]ver 2
[R4-rip-1]net 192.168.34.0
[R4-rip-1]net 192.168.45.0
[R5]rip 1
[R5-rip-1]ver 2
[R5-rip-1]net 192.168.45.0
[R5-rip-1]net 192.168.2.0
```

配置完成后，查看 R1 路由表，发现 192.168.2.0 网段的路由还是通过 OSPF 协议获得。

```
<R1>dis ip routing-table 192.168.2.0
Route Flags: R - relay, D - download to fib
------------------------------------------------------------------------------
Routing Table : Public
Summary Count : 1
Destination/Mask    Proto   Pre  Cost  Flags  NextHop         Interface

192.168.2.0/24      OSPF    10   98    D      192.168.12.2    Serial4/0/0
```

原链路是串行链路，新增链路为以太网链路，显然通过 R3 带宽会更大，升级失败。原因是 192.168.2.0 网段的路由条目可以同时从 OSPF 协议和 RIP 获得，当同一路由条目可以通过不同的路由协议获得时，首先比较两个协议的优先级，选择优先级高的作为最优路径。OSPF 协议优先级为 10，RIP 优先级为 100，数值越小优先级越高，所以 OSPF 协议优于 RIP。

2. 修改 OSPF 协议优先级

将 OSPF 协议优先级改为 120。

```
[R1-ospf-1]preference 120
[R2-ospf-1]preference 120
[R4-ospf-1]preference 120
[R5-ospf-1]preference 120
```

调整完成后，再次查询 R1 路由表，发现 192.168.2.0 网段的路由是通过 RIP 学习到的，因此 PC1 访问 PC2 的数据通过 R3 转发到达目的主机。恢复 R1、R2、R4 和 R5 的 OSPF 协议优先级。

```
PC>tracert 192.168.2.1
Traceroute to 192.168.2.1,9 hops max
(ICMP),press Ctrl+C to stop
1   192.168.1.254    16ms    15ms    <1ms
2   192.168.13.3     32ms    15ms    31ms
3   192.168.34.4     16ms    16ms    15ms
4   192.168.45.5     31ms    32ms    31ms
5   192.168.2.1      31ms    16ms    31ms
```

3. 修改 OSPF 开销值(Cost)

为了测试 OSPF 开销值，现将 RIP 删除，且 R3 运行 OSPF 协议，R1、R4 的接口运行 OSPF 协议。

```
[R1]undo rip 1
[R3]undo rip 1
[R4]undo rip 1
[R5]undo rip 1

[R1]ospf 1
[R1-ospf-1] area 0
[R1-ospf-1-area-0.0.0.0]net 192.168.13.1 0.0.0.0
[R3]ospf 1
[R3-ospf-1]area 0
[R3-ospf-1-area-0.0.0.0]net 192.168.13.3 0.0.0.0
[R3-ospf-1-area-0.0.0.0]net 192.168.34.3 0.0.0.0
[R4]ospf 1
[R4-ospf-1]area 0
[R4-ospf-1-area-0.0.0.0]net 192.168.34.4 0.0.0.0
```

通过查看 R1 的 OSPF 开销可知，R1 的以太网接口 G0/0/1 开销值为 1，串行口 S4/0/0 开销值为 48。

```
<R1>dis ospf int
        OSPF Process 1 with Router ID 192.168.1.254
                Interfaces
 Area: 0.0.0.0          (MPLS TE not enabled)
 IP Address            Type        State     Cost    Pri    DR              BDR
 192.168.1.254         Broadcast   DR        1       1      192.168.1.254   0.0.0.0
 192.168.13.1          Broadcast   BDR       1       1      192.168.13.3    192.168.13.1
 192.168.12.1          P2P         P-2-P     48      1      0.0.0.0         0.0.0.0
```

查看 R1 上 192.168.2.0 网段的路由条目，数据还是通过 R3 转发的（都是通过 OSPF 协议学习到的路由，选择开销小的加入路由表，因为以太网线路带宽高，广域网线路带宽低）。

```
<R1>display ip routing-table 192.168.2.0
Route Flags: R - relay, D - download to fib
------------------------------------------------------------------------------
Routing Table : Public
Summary Count : 1
Destination/Mask    Proto   Pre   Cost   Flags   NextHop         Interface
192.168.2.0/24      OSPF    120   4      D       192.168.13.3    GigabitEtherner 0/0/1
```

要使数据通过 R2 转发，可以手动修改开销值。OSPF 链路开销值是基于接口修改的，一定要在路由更新的入接口修改才生效。

```
[R1-GigabitEthernet0/0/1]ospf cost 200
```

查询路由表可知，现在通过 R2 访问 PC2，因为经过 R2 的开销值为 98，远小于经过 R3 的开销值。

```
<R1>display ip routing-table 192.168.2.0
Route Flags: R - relay, D - download to fib
------------------------------------------------------------------------------
Routing Table : Public
Summary Count : 1
Destination/Mask    Proto   Pre   Cost   Flags   NextHop         Interface
192.168.2.0/24      OSPF    10    98     D       192.168.12.2    Serial4/0/0
```

4. 配置 OSPF 计时器

在 OSPF 协议中，广播型网络的默认 Hello 报文的时间间隔为 10 s，邻居失效时间为 40 s。这两个值可以手动修改，例如将 R1 的 Hello 计时器设置为 20 s，那么邻居失效计时器设置为 80 s。

```
[R1-GigabitEthernet0/0/1]ospf timer hello 20
[R1-GigabitEthernet0/0/1]ospf timer dead 80
```

一段时间后，R1 和 R3 的 OSPF 邻居关系中断，原因是相邻路由器的这两个计时器必须保持一致才能建立邻居关系。将 R3 的两个计时器修改为与 R1 相同的数值后，邻居关系就能再次建立。查询接口 OSPF 信息，可见两个计时器分别改为 20 s 和 80 s。

```
[R3-GigabitEthernet0/0/0]ospf timer hello 20
[R3-GigabitEthernet0/0/0]ospf timer dead 80

<R3>dis ospf int g0/0/0

        OSPF Process 1 with Router ID 192.168.13.3
                Interfaces
 Interface: 192.168.13.3 (GigabitEthernet0/0/0)
 Cost: 1          State: DR          Type: Broadcast      MTU: 1500
 Priority: 1
 Designated Router: 192.168.13.3
 Backup Designated Router: 192.168.13.1
 Timers: Hello 20 , Dead 80 , Poll 120 , Retransmit 5 , Transmit Delay 1
```

五、任务评价

任务评价见表 3-2-2。

表 3-2-2　任务评价

序号	考核要点	完成情况
1	OSPF 开销的定义	
2	开销对路由选路的影响	
3	OSPF 计时器	
4	配置 OSPF 优先级	
5	修改 OSPF 计时器的值	
6	修改 OSPF 接口开销	
7	总结本次任务的收获	

六、日积月累

(1)OSPF 链路开销值是基于接口修改的,一定要在路由更新的入接口修改才能生效。
(2)两台路由器的两个计时器必须保持一致才能建立邻居关系。

任务 3　路由引入实现不同协议路由互通

一、知识准备

不同网络应根据实际规模与复杂度选择路由协议。例如,有的网络规模很小,为了管理简单,部署 RIP;而有的网络很复杂,可以部署 OSPF 协议。由于不同路由协议之间不能直接共享路由信息,因此需要通过路由引入机制使一种路由协议自动获得另一种协议的所有路由信息。

获得路由信息一般有三种途径:直连网段路由、静态路由和动态路由。不同的路由协议计算路由开销的依据不同,开销值的大小和范围也不同。例如, OSPF 的开销基于接口带宽,取值范围比较大; RIP 的开销基于跳数,取值范围很小。所以,在配置路由引入时要注意设置合适的开销值。在华为 VRP 平台上,将 OSPF 路由引入 RIP 时,如不指定开销值,开销值默认为 1。

默认路由是指目的地址和子网掩码都是 0.0.0.0/0 的路由条目。当路由器无精确匹配的路由时,可以通过默认路由转发报文。合理使用默认路由可以缩小本地路由表的规模,节约设备资源。默认路由可以在路由器上手动配置,也可以由路由协议自动发布。RIP 和 OSPF 协议都可以通过配置向邻居发布默认路由,并且可以指定度量值。

OSPF 网络规定不允许通过 import-route static 命令注入缺省路由。可以使用 default-route-advertise 命令注入缺省路由,前提是该路由器必须已经存在一条通过其他方法获得的缺省路由。如果无论路由器上是否已经存在缺省路由都强制向 OSPF 网络注入缺省路由,可以使用 default-route-advertise always 命令。

二、任务目标

(1)能够正确修改路由引入时的开销值。
(2)能够利用 RIP、OSPF 发布默认路由。
(3)能够在 OSPF、RIP 中引入其他协议。

三、任务拓扑

本任务模拟真实网络场景,路由器 R1 连接 A 和 B 两家公司,如图 3-3-1 所示。A 公司内部运行 RIP, B 公司内部运行 OSPF 协议,因业务合作需要,需实现两家公司的网络互通,但由于双方协议不同，需要在 R1 上配置双向路由引入。

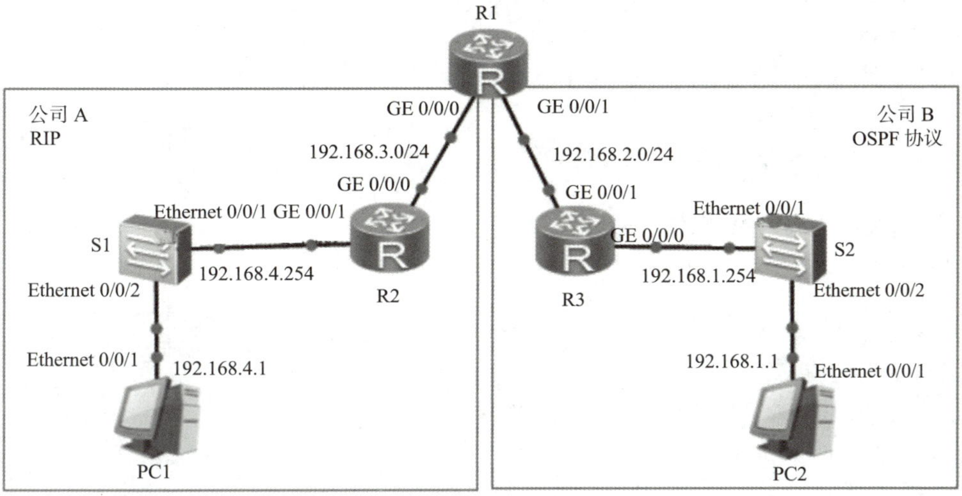

图 3-3-1　连接 RIP 和 OSPF 网络拓扑

OSPF 和 RIP 网络连接实验

四、任务实施

1. 基础配置

根据表 3-3-1 配置 PC 和各路由器接口的 IP 地址、子网掩码和网关。

表 3-3-1　IP 地址规划

设备	接口	IP 地址	子网掩码	网关
R1（Router）	G0/0/0	192.168.3.1	255.255.255.0	—
	G0/0/1	192.168.2.1	255.255.255.0	—
R2（Router）	G0/0/0	192.168.3.2	255.255.255.0	—
	G0/0/1	192.168.4.254	255.255.255.0	—
R3（Router）	G0/0/0	192.168.1.254	255.255.255.0	—
	G0/0/1	192.168.2.3	255.255.255.0	—
PC1	E0/0/1	192.168.4.1	255.255.255.0	192.168.4.254
PC2	E0/0/1	192.168.1.1	255.255.255.0	192.168.1.254

```
[R1]interface g0/0/0
[R1-GigabitEthernet0/0/0]ip address 192.168.3.1 255.255.255.0
[R1-GigabitEthernet0/0/0]interface g0/0/1
[R1-GigabitEthernet0/0/1]ip address 192.168.2.1 255.255.255.0
[R2]interface g0/0/0
```

```
[R2-GigabitEthernet0/0/0]ip address 192.168.3.2 255.255.255.0
[R2-GigabitEthernet0/0/0]interface g0/0/1
[R2-GigabitEthernet0/0/1]ip address 192.168.4.254 255.255.255.0
[R3]interface g0/0/0
[R3-GigabitEthernet0/0/0]ip address 192.168.1.254 255.255.255.0
[R3-GigabitEthernet0/0/0]interface g0/0/1
[R3-GigabitEthernet0/0/1]ip address 192.168.2.3 255.255.255.0
```

2. 搭建 RIP 和 OSPF 网络

1)在 R1 和 R2 上搭建 RIP 网络

```
[R1]rip
[R1-rip-1]version 2
[R1-rip-1]net 192.168.3.0
[R2]rip
[R2-rip-1]version 2
[R2-rip-1]net 192.168.3.0
[R2-rip-1]net 192.168.4.0
```

2)在 R1 和 R3 上搭建 OSPF 网络

```
[R1]ospf 1 router-id 1.1.1.1
[R1-ospf-1]area 0
[R1-ospf-1-area-0.0.0.0]net 192.168.2.1 0.0.0.0
[R3]ospf 1 router-id 3.3.3.3
[R3-ospf-1]area 0
[R3-ospf-1-area-0.0.0.0]net 192.168.2.3 0.0.0.0
[R3-ospf-1-area-0.0.0.0]net 192.168.1.254 0.0.0.0
```

配置完成后,查询 R1 上的路由表,发现 R1 上的路由表包含所有网络路由信息。

```
<R1>dis ip routing-table
Route Flags: R - relay, D - download to fib
------------------------------------------------------------------------------
Routing Tables: Public
        Destinations : 8        Routes : 8
Destination/Mask    Proto   Pre  Cost  Flags  NextHop        Interface
127.0.0.0/8         Direct  0    0     D      127.0.0.1      InLoopBack0
127.0.0.1/32        Direct  0    0     D      127.0.0.1      InLoopBack0
192.168.1.0/24      OSPF    10   2     D      192.168.2.3    GigabitEthernet 0/0/1
192.168.2.0/24      Direct  0    0     D      192.168.2.1    GigabitEthernet 0/0/1
192.168.2.1/32      Direct  0    0     D      127.0.0.1      GigabitEthernet 0/0/1
192.168.3.0/24      Direct  0    0     D      192.168.3.1    GigabitEthernet 0/0/0
```

```
192.168.3.1/32      Direct  0    0   D   127.0.0.1      GigabitEthernet 0/0/0
192.168.4.0/24      RIP     100  1   D   192.168.3.2    GigabitEthernet 0/0/0
```

因为 R2 和 R3 之间不能相互学习路由，所以 PC1 和 PC2 不能互访。

```
PC>ping 192.168.1.1
Ping 192.168.1.1: 32 data bytes, Press Ctrl_C to break
Request timeout!
Request timeout!
Request timeout!
Request timeout!
Request timeout!
--- 192.168.1.1 ping statistics ---
5   packet(s) transmitted
0   packet(s) received
100.00% packet loss
```

3. 配置双向路由引入

将 RIP 引入 OSPF。

```
[R1]ospf 1
[R1-ospf-1]import-route rip 1
```

查询 R3 路由表，获取 A 公司 192.168.3.0/24 和 192.168.4.0/24 网段的路由信息，类型为 O_ASE，优先级是 150，开销值默认为 1。

```
<R3>dis ip routing-table
Route Flags: R - relay, D - download to fib
------------------------------------------------------------------------------
Routing Tables: Public
         Destinations : 9          Routes : 9
Destination/Mask    Proto   Pre  Cost  Flags  NextHop        Interface
127.0.0.0/8         Direct  0    0     D      127.0.0.1      InLoopBack0
127.0.0.1/32        Direct  0    0     D      127.0.0.1      InLoopBack0
192.168.1.0/24      Direct  0    0     D      192.168.1.254  GigabitEthernet 0/0/0
192.168.1.254/32    Direct  0    0     D      127.0.0.1      GigabitEthernet 0/0/0
192.168.2.0/24      Direct  0    0     D      192.168.2.3    GigabitEthernet 0/0/1
192.168.2.3/32      Direct  0    0     D      127.0.0.1      GigabitEthernet 0/0/1
192.168.3.0/24      O_ASE   150  1     D      192.168.2.1    GigabitEthernet 0/0/1
192.168.4.0/24      O_ASE   150  1     D      192.168.2.1    GigabitEthernet 0/0/1
```

再将 OSPF 引入 RIP。

```
[R1]rip 1
[R1-rip-1]import-route ospf 1
```

查询 R2 路由表,获取 B 公司 192.168.1.0/24 和 192.168.2.0/24 网段的路由信息,类型为 RIP,优先级是 100,开销值默认为 1。

```
<R2>dis ip routing-table
Route Flags: R - relay, D - download to fib
------------------------------------------------------------------------------
Routing Tables: Public
         Destinations : 9          Routes : 9
Destination/Mask    Proto   Pre  Cost  Flags  NextHop       Interface
127.0.0.0/8         Direct  0    0     D      127.0.0.1     InLoopBack0
127.0.0.1/32        Direct  0    0     D      127.0.0.1     InLoopBack0
192.168.1.0/24      RIP     100  1     D      192.168.3.1   GigabitEthernet 0/0/0
192.168.2.0/24      RIP     100  1     D      192.168.3.1   GigabitEthernet 0/0/0
......
```

测试 PC1 和 PC2 的连通性,发现 PC1 和 PC2 可以互访。

```
PC>ping 192.168.1.1

Ping 192.168.1.1: 32 data bytes, Press Ctrl_C to break
From 192.168.1.1: bytes=32 seq=1 ttl=125 time=235 ms
From 192.168.1.1: bytes=32 seq=2 ttl=125 time=110 ms
From 192.168.1.1: bytes=32 seq=3 ttl=125 time=156 ms
From 192.168.1.1: bytes=32 seq=4 ttl=125 time=140 ms
From 192.168.1.1: bytes=32 seq=5 ttl=125 time=141 ms

--- 192.168.1.1 ping statistics ---
5   packet(s) transmitted
5   packet(s) received
0.00% packet loss
   round-trip min/avg/max = 110/156/235 ms
```

4. 配置路由引入时的开销

为了能够如实反映拓扑结构,并优化路由控制,在将 OSPF 协议引入 RIP 时,手动配置路由开销值为 3。

```
[R1-rip-1]import-route ospf 1 cost 3
```

查询 R2 的路由表,发现两条引入路由的开销值已经变为 4。这是因为除原有开销值外，还加上了 R2 接口上的开销值 1。

```
<R2>dis ip routing-table
Route Flags: R - relay, D - download to fib
------------------------------------------------------------------------------
Routing Tables: Public
            Destinations : 9          Routes : 9
Destination/Mask    Proto    Pre   Cost   Flags   NextHop        Interface
127.0.0.0/8         Direct   0     0      D       127.0.0.1      InLoopBack0
127.0.0.1/32        Direct   0     0      D       127.0.0.1      InLoopBack0
192.168.1.0/24      RIP      100   4      D       192.168.3.1    GigabitEthernet 0/0/0
192.168.2.0/24      RIP      100   4      D       192.168.3.1    GigabitEthernet 0/0/0
  ......
```

5. 路由协议发布默认路由

如果两家公司出于安全考虑需隔离内部网络拓扑，则可以通过配置路由协议自动发布默认路由的方式实现跨域通信。

默认路由的用途通俗来说就是数据报文没有别的路径选择了，最后才选择按照默认路由转发。实现方式包括静态路由配置和动态路由协议发布两种。

OSPF 协议发布默认路由。

```
[R1]ospf
[R1-ospf-1]default-route-advertise always
```

R1 发布一条默认路由后，同在 OSPF 进程的 R3 会生成一条指向 R1 的默认路由，优先级为 150，类型是为 O_ASE（外部路由）。

```
<R3>dis ip routing-table
Route Flags: R - relay, D - download to fib
------------------------------------------------------------------------------
Routing Tables: Public
            Destinations : 9          Routes : 9
Destination/Mask    Proto    Pre   Cost   Flags   NextHop        Interface
0.0.0.0/0           O_ASE    150   1      D       192.168.2.1    GigabitEthernet 0/0/1
      ......
```

R1 在 RIP 进程发布默认路由后，同在 RIP 进程的 R2 会生成一条指向 R1 的默认路由，类型为 RIP，优先级为 100。

```
[R1]rip
[R1-rip-1]default-route originate
```

```
<R2>dis ip routing-table
Route Flags: R - relay, D - download to fib
------------------------------------------------------------------------------------------------------------
Routing Tables: Public
          Destinations : 9          Routes : 9
Destination/Mask     Proto    Pre   Cost   Flags   NextHop        Interface
0.0.0.0/0            RIP      100   1      D       192.168.3.1    GigabitEthernet
0/0/0
     ......
```

五、任务评价

任务评价见表 3-3-2。

表 3-3-2　任务评价

序号	考核要点	完成情况
1	修改路由引入时的开销值	
2	RIP 发布默认路由	
3	OSPF 发布默认路由	
4	在 OSPF 中引入其他协议	
5	在 RIP 中引入其他协议	
6	总结本次任务的收获	

六、日积月累

(1)通过配置路由引入,可以实现不同路由协议间的路由信息共享,使目标路由协议自动获取源协议的所有路由信息。

(2)RIP 和 OSPF 协议都支持通过特定配置向协议邻居发布默认路由。

任务 4　路由聚合减小路由表规模

一、知识准备

与 RIP 的自动路由聚合功能不同,**OSPF 不支持自动路由聚合,仅支持手动路由聚合。** OSPF 路由聚合有两种机制:区域间路由聚合和外部路由聚合。区域间路由聚合必须在 ABR 上配置,而且 ABR 只能对与其直接相连区域内的路由进行区域间路由聚合。外部路由聚合必须在 ASBR 上配置。

对于 NSSA 区域引入的外部路由聚合有两种方式：一种是在 NSSA 区域内的 ASBR 上直接对外部路由进行聚合；另一种是在 NSSA 区域中 Router ID 最大的 ABR 上进行聚合。

二、任务目标

（1）理解 OSPF 区域间路由聚合和外部路由聚合。

（2）能够正确配置区域间路由聚合和外部路由聚合。

三、任务拓扑

本任务模拟一个企业网络场景，路由聚合拓扑如图 3-4-1 所示。R1、R2、R3 为公司内部网络路由器，R4 为分支机构路由器，R5 为外部非 OSPF 网络路由器，S1 为公司内部网络交换机，R1、R2、R3 与 S1 运行 OSPF 协议。PC1、PC2、PC3 分别属于 VLAN 2、VLAN 3、VLAN 4，S1 与 R1 之间链路属于 VLAN 5，且属于区域 1；R1 与 R2、R1 与 R3 之间的链路属于区域 0，R2 与 R4、R3 与 R4 之间链路属于区域 2，R4 配置静态路由指向 R5 的 Loopback 接口所模拟的外部网络。

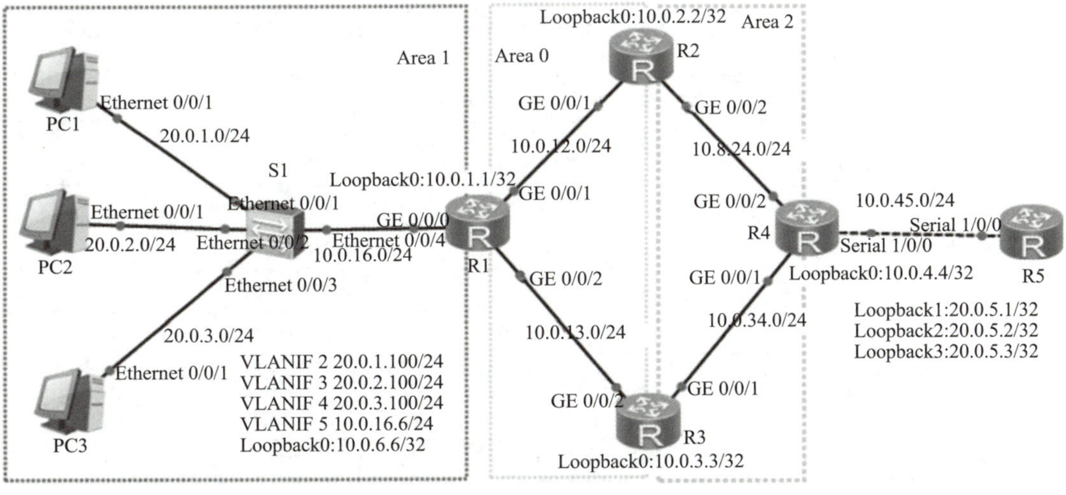

图 3-4-1　路由聚合拓扑

四、任务实施

1. 基础配置

1）IP 地址配置

根据表 3-4-1 配置 PC、路由器接口、交换机虚拟接口的 IP 地址等网络参数。

表 3-4-1 IP 地址规划

设备	接口	IP 地址	子网掩码	网关
R1(AR2220)	G0/0/0	10.0.16.1	255.255.255.0	—
	G0/0/1	10.0.12.1	255.255.255.0	—
	G0/0/2	10.0.13.1	255.255.255.0	—
	Loopback0	10.0.1.1	255.255.255.255	—
R2(AR2220)	G0/0/1	10.0.12.2	255.255.255.0	—
	G0/0/2	10.0.24.2	255.255.255.0	—
	Loopback0	10.0.2.2	255.255.255.255	—
R3(AR2220)	G0/0/1	10.0.34.3	255.255.255.0	—
	G0/0/2	10.0.13.3	255.255.255.0	—
	Loopback0	10.0.3.3	255.255.255.255	—
R4(AR2220)	G0/0/1	10.0.34.4	255.255.255.0	—
	G0/0/2	10.0.24.4	255.255.255.0	—
	Loopback0	10.0.4.4	255.255.255.255	—
	S1/0/0	10.0.45.4	255.255.255.0	—
R5(AR2220)	S1/0/0	10.0.45.5	255.255.255.0	—
	Loopback1	20.0.5.1	255.255.255.255	—
	Loopback2	20.0.5.2	255.255.255.255	—
	Loopback3	20.0.5.3	255.255.255.255	—
S1(S3700)	VLANIF2	20.0.1.100	255.255.255.0	—
	VLANIF3	20.0.2.100	255.255.255.0	—
	VLANIF4	20.0.3.100	255.255.255.0	—
	VLANIF5	10.0.16.6	255.255.255.0	—
	Loopback0	10.0.6.6	255.255.255.255	—
PC1	E0/0/1	20.0.1.1	255.255.255.0	20.0.1.100
PC2	E0/0/1	20.0.2.1	255.255.255.0	20.0.2.100
PC3	E0/0/1	20.0.3.1	255.255.255.0	20.0.3.100

2)配置交换机 S1

将交换机的 E0/0/1~E0/0/4 接口都配置为 Access 类型,PVID 分别设置为 2、3、4、5。配置完成后,查询 VLAN 配置结果。

```
<S1>dis port vlan
Port                    Link Type    PVID   Trunk VLAN List
-------------------------------------------------------------------------------
Ethernet0/0/1           access       2      -
Ethernet0/0/2           access       3      -
```

```
Ethernet0/0/3                access        4        -
Ethernet0/0/4                access        5        -
```

创建 VLAN 对应的虚拟接口,并为其配置 IP 地址。配置完成后,查询配置结果。

```
<S1>dis ip int br
*down: administratively down
^down: standby
(l): loopback
(s): spoofing
The number of interface that is UP in Physical is 6
The number of interface that is DOWN in Physical is 2
The number of interface that is UP in Protocol is 6
The number of interface that is DOWN in Protocol is 2

Interface                    IP Address/Mask      Physical   Protocol
LoopBack0                    10.0.6.6/32          up         up(s)
MEth0/0/1                    unassigned           down       down
NULL0                        unassigned           up         up(s)
Vlanif1                      unassigned           down       down
Vlanif2                      20.0.1.100/24        up         up
Vlanif3                      20.0.2.100/24        up         up
Vlanif4                      20.0.3.100/24        up         up
Vlanif5                      10.0.16.6/24         up         up
```

3)配置路由器 R1

查询 IP 地址配置结果。

```
Interface                    IP Address/Mask      Physical   Protocol
GigabitEthernet0/0/0         10.0.16.1/24         up         up
GigabitEthernet0/0/1         10.0.12.1/24         up         up
GigabitEthernet0/0/2         10.0.13.1/24         up         up
LoopBack0                    10.0.1.1/32          up         up(s)
```

4)配置路由器 R2

```
Interface                    IP Address/Mask      Physical   Protocol
GigabitEthernet0/0/0         unassigned           down       down
GigabitEthernet0/0/1         10.0.12.2/24         up         up
GigabitEthernet0/0/2         10.0.24.2/24         up         up
LoopBack0                    10.0.2.2/32          up         up(s)
```

5）配置路由器 R3

Interface	IP Address/Mask	Physical	Protocol
GigabitEthernet0/0/1	**10.0.34.3/24**	**up**	**up**
GigabitEthernet0/0/2	**10.0.13.3/24**	**up**	**up**
LoopBack0	**10.0.3.3/32**	**up**	**up(s)**

6）配置路由器 R4

Interface	IP Address/Mask	Physical	Protocol
GigabitEthernet0/0/0	unassigned	down	down
GigabitEthernet0/0/1	**10.0.34.4/24**	**up**	**up**
GigabitEthernet0/0/2	**10.0.24.4/24**	**up**	**up**
LoopBack0	**10.0.4.4/32**	**up**	**up(s)**
NULL0	unassigned	up	up(s)
Serial1/0/0	**10.0.45.4/24**	**up**	**up**

7）配置路由器 R5

Interface	IP Address/Mask	Physical	Protocol
GigabitEthernet0/0/0	unassigned	down	down
GigabitEthernet0/0/1	unassigned	down	down
GigabitEthernet0/0/2	unassigned	down	down
LoopBack1	**20.0.5.1/32**	**up**	**up(s)**
LoopBack2	**20.0.5.2/32**	**up**	**up(s)**
LoopBack3	**20.0.5.3/32**	**up**	**up(s)**
NULL0	unassigned	up	up(s)
Serial1/0/0	**10.0.45.5/24**	**up**	**up**

2. 配置 OSPF

1）配置交换机 S1

```
[S1]ospf 1 router-id 10.0.6.6
[S1-ospf-1]area 0.0.0.1
[S1-ospf-1-area-0.0.0.1]network 10.0.16.0 0.0.0.255
[S1-ospf-1-area-0.0.0.1] network 20.0.1.0 0.0.0.255
[S1-ospf-1-area-0.0.0.1]network 20.0.2.0 0.0.0.255
[S1-ospf-1-area-0.0.0.1]network 20.0.3.0 0.0.0.255
[S1-ospf-1-area-0.0.0.1]network 10.0.6.6 0.0.0.0
```

2）配置路由器 R1

```
[R1]ospf 1 router-id 10.0.1.1
```

```
[R1-ospf-1]area 0.0.0.0
[R1-ospf-1-area-0.0.0.0]network 10.0.1.1 0.0.0.0
[R1-ospf-1-area-0.0.0.0]network 10.0.12.0 0.0.0.255
[R1-ospf-1-area-0.0.0.0]network 10.0.13.0 0.0.0.255
[R1-ospf-1-area-0.0.0.0]area 0.0.0.1
[R1-ospf-1-area-0.0.0.1]network 10.0.16.0 0.0.0.255
```

3）配置路由器 R2

```
[R2]ospf 1 router-id 10.0.2.2
[R2-ospf-1]area 0.0.0.0
[R2-ospf-1-area-0.0.0.0] network 10.0.2.2 0.0.0.0
[R2-ospf-1-area-0.0.0.0] network 10.0.12.0 0.0.0.255
[R2-ospf-1-area-0.0.0.0] area 0.0.0.2
[R2-ospf-1-area-0.0.0.2] network 10.0.24.0 0.0.0.255
```

4）配置路由器 R3

```
[R3]ospf 1 router-id 10.0.3.3
[R3-ospf-1] area 0.0.0.0
[R3-ospf-1-area-0.0.0.0] network 10.0.3.3 0.0.0.0
[R3-ospf-1-area-0.0.0.0] network 10.0.13.0 0.0.0.255
[R3-ospf-1-area-0.0.0.0] area 0.0.0.2
[R3-ospf-1-area-0.0.0.2] network 10.0.34.0 0.0.0.255
```

5）配置路由器 R4

```
[R4]ospf 1 router-id 10.0.4.4
[R4-ospf-1]area 0.0.0.2
[R4-ospf-1-area-0.0.0.2]network 10.0.4.4 0.0.0.0
[R4-ospf-1-area-0.0.0.2]network 10.0.24.0 0.0.0.255
[R4-ospf-1-area-0.0.0.2]network 10.0.34.0 0.0.0.255
```

3. 路由引入

在 R4 上配置指向外部网络的静态路由，并引入 OSPF 进程。

```
[R4]ip route-static 20.0.5.1 32 10.0.45.5
[R4]ip route-static 20.0.5.2 32 10.0.45.5
[R4]ip route-static 20.0.5.3 32 10.0.45.5
[R4]ospf 1
[R4-ospf-1]import-route static
```

查询 R1 的路由表，发现 R1 接收所有非直连路由，全网已实现互联互通。

```
<R1>dis ip routing-table pro ospf
Route Flags: R - relay, D - download to fib
------------------------------------------------------------------------------
Public routing table : OSPF
         Destinations : 10          Routes : 12
OSPF routing table status : <Active>
         Destinations : 10          Routes : 12
Destination/Mask    Proto   Pre  Cost  Flags  NextHop      Interface
10.0.2.2/32         OSPF    10   1     D      10.0.12.2    GigabitEthernet0/0/1
10.0.3.3/32         OSPF    10   1     D      10.0.13.3    GigabitEthernet0/0/2
10.0.4.4/32         OSPF    10   2     D      10.0.12.2    GigabitEthernet0/0/1
                    OSPF    10   2     D      10.0.13.3    GigabitEthernet0/0/2
10.0.6.6/32         OSPF    10   1     D      10.0.16.6    GigabitEthernet0/0/0
10.0.24.0/24        OSPF    10   2     D      10.0.12.2    GigabitEthernet0/0/1
10.0.34.0/24        OSPF    10   2     D      10.0.13.3    GigabitEthernet0/0/2
20.0.1.0/24         OSPF    10   2     D      10.0.16.6    GigabitEthernet0/0/0
20.0.2.0/24         OSPF    10   2     D      10.0.16.6    GigabitEthernet0/0/0
20.0.3.0/24         OSPF    10   2     D      10.0.16.6    GigabitEthernet0/0/0
20.0.5.1/32         O_ASE   150  2     D      10.0.12.2    GigabitEthernet0/0/1
                    O_ASE   150  2     D      10.0.13.3    GigabitEthernet0/0/2
20.0.5.2/32         O_ASE   150  2     D      10.0.12.2    GigabitEthernet0/0/1
                    O_ASE   150  2     D      10.0.13.3    GigabitEthernet0/0/2
20.0.5.3/32         O_ASE   150  2     D      10.0.12.2    GigabitEthernet0/0/1
                    O_ASE   150  2     D      10.0.13.3    GigabitEthernet0/0/2

OSPF routing table status : <Inactive>
         Destinations : 0           Routes : 0
```

4. 配置区域间路由聚合

查询 R2 的路由表，发现 R2 包含每台 PC 所属网段的路由条目。

```
<R2>dis ip routing-table pro ospf
Route Flags: R - relay, D - download to fib
------------------------------------------------------------------------------
Public routing table : OSPF
         Destinations : 9           Routes : 9
OSPF routing table status : <Active>
         Destinations : 9           Routes : 9
Destination/Mask    Proto   Pre  Cost  Flags  NextHop      Interface
......
20.0.1.0/24         OSPF    10   3     D      10.0.12.1    GigabitEthernet0/0/1
20.0.2.0/24         OSPF    10   3     D      10.0.12.1    GigabitEthernet0/0/1
```

```
20.0.3.0/24          OSPF    10    3     D       10.0.12.1         GigabitEthernet0/0/1
    ......
OSPF routing table status : <Inactive>
        Destinations : 0            Routes : 0
```

为了缩小路由表规模，进行区域间路由聚合。注意，只能在 ABR 上进行区域间路由聚合，且 ABR 只能聚合与其直接相连的区域的明细路由，所以应该在 R1 上进行区域间路由聚合。

```
[R1]ospf 1
[R1-ospf-1]area 1
[R1-ospf-1-area-0.0.0.1]abr-summary 20.0.0.0 255.255.252.0
```

再次查询 R2 的路由表，发现每台 PC 对应的明细路由变为一条聚合路由。

```
20.0.0.0/22  OSPF    10   3          D    10.0.12.1       GigabitEthernet0/0/1
```

5. 配置外部路由聚合

外部路由必须在 ASBR 路由器 R4 上配置。

```
[R4]ospf 1
[R4-ospf-1]asbr-summary 20.0.5.0 255.255.255.252
```

查询 R3 的路由表，发现外部明细路由聚合成了一条。

```
20.0.5.0/30  O_ASE   150   2         D    10.0.34.4       GigabitEthernet0/0/1
```

五、任务评价

任务评价见表 3-4-2。

表 3-4-2　任务评价

序号	考核要点	完成情况
1	OSPF 区域间路由聚合	
2	OSPF 外部路由聚合	
3	配置区域间路由聚合	
4	配置外部路由聚合	
5	总结本次任务的收获	

六、日积月累

只能在 ABR 上进行区域间路由聚合，且 ABR 只能聚合与其直接相连的区域的明细路由。外部路由聚合必须在 ASBR 路由器上配置。

任务 5　VRRP 实现网关冗余

VRRP 原理与配置

一、知识准备

随着互联网的发展，人们对网络可靠性的要求越来越高。对于用户来说，持续保持与外部网络的通信非常重要，但内部网络中的主机只能设置一个网关 IP 地址作为出口通信路径。若此时出口网关设备发生故障，主机与外部网络的通信就会中断，所以配置多个出口网关就是提高网络可靠性的常用方法。因此，IETF 推出了 **VRRP**，使主机在多个出口网关的情况下，仅需配置一个虚拟网关 IP 地址作为出口网关，解决了局域网主机访问外部网络的可靠性问题。

VRRP 是一种容错协议，通过把几台路由设备（路由器或交换机）联合组成一台虚拟的路由设备，为本地局域网提供唯一的虚拟 ID 和虚拟 IP 地址（虚拟 IP 地址必须和对应接口的真实 IP 地址在同一网段）。实际上，该虚拟路由器由一个主设备和若干备份设备组成。正常情况下，主设备承担全部业务，用户端仅需将虚拟 IP 地址设置为网关地址。当主设备出现故障时，备份设备接替工作，并及时将业务切换到备份路由器，从而保持通信的连续性和可靠性，而用户端无须更改任何配置，对故障无感知。VRRP 包括 VRRPv2 和 VRRPv3 两个版本，两者的主要区如下。

（1）支持的网络类型不同：VRRPv2 仅适用于 IPv4 网络，VRRPv3 适用于 IPv4 和 IPv6 网络。

（2）认证功能不同：VRRPv2 支持认证；VRRPv3 不支持认证，因为 IPv6 协议有独立的认证功能。

（3）发送通告报文的时间间隔的单位不同：VRRPv3 支持的是厘秒级（发送频率更高），而 VRRPv2 支持的是秒级。

VRRP 只有一种报文，即 **VRRP** 通告报文。该报文封装在 **IP** 报文中，组播目的地址是 **224.0.0.18**，源 IP 地址是主路由器的 **IP** 地址，目的 MAC 地址是组播 MAC 地址 01-00-5e-00-00-12，源 MAC 地址是虚拟路由器的 MAC 地址，格式为 00-00-5e-00-01-{vrid}。IP 报文中的 TTL 值是 255，协议号是 **112**。

1. 三种状态

VRRP 定义了三种状态机：初始状态（Initialize）、活动状态（Master）、备份状态（Backup），见表 3-5-1。其中，只有处于活动状态的设备才可以转发虚拟 IP 地址的报文。

表 3-5-1　VRRP 定义的三种状态

状态	说明
初始状态	①该状态为 **VRRP 不可用状态**，在此状态时设备不处理 VRRP 报文。 ②通常在刚配置 VRRP 时或设备检测到故障时会进入初始状态。 ③收到接口 UP 的消息后，如果设备的优先级为 255，则直接成为主设备；如果设备的优先级小于 255，则会先切换至备份状态
活动状态	当 VRRP 设备处于活动状态时，会做下列工作。 ①**定时发送 VRRP 通告报文**。 ②以**虚拟 MAC 地址**响应对虚拟 IP 地址的 ARP 请求。 ③转发目的 MAC 地址为虚拟 MAC 地址的 IP 报文。 ④如果收到比自身优先级高的报文，立即进入备份状态。 ⑤如果收到与自身优先级相同的报文，且本地接口 IP 地址小于对端接口 IP 地址，立即进入备份状态
备份状态	当 VRRP 设备处于备份状态时，会做下列工作。 ①接收主设备发送的 VRRP 通告报文，判断主设备的状态是否正常。 ②对虚拟 IP 地址的 ARP 请求，不予响应。 ③丢弃目的 IP 地址为虚拟 IP 地址的 IP 报文。 ④如果收到比自身优先级低的报文，默认立刻升主，如果配置了不抢占延迟，则重置计时器；如果配置了抢占延迟，则重置计时器，待抢占延迟到期再升主。如果收到比自身优先级高的报文，则重置计时器；如果收到优先级和自身相同的报文，则重置计时器，不进一步比较 IP 地址。 **Master_Down_Interval** 计时器：备份设备在该计时器超时后仍未收到通告报文，则会转换为活动状态。计算公式为 **Master_Down_Interval=(3 × Advertisement_Interval) + Skew_Time(偏移时间)**。其中，**Skew_Time=(256–Priority)/256**。 ⑤如果收到比自身优先级低的报文，且该报文优先级不是 0，则丢弃报文，立刻进入活动状态；如果收到优先级是 0 的报文，则计时器时间设置为 Skew_Time（偏移时间）

2. VRRP 的三个计时器

1）通告时间间隔计时器（Advertisement Interval）

VRRP 备份组中的**主路由器**会定时发送 VRRP 通告报文，通知备份组内的路由器其工作正常。用户可以通过设置 VRRP 计时器调整主路由器发送 VRRP 通告报文的时间间隔，**默认值为 1 s**。

2）时滞时间计时器（Skew_Time）

该值的计算公式为（256 – 备份设备优先级）/256，单位为 s。**该计时器的作用在于，当主设备出现故障时，备份路由器中优先级最高的成为主设备**。

3）主用失效时间间隔计时器（Master Down Interval）

如果备份路由器在等待了 **3 个间隔时间**后，依然没有收到 VRRP 通告报文，则认为主路由器故障，但是备份路由器**并不会立即抢占成为主路由器**，而是在**等待一定时间（时滞时间）后**，才会对外发送 VRRP 通告报文以取代原来的主路由器。因此，该主用失效时间的计算公式为 **3 × 通告时间间隔 +（256 – 备份设备优先级）/256，单位为 s**。

3. VRRP 优先级

Priority 指发送报文的 VRRP 路由器在虚拟路由器中的优先级，取值范围为 **0 ~ 255**，其中可用范围为 **1~254**，缺省值为 **100**。255 保留给 **IP 地址拥有者**；**0 表示设备停止参与 VRRP，该取值可使备份路由器尽快成为主路由器**。

当主设备主动放弃其地位（如设备退出备份组）时，会发送优先级为 0 的通告报文，使备份设备快速切换成主设备，而无须等到 Master_Down_Interval 计时器超时。这个切换所需的时间称为 Skew_Time，计算公式为（256 – 备份设备的优先级）/256，单位为 s。

如果 VRRP 设备将真实的接口 IP 地址配置为虚拟路由器 IP 地址，则该设备被称为 IP 地址拥有者。当 IP 地址拥有者处于可用状态时，其运行优先级自动变为 255，并将一直作为主设备。

一般情况下，配置优先级等于运行优先级，但个别情况下两者可能存在差异。例如，IP 地址拥有者的运行优先级是 255，可能与配置优先级不同；若跟踪接口故障且自动降低优先级，则运行优先级与配置优先级不同。主设备的选举依据是运行优先级。

4. VRID（虚拟路由器标识）

VRID 是虚拟路由器的唯一标识，需手动指定，取值范围为 1~255。

5. 虚拟 MAC 地址（Virtual MAC Address）

虚拟路由器根据 VRID 生成唯一的虚拟 MAC 地址，其格式为 **00-00-5E-00-01-{VRID}（IPv4）**和 00-00-5E-00-02-{VRID}（IPv6）。**当虚拟路由器响应 ARP 请求时，使用虚拟 MAC 地址，而不是接口的真实 MAC 地址。**

6. 主设备选举

VRRP 通过比较优先级选举主设备。当两台设备优先级相同时，如果已经存在主设备，则其保持主设备身份，无须继续选举；如果不存在主设备，则继续比较接口 IP 地址，接口 IP 地址较大的设备被选举为主设备。

7. 抢占模式（Preemption Mode）

抢占模式用于控制具有更高优先级的备用路由器能否抢占当前具有较低优先级的主路由器，使自己成为主路由器。一般情况下，默认启用抢占模式。但存在例外情况，如果 IP 地址拥有者处于可用状态，则它总是处于抢占状态，并成为主设备。当备份设备的优先级高于主设备时，由备份设备的工作方式（抢占方式和非抢占方式）决定是否重新选举主设备。

非抢占模式：只要主设备没有出现故障，即使备份设备的优先级高于主设备，备份设备也不会成为主设备。

抢占模式：如果备份设备的优先级比当前主设备的优先级高，则主动抢占成为主设备。

抢占延时（Delay Time）：默认为 0 s，即立即抢占。

在性能不稳定的网络中，网络堵塞可能导致备份设备在 Master_Down_Interval [**3 × 通告时间间隔 + (256 – 备份设备优先级)/256 s**]期间没有收到主设备的报文，从而触发不必要的主设备切换。为了解决这个问题，可以配置抢占延时，使备份设备**在等待 Master_Down_Interval 时间后，再等待抢占延迟时间**。若在此期间仍没有收到通告报文，备份设备才会切换为主设备。

8. VRRP 多备份组

在单备份组模式下，主设备承担全部业务，而备份设备完全处于空闲状态，没有被充分利用。VRRP 可以通过配置多备份组实现负载分担。

VRRP 允许一台设备的同一个接口接入多个 VRRP 备份组，并为每个备份组分配不同的优先级，使各备份组中的主设备不同，也就是建立多个虚拟网关路由器，各主机可以使用不同的虚拟组路由器作为网关出口，这样可以达到分担数据流量与冗余备份的目的，充分利用设备资源。

9. VRRP 认证

默认情况下，设备不对要发送和接收的 VRRP 报文进行任何认证处理，认为收到的都是真实的、合法的 VRRP 报文。为了增强安全性，可以配置 VRRP 认证。**VRRP 支持 Simple（简单）认证和 MD5 认证。**

10. 主设备上行链路监控

在配置 VRRP 冗余的网络中，为进一步提高网络的可靠性，避免主设备上行链路故障导致网络中断，必须在主设备上配置上行接口监控功能。当主设备上行接口故障时，自动降低其 VRRP 优先级（降幅可手动配置），使降低后的优先级低于备份设备，这样备份设备就会抢占成为主设备，确保流量持续转发。

二、基础任务目标

（1）理解 VRRP 的基本工作原理。

（2）能够正确进行 VRRP 基础配置。

三、基础任务拓扑

Z 企业部署 R2 和 R3 两台路由器作为出口网关连接外网路由器 R1，如图 3-5-1 所示。其中，R2 和 R3 通过运行 VRRP 实现互为备份，R2 为主网关，承担所有业务流量的转发任务。

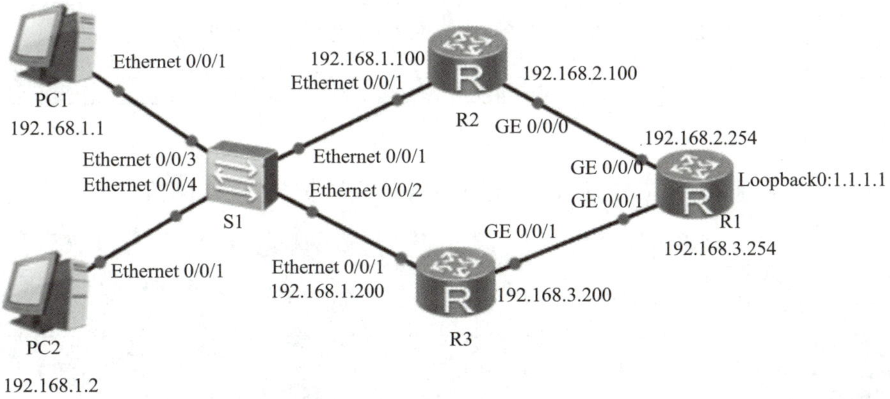

图 3-5-1　VRRP 基础配置拓扑

四、基础任务实施

1. 基础配置

根据表 3-5-2 配置 PC 和路由器的 IP 地址、子网掩码和网关。

VRRP 备份跟踪认证实验

表 3-5-2 IP 地址规划

设备	接口	IP 地址	子网掩码	网关
R1(Router)	G0/0/0	192.168.2.254	255.255.255.0	—
	G0/0/1	192.168.3.254	255.255.255.0	—
	Loopback0	1.1.1.1	255.255.255.255	—
R2(Router)	E0/0/1	192.168.1.100	255.255.255.0	—
	G0/0/0	192.168.2.100	255.255.255.0	—
R3(Router)	E0/0/1	192.168.1.200	255.255.255.0	—
	G0/0/1	192.168.3.200	255.255.255.0	—
PC1	E0/0/1	192.168.1.1	255.255.255.0	192.168.1.254
PC2	E0/0/1	192.168.1.2	255.255.255.0	192.168.1.254

2. 路由器配置 OSPF 协议

R1、R2 和 R3 的 Router ID 分别配置为 1.1.1.1、2.2.2.2 和 3.3.3.3。

1)查询 OSPF 邻居关系

以 R3 为例,查询 OSPF 邻居关系,可见 R3 与 R1、R2 均正常建立了 OSPF 邻居关系。

```
<R3>dis ospf peer br
        OSPF Process 1 with Router ID 3.3.3.3
                Peer Statistic Information
-------------------------------------------------------------------------------
Area Id         Interface                   Neighbor id      State
0.0.0.0         Ethernet0/0/1               2.2.2.2          Full
0.0.0.0         GigabitEthernet0/0/1        1.1.1.1          Full
-------------------------------------------------------------------------------
```

2)查询路由表

以 R3 为例,查询路由表,可见 R3 通过 OSPF 学习到了非直连网段的路由信息。

```
<R3>dis ip routing-table
Route Flags: R - relay, D - download to fib
-------------------------------------------------------------------------------
Routing Tables: Public
        Destinations : 9          Routes : 10
Destination/Mask    Proto   Pre  Cost  Flags  NextHop         Interface
1.1.1.1/32          OSPF    10   1     D      192.168.3.254   GigabitEthernet0/0/1
127.0.0.0/8         Direct  0    0     D      127.0.0.1       InLoopBack0
127.0.0.1/32        Direct  0    0     D      127.0.0.1       InLoopBack0
192.168.1.0/24      Direct  0    0     D      192.168.1.200   Ethernet0/0/1
192.168.1.200/32    Direct  0    0     D      127.0.0.1       Ethernet0/0/1
192.168.1.254/32    Direct  0    0     D      127.0.0.1       Ethernet0/0/1
```

```
192.168.2.0/24       OSPF    10   2   D   192.168.1.100   Ethernet0/0/1
                     OSPF    10   2   D   192.168.3.254   GigabitEthernet0/0/1
192.168.3.0/24       Direct  0    0   D   192.168.3.200   GigabitEthernet0/0/1
192.168.3.200/32     Direct  0    0   D   127.0.0.1       GigabitEthernet0/0/1
```

3. 配置 VRRP

在 R2 和 R3 上配置 VRRP，创建 VRRP 备份组 1，设置虚拟 IP 地址为 192.168.1.254，**该虚拟 IP 地址必须和当前接口在同一网段。路由器在备份组中的角色由优先级决定，优先级高的路由器成为主设备；如果优先级相同，则比较接口 IP 地址，IP 地址较大的路由器成为主设备。路由器 VRRP 优先级默认值为 100。**将 R2 的优先级改为 120，使 R2 成为主设备，R3 为备份设备。

```
[R2-Ethernet0/0/1]vrrp vrid 1 virtual-ip 192.168.1.254
[R2-Ethernet0/0/1]vrrp vrid 1 priority 120
[R3-Ethernet0/0/1]vrrp vrid 1 virtual-ip 192.168.1.254
```

配置完成后，查看 VRRP 信息，可见 R2 是主设备，R3 是备份设备。

```
<R2>dis vrrp
  Ethernet0/0/1 | Virtual Router 1
    State : Master
    Virtual IP : 192.168.1.254
    Master IP : 192.168.1.100
    PriorityRun : 120
    PriorityConfig : 120
    MasterPriority : 120
    Preempt : YES    Delay Time : 0 s
    TimerRun : 1 s
    TimerConfig : 1 s
    Auth type : NONE
    Virtual MAC : 0000-5e00-0101
    Check TTL : YES
    Config type : normal-vrrp
    Create time : 2025-01-06 09:35:18 UTC-08:00
    Last change time : 2025-01-06 10:13:14 UTC-08:00

<R3>dis vrrp
  Ethernet0/0/1 | Virtual Router 1
    State : Backup
    Virtual IP : 192.168.1.254
    Master IP : 192.168.1.100
    PriorityRun : 100
    PriorityConfig : 100
```

```
MasterPriority : 120
Preempt : NO
TimerRun : 1 s
TimerConfig : 1 s
Auth type : NONE
Virtual MAC : 0000-5e00-0101
Check TTL : YES
Config type : normal-vrrp
Create time : 2025-01-06 09:35:17 UTC-08:00
Last change time : 2025-01-06 09:35:27 UTC-08:00
```

也可以用 display vrrp brief 命令查询 VRRP 简要信息。

```
<R2>dis vrrp brief
VRID   State       Interface             Type      Virtual IP
----------------------------------------------------------------
1      Master      Eth0/0/1              Normal    192.168.1.254
----------------------------------------------------------------
Total:1     Master:1     Backup:0     Non-active:0
<R3>dis vrrp br
VRID   State       Interface             Type      Virtual IP
----------------------------------------------------------------
1      Backup      Eth0/0/1              Normal    192.168.1.254
----------------------------------------------------------------
Total:1       Master:0       Backup:1       Non-active:0
```

查询交换机 S1 的 MAC 地址表，可见 VRRP 的虚拟 MAC 地址映射到接口 E0/0/1，即连接主设备 R2 的接口。

```
<S1>dis mac-address
MAC address table of slot 0:
----------------------------------------------------------------------------
MAC Address      VLAN/     PEVLAN   CEVLAN   Port       Type       LSP/LSR-ID
                 VSI/SI                                            MAC-Tunnel
----------------------------------------------------------------------------
5489-98ff-32a9   1         -        -        Eth0/0/2   dynamic    0/-
5489-9813-044d   1         -        -        Eth0/0/1   dynamic    0/-
0000-5e00-0101   1         -        -        Eth0/0/1   dynamic    0/-
----------------------------------------------------------------------------
Total matching items on slot 0 displayed = 3
```

4. 测试

通过 R1 的回环接口模拟外网地址，测试 PC1 访问外网的数据转发路径。结果显示，

PC1 将数据发送给虚拟网关 192.168.1.254，实际由主设备 R2 转发数据。

```
PC>tracert 1.1.1.1

traceroute to 1.1.1.1, 8 hops max
(ICMP), press Ctrl+C to stop
1   192.168.1.100    94 ms   31 ms   47 ms
2   1.1.1.1          109 ms  63 ms   62 ms
```

5. 验证主备切换

将 R2 的 E0/0/1 接口关闭，模拟网络故障，并在 R3 的 E0/0/1 接口抓包。此时，R3 会发送免费 ARP 报文（无故应答型 ARP），用于更新交换机 MAC 地址表，如图 3-5-2 所示。

```
[R2-Ethernet0/0/1]shutdown
```

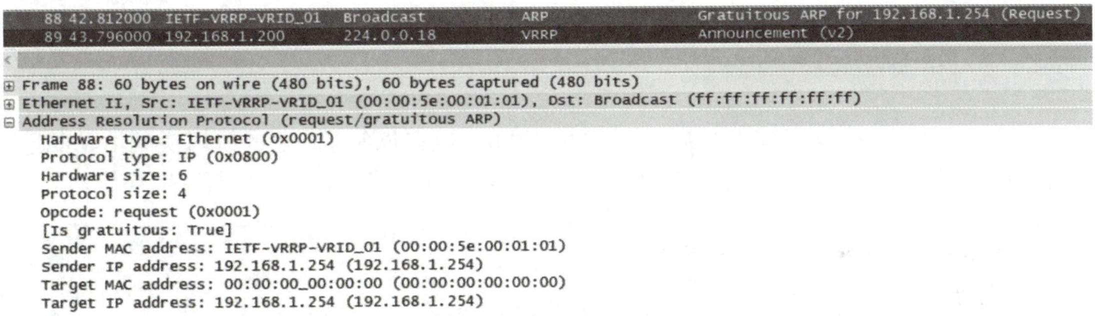

图 3-5-2　免费 ARP 抓包

通过查询交换机 S1 的 MAC 地址表，可见 VRRP 虚拟 MAC 地址的映射接口由 E0/0/1 接口变更为连接 R3 的 E0/0/2 接口，此时 VRRP 主备切换，R3 成为主设备。

```
<S1>dis mac-address
MAC address table of slot 0:
-------------------------------------------------------------------------------
MAC Address     VLAN/    PEVLAN   CEVLAN   Port      Type      LSP/LSR-ID
                VSI/SI                                         MAC-Tunnel
-------------------------------------------------------------------------------
5489-98ff-32a9  1        -        -        Eth0/0/2  dynamic   0/-
0000-5e00-0101  1        -        -        Eth0/0/2  dynamic   0/-
-------------------------------------------------------------------------------
Total matching items on slot 0 displayed = 2
```

查询 R3 的 VRRP 情况，可知 R3 是主设备。

```
<R3>display vrrp brief
```

```
VRID  State      Interface            Type     Virtual IP
----------------------------------------------------------------------------
1     Master     Eth0/0/1             Normal   192.168.1.254
----------------------------------------------------------------------------
Total:1     Master:1     Backup:0     Non-active:0
```

PC1 访问外网时，根据跟踪数据转发路径可知，数据由 R3 转发。

```
PC>tracert 1.1.1.1

traceroute to 1.1.1.1, 8 hops max
(ICMP), press Ctrl+C to stop
1  192.168.1.200    34 ms  31 ms  47 ms
2  1.1.1.1          63 ms  63 ms  62 ms
```

恢复 R2 的 E0/0/1 接口状态。

```
[R2-Ethernet0/0/1]undo shutdown
```

由于 **VRRP 默认开启抢占功能**，当 R2 的 E0/0/1 接口恢复后，会重新切换到活动状态。此时查询交换机 S1 的 MAC 地址表，可见 VRRP 虚拟 MAC 地址的映射表发生变化。

```
<S1>display mac-address
MAC address table of slot 0:
----------------------------------------------------------------------------
MAC Address      VLAN/    PEVLAN   CEVLAN   Port       Type      LSP/LSR-ID
                 VSI/SI                                          MAC-Tunnel
----------------------------------------------------------------------------
5489-98ff-32a9   1        -        -        Eth0/0/2   dynamic   0/-
5489-9813-044d   1        -        -        Eth0/0/1   dynamic   0/-
0000-5e00-0101   1        -        -        Eth0/0/1   dynamic   0/-
5489-98cf-686a   1        -        -        Eth0/0/3   dynamic   0/-
----------------------------------------------------------------------------
Total matching items on slot 0 displayed = 4
```

查询 R2 的 VRRP 状态，可见 R2 重新成为主设备。

```
<R2>dis vrrp brief
VRID  State      Interface            Type     Virtual IP
----------------------------------------------------------------------------
1     Master     Eth0/0/1             Normal   192.168.1.254
----------------------------------------------------------------------------
Total:1     Master:1     Backup:0     Non-active:0
```

如果将 R3 VRRP 修改为非抢占模式，即使其优先级高于主设备（R2），但是 R3 仍然维持备份状态。

```
[R3]int e0/0/1
[R3-Ethernet0/0/1]vrrp vrid 1 preempt-mode disable
[R3-Ethernet0/0/1]vrrp vrid 1 priority 200
```

如果将 R3 修改为 IP 地址拥有者，则无论是否开启抢占功能，R3 都会成为主设备，运行优先级为最高值 255。

```
[R3-Ethernet0/0/1]ip add 192.168.1.254 24
[R3]dis vrrp
  Ethernet0/0/1 | Virtual Router 1
    State : Master
    Virtual IP : 192.168.1.254
    Master IP : 192.168.1.254
    PriorityRun : 255
    PriorityConfig : 200
    MasterPriority : 255
    Preempt : NO
    TimerRun : 1 s
    TimerConfig : 1 s
    Auth type : NONE
    Virtual MAC : 0000-5e00-0101
    Check TTL : YES
    Config type : normal-vrrp
    Create time : 2025-01-06 09:35:17 UTC-08:00
    Last change time : 2025-01-06 09:35:27 UTC-08:00
```

恢复 R3 的抢占功能。

```
[R3-Ethernet0/0/1]undo vrrp vrid 1 preempt-mode
```

如果在 R2 上删除 VRRP，在 R2 的 E0/0/1 接口抓包，可以抓到优先级为 0 的通告报文，即通知备份组中其他成员自己退出备份组，其他成员不必等超时即可成为主设备，如图 3-5-3 所示。

```
⊟ Virtual Router Redundancy Protocol
  ⊞ Version 2, Packet type 1 (Advertisement)
    Virtual Rtr ID: 1
    Priority: 0 (Current Master has stopped participating in VRRP)
    Addr Count: 1
    Auth Type: No Authentication (0)
    Adver Int: 1
```

图 3-5-3　优先级为 0 的通告报文

五、基础任务评价

基础任务评价见表 3-5-3。

表 3-5-3　基础任务评价

序号	考核要点	完成情况
1	VRRP 的优先级	
2	VRRP 的虚拟 MAC 地址	
3	VRRP 抢占模式	
4	VRRP 基础配置	
5	总结本次任务的收获	

六、拓展任务目标

(1)能够正确配置 VRRP 多备份组。

(2)能够正确配置 VRRP 跟踪接口及认证。

七、拓展任务拓扑

Z 企业部署 R2 和 R3 两台路由器作为出口网关连接外网路由器 R1，R2 和 R3 通过运行 VRRP 实现互为备份。其中，R2 为主网关，承担所有业务流量转发任务，高峰期时容易造成网络拥塞，而 R3 一直处于空闲状态。为了优化网络，提高设备利用率，现在 R2 和 R3 间运行多备份组 VRRP，使 R2 和 R3 分别成为两个备份组的主设备，从而提高设备利用率。

VRRP 多备份组实验

八、拓展任务实施

1. 配置 VRRP 多备份组

```
[R2-Ethernet0/0/1]vrrp vrid 2 virtual-ip 192.168.1.253
[R3-Ethernet0/0/1]vrrp vrid 2 virtual-ip 192.168.1.253
[R3-Ethernet0/0/1]vrrp vrid 2 priority 120
```

查询 VRRP 配置结果，可知 R2 是备份组 1 的主设备，是备份组 2 的备份设备；R3 是备份组 2 的主设备，是备份组 1 的备份设备。

```
<R2>dis vrrp brief
VRID   State        Interface              Type      Virtual IP
----------------------------------------------------------------------------
1      Master       Eth0/0/1               Normal    192.168.1.254
```

```
2        Backup       Eth0/0/1                   Normal    192.168.1.253
----------------------------------------------------------------------------
Total:2     Master:1     Backup:1     Non-active:0

<R3>dis vrrp brief
VRID   State          Interface                  Type      Virtual IP
----------------------------------------------------------------------------
1        Backup       Eth0/0/1                   Normal    192.168.1.254
2        Master       Eth0/0/1                   Normal    192.168.1.253
----------------------------------------------------------------------------
Total:2     Master:1     Backup:1     Non-active:0
```

2. 测试

将 PC2 的网关修改为 192.168.1.253 。测试 PC1 访问外网的数据转发路径,结果显示数据由 R2 转发。测试 PC2 访问外网的数据转发路径,结果显示数据由 R3 转发。

```
PC>tracert 1.1.1.1
traceroute to 1.1.1.1, 8 hops max
(ICMP), press Ctrl+C to stop
1  192.168.1.100   31 ms   47 ms   47 ms
2  1.1.1.1         62 ms   63 ms   62 ms

PC>tracert 1.1.1.1
traceroute to 1.1.1.1, 8 hops max
(ICMP), press Ctrl+C to stop
1  192.168.1.200   94 ms   31 ms   47 ms
2  1.1.1.1         63 ms   62 ms   78 ms
```

3. 配置 VRRP 跟踪接口

在 VRRP 备份组 2 中, R3 是主设备,配置其监视上行接口 G0/0/1。当此接口出现故障时, R3 的优先级自动降低 30,即由默认优先级 120 变为 90 ,此时其优先级小于 R2 的默认优先级 100,所以 R2 成为主设备。

```
[R3-Ethernet0/0/1]vrrp vrid 2 track int g0/0/1 reduced 30
[R3-GigabitEthernet0/0/1]shutdown
```

查询 R3 的 VRRP 状态,备份组 2 的状态变为备份状态,运行优先级是 90,配置优先级依然是 120,主设备优先级是 100。

```
[R3]dis vrrp
  Ethernet0/0/1 | Virtual Router 1
    State : Backup
```

```
    Virtual IP : 192.168.1.254
    Master IP : 192.168.1.100
    PriorityRun : 100
    PriorityConfig : 100
    MasterPriority : 120
    Preempt : YES     Delay Time : 0 s
    TimerRun : 1 s
    TimerConfig : 1 s
    Auth type : MD5     Auth key : l3(!FIA7n~bL^B&WSBiQGX[#
    Virtual MAC : 0000-5e00-0101
    Check TTL : YES
    Config type : normal-vrrp
    Create time : 2025-01-06 10:49:07 UTC-08:00
    Last change time : 2025-01-06 11:48:51 UTC-08:00

  Ethernet0/0/1 | Virtual Router 2
    State : Backup
    Virtual IP : 192.168.1.253
    Master IP : 192.168.1.100
    PriorityRun : 90
    PriorityConfig : 120
    MasterPriority : 100
    Preempt : YES     Delay Time : 0 s
    TimerRun : 1 s
    TimerConfig : 1 s
    Auth type : NONE
    Virtual MAC : 0000-5e00-0102
    Check TTL : YES
    Config type : normal-vrrp
    Track IF : GigabitEthernet0/0/1     Priority reduced : 30
    IF state : DOWN
    Create time : 2025-01-06 10:49:07 UTC-08:00
    Last change time : 2025-01-06 11:48:51 UTC-08:00
```

4. 配置 VRRP 认证

为增强 VRRP 备份组 1 的安全性，在 R2 和 R3 上配置 MD5 认证方式，密码是 huawei。

```
[R2-Ethernet0/0/1]vrrp vrid 1 authentication-mode md5 huawei
[R3-Ethernet0/0/1]vrrp vrid 1 authentication-mode md5 huawei
```

九、拓展任务评价

拓展任务评价见表 3-5-4。

表 3-5-4　拓展任务评价

序号	考核要点	完成情况
1	配置 VRRP 多备份组	
2	配置 VRRP 跟踪接口	
3	配置 VRRP 认证	
4	总结本次任务的收获	

十、日积月累

（1）VRRP 是一种容错协议，通过把几台路由设备联合组成一台虚拟的路由设备，为本地局域网提供唯一的虚拟 ID 和虚拟 IP 地址。实际上，该虚拟路由器由一个主设备和若干备份设备组成。正常情况下，主设备承担全部业务，用户端仅需将虚拟 IP 地址设置为网关地址。当主设备出现故障时，备份设备接替工作，及时将业务切换到备份设备，从而保持通信的连续性和可靠性，而用户端无须更改任何配置，对故障无感知。

（2）将某台路由器真实的接口 IP 地址配置为虚拟路由器 IP 地址，则该路由器的运行优先级自动改为 255，成为 IP 地址拥有者，将一直作为主设备。

（3）当主设备退出 VRRP 组时，通过抓包可以抓到优先级为 0 的报文，使备份设备尽快切换为主设备，而无须等到 Master_Down_Interval 计时器超时。

（4）设备运行优先级与配置优先级不同的两种情况：一是 IP 地址拥有者的运行优先级自动修改为 255，与配置优先级不同；二是当监视上行链路故障导致自动降低优先级时，运行优先级与配置优先级不同。

任务 6　终端通过 DHCP 动态获取 IP 地址

一、知识准备

DHCP 原理与配置

为实现网络接入，每个终端都需要配置 IP 地址等网络参数。在小型网络环境中，终端数量较少，可以采用手动方式配置 IP 地址。但是，在大型企业网络场景中，主机等终端设备数量庞大，若仍采用手动配置 IP 地址，不仅工作量大，而且容易导致 IP 地址冲突等错误。

DHCP 可以为网络终端动态分配 IP 地址及子网掩码、缺省网关、DNS 服务器等配置信

息，不仅解决了手动配置 IP 地址时存在的各种问题，也便于对整个网络进行集中管理。当然，各种服务器、网络设备节点都需要采用静态 IP 地址分配的方式，否则可能导致用户无法访问服务器，或网络设备无法完成正常的数据转发和路由功能。

DHCP 采用 C/S 模式，其客户端需要从 DHCP 服务器获取各种网络配置参数，这个过程通过双方交互各种 DHCP 消息实现。DHCP 消息封装在 UDP 报文中传输，DHCP 服务器使用端口号 67 接收 DHCP 消息，DHCP 客户端使用端口号 68 接收 DHCP 消息。

1. DHCP 报文

1）DHCP 发现（DHCP Discover）报文

DHCP 客户端初次接入网络时，会广播发送 DHCP 发现报文，用于查找和定位 DHCP 服务器。

2）DHCP 提供（DHCP Offer）报文

DHCP 服务器在收到 DHCP 发现报文后，会发送 DHCP 提供报文，此报文中包含 IP 地址、租约期限和其他配置信息（如网关、DNS 服务器等）。

3）DHCP 请求（DHCP Request）报文

在 DHCP 客户端收到服务器发送的 DHCP 提供报文后，会以广播形式发送 DHCP 请求报文。另外，DHCP 客户端在获取 IP 地址并重启后，也会发送 DHCP 请求报文，用于确认分配的 IP 地址等配置信息是否有效。当 DHCP 客户端获取的 IP 地址租期快要到期时，也会通过发送 DHCP 请求报文向服务器申请延长 IP 地址租期。

4）DHCP 确认（DHCP ACK）报文

在收到 DHCP 客户端发送的 DHCP 请求报文后，DHCP 服务器会根据请求报文携带的 MAC 地址信息查找是否有相应租约记录，如果有则回复 DHCP 确认报文。客户端收到 DHCP 确认报文后，会将获取的 IP 地址等信息写入本地网络接口。

5）DHCP 否定确认（DHCP NAK）报文

如果 DHCP 服务器收到 DHCP 请求报文后，没有找到相应的租约记录，则发送 DHCP 否定确认报文作为应答，告知 DHCP 客户端无法分配合适的 IP 地址。

6）DHCP 释放（DHCP Release）报文

当 DHCP 客户端不再需要使用分配的 IP 地址时，通过主动发送 DHCP 释放报文释放 IP 地址。在收到 DHCP 释放报文后，DHCP 服务器可以把该 IP 地址分配给其他 DHCP 客户端。

7）DHCP 拒绝（DHCP Decline）报文

DHCP 客户端在收到 DHCP 服务器的确认报文后，会通过免费的 ARP 检测机制发现可能由于多个服务器地址池重叠导致的分配地址冲突，或者其他原因导致的地址不能使用，并会向服务器发送 DHCP 拒绝报文，通知服务器所分配的 IP 地址不可用，以请求获得新的 IP 地址。

2. 地址池

ARG3 系列路由器和 X7 系列交换机都可以作为 DHCP 服务器，为主机等设备分配 IP 地址。DHCP 服务器的地址池用于定义分配给主机的 IP 地址范围，有接口地址池和全局地址池两种形式。

1)接口地址池

接口地址池用于为连接到同一网段的主机或终端分配 IP 地址。在 DHCP 服务器上,可以通过在接口视图下执行 **dhcp select interface** 命令,将 DHCP 服务器配置为采用接口地址池的模式为客户端分配 IP 地址。

2)全局地址池

全局地址池用于为所有连接到 DHCP 服务器的终端分配 IP 地址。在 DHCP 服务器上,可以通过在接口视图下执行 **dhcp select global** 命令,将 DHCP 服务器配置为采用全局地址池的模式为客户端分配 IP 地址。

接口地址池的优先级比全局地址池高。若同时配置了全局地址池和接口地址池,客户端将优先从接口地址池中获取 IP 地址。在 X7 系列交换机上,只能在 VLANIF 逻辑接口上配置接口地址池。当网络中部署了 DHCP Relay 时,则必须使用全局地址池进行配置。

同一网段的 IP 地址分配仅可以采用接口地址池或者全局地址池其中一种模式。全局地址池一般适用于 DHCP 服务器和 DHCP 客户端在不同网段的情况。接口地址池只为从对应接口上线的客户端分配该地址池中的 IP 地址,一般适用于 DHCP 服务器和 DHCP 客户端在同一网段的情况。

3. DHCP 原理

为了获取 IP 地址等配置信息,DHCP 客户端与 DHCP 服务器间需要进行报文交互。DHCP 客户端发送 DHCP 发现报文请求发现 DHCP 服务器。DHCP 服务器会选取一个未分配的 IP 地址,向 DHCP 客户端发送 DHCP 提供报文。此报文中包含分配给客户端的 IP 地址和其他配置信息。如果存在多个 DHCP 服务器,则每个 DHCP 服务器都会响应。

如果有多个 DHCP 服务器向 DHCP 客户端发送 DHCP 提供报文,DHCP 客户端将会选择收到的第一个 DHCP 提供报文,然后发送 DHCP 请求报文。此报文中包含请求的 IP 地址。收到 DHCP 请求报文后,提供该 IP 地址的 DHCP 服务器会向 DHCP 客户端发送一个 DHCP 确认报文(包含提供的 IP 地址和其他配置信息)。DHCP 客户端收到 DHCP 确认报文后,会发送免费的 ARP 报文,检查网络中是否有其他主机使用分配的 IP 地址。如果指定时间内没有收到 ARP 应答,则 DHCP 客户端会使用这个 IP 地址。如果有主机使用该 IP 地址,则 DHCP 客户端会向 DHCP 服务器发送 DHCP 拒绝报文,通知服务器该 IP 地址已被占用,然后 DHCP 客户端会向服务器重新申请一个 IP 地址。

DHCP 服务器按照以下优先顺序为客户端选择 IP 地址。

(1)DHCP 服务器的地址池库中与客户端 MAC 地址静态绑定的 IP 地址。

(2)客户端以前曾经使用过的 IP 地址,即客户端发送的 DHCP 发现报文请求 IP 地址选项的地址。

(3)在 IP 地址池中按顺序查找到的第一个可供分配的 IP 地址。

(4)如果在 DHCP 地址池中未找到可供分配的 IP 地址,则依次查询超过租期、发生冲突的 IP 地址,如果找到可用 IP 地址,则进行分配,否则报告错误。

4. DHCP 租期

DHCP 服务器分配给客户端的 IP 地址均有租约期限,当租约期满后服务器会自动回收该 IP 地址。如果客户端希望继续使用该地址,则需在租期届满前向服务器提出更新租约申请,即“续租”。如果 DHCP 服务器没有指定租期, DHCP 客户端会默认使用 1 天作为租期,最短租期为 1 小时。

当 DHCP 客户端获得 IP 地址后会进入绑定状态,并设置 3 个计时器,分别用于控制租期更新、重绑定和判断是否已经到达租期。

默认情况下,当还剩下 50%的租期时,DHCP 客户端开始租约更新过程。DHCP 客户端通过向分配 IP 地址的服务器单播发送 DHCP 请求报文申请延长 IP 地址的租期。DHCP 服务器通过向客户端发送 DHCP 确认报文,向 DHCP 客户端分配一个新的租期。

当 DHCP 客户端发送 DHCP 请求报文续租时,如果没有收到 DHCP 服务器的响应,则按以下机制处理。默认情况下,重绑定计时器在租期剩余 12.5%的时候超时,超时后,DHCP 客户端会认为原 DHCP 服务器不可用,开始重新以广播形式发送 DHCP 请求报文。网络上的所有 DHCP 服务器都可以应答 DHCP 确认或 DHCP 否定确认报文。

如果收到 DHCP 确认报文, DHCP 客户端重新进入绑定状态,复位租期更新计时器和重绑定计时器。如果收到 DHCP 否定确认报文, DHCP 客户端进入初始化状态。此时, DHCP 客户端必须立刻停止使用现有 IP 地址,重新申请 IP 地址。

租期计时器是地址失效进程中的最后一个计时器,超时时间为 IP 地址的租期时间。如果 DHCP 客户端在租期失效计时器超时前没有收到服务器的任何回应,则必须立刻停止使用现有 IP 地址,发送 DHCP 释放报文,并进入初始化状态。DHCP 客户端重新发送 DHCP 发现报文,申请 IP 地址。

5. DHCP 中继

DHCP 发现报文、DHCP 请求报文等消息都是以广播报文的形式发送的。也就是说, DHCP 客户端和 DHCP 服务器必须在同一个二层广播域中(即 DHCP 服务器至少有一个端口与客户端所在子网直连)才能收到彼此发送的 DHCP 消息。DHCP 消息无法跨越二层广播域传递。

IP 网络通常都包含多个二层广播域,可以通过以下两种方法部署 DHCP。一种方法是在每个二层广播域中都部署一个 DHCP 服务器,但是该方法维护成本高,现实中一般不推荐此方法。另一种方法是部署一个 DHCP 服务器,使其同时为多个二层广播域中的 DHCP 客户端服务,但需要引入 DHCP Relay(通常是路由器或是三层交换机),该方法既节省成本,也便于集中管理。

DHCP Relay 用于在 DHCP 客户端和 DHCP 服务器之间进行 DHCP 消息中转。当 DHCP 客户端利用 DHCP Relay 从 DHCP 服务器获取 IP 地址等配置参数时, DHCP Relay 必须与 DHCP 客户端位于同一个二层广播域;而 DHCP 服务器可以与 DHCP Relay 位于同一个二层广播域,也可以与 DHCP Relay 位于不同的二层广播域,但是必须路由可达。DHCP 客户端与 DHCP Relay 之间以广播方式交换 DHCP 消息,而 DHCP Relay 与 DHCP 服务器之间是以单播方式交换 DHCP 消息的,这就需要 DHCP Relay 必须提前获取 DHCP 服务器的 IP 地址。

DHCP Relay 用于主机跨网段申请 IP 地址,一个 DHCP 中继代理可以同时连接多个子网,作为多个 DHCP 客户端子网的中继代理。DHCP 服务器根据 DHCP Relay 发送的单播 DHCP 发现报文的源 IP 地址判断客户端处于哪个网段,因为源 IP 地址就是 DHCP Relay 连接客户端的接口的 IP 地址。

中继配置指定 DHCP 服务器有两种方式：一种是在面向 PC 的接口下直接配置 DHCP 服务器的 IP 地址；另一种是在面向 PC 的接口下调用全局定义的 DHCP 服务器组。

第一种方式：直接在 R1 的 G0/0/1 接口下开启 DHCP 中继功能，并指定 DHCP 服务器 IP 地址为 100.1.1.1。

```
[R1]int g0/0/1
[R1-GigabitEthernet0/0/1]dhcp select relay
[R1-GigabitEthernet0/0/1]dhcp relay server-ip 100.1.1.1
```

第二种方式：先在 R1 上创建 DHCP 服务器组，指定组名为 dhcp-group，并使用 dhcp-server 命令添加远端的 DHCP 服务器地址；然后在 G0/0/1 接口下开启 DHCP 中继功能，并配置所对应的 DHCP 服务器组。

```
[R1]dhcp server group dhcp-group
[R1-dhcp-server-group-dhcp-group]dhcp-server 100.1.1.1
[R1-dhcp-server-group-dhcp-group]int g0/0/1
[R1-GigabitEthernet0/0/1]dhcp select relay
[R1-GigabitEthernet0/0/1]dhcp relay server-select dhcp-group
```

以上两种方式可以达到同样的效果，如果中继设备上有多个接口需要配置 DHCP 中继功能，则要在所有接口上重复同样的操作，这样产生的工作量较大。此时，可采用服务器组方式，仅全局定义一次，每个接口重复调用即可，这种方式适用于有多个 DHCP 服务器或者服务器 IP 地址需要更改的情况。

二、基础任务目标

（1）理解 DHCP 的基本原理。
（2）理解 DHCP 报文。
（3）理解 DHCP 接口地址池和全局地址池。
（4）能够正确配置 DHCP 服务。

三、基础任务拓扑

在 Z 企业网络模拟场景中，使用路由器 R1 作为 DHCP 服务器，为财务部和市场部主机提供动态 IP 等网络参数分配服务，拓扑结构如图 3-6-1 所示。

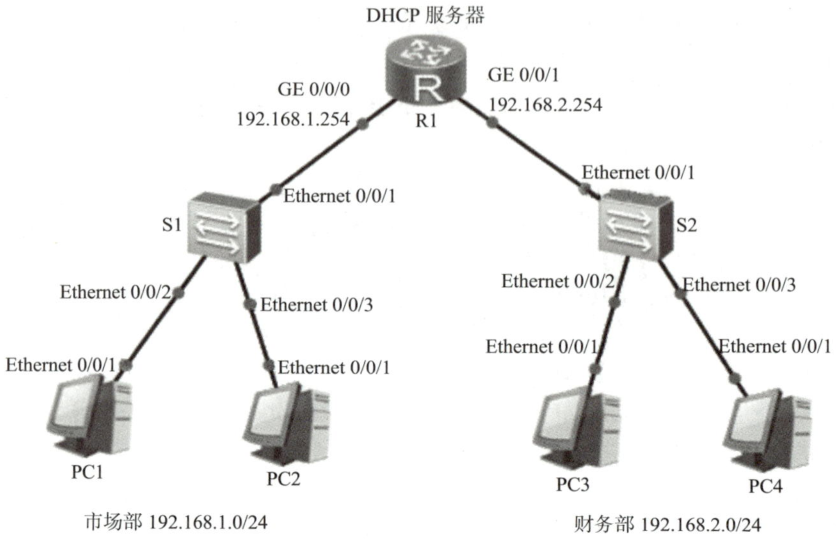

图 3-6-1　DHCP 基础配置拓扑

📖 四、基础任务实施

1. 基础配置

根据表 3-6-1 配置 PC 和路由器的 IP 地址、子网掩码和网关。

表 3-6-1　IP 地址规划

设备	接口	IP 地址	子网掩码	网关
R1（Router）	G0/0/0	192.168.1.254	255.255.255.0	—
	G0/0/1	192.168.2.254	255.255.255.0	—
PC1	E0/0/1	动态获取		
PC2	E0/0/1	动态获取		

配置路由器 R1 接口 IP 地址。

```
<Huawei>sys
[Huawei]sysname R1
[R1]user-interface console 0
[R1-ui-console0]idle-timeout 0 0
[R1-ui-console0]int g0/0/0
[R1-GigabitEthernet0/0/0]ip add 192.168.1.254 24
[R1-GigabitEthernet0/0/0]int g0/0/1
[R1-GigabitEthernet0/0/1]ip add 192.168.2.254 24
```

2. 配置接口地址池

接口地址池实验

```
[R1]dhcp enable
[R1]int g0/0/0
[R1-GigabitEthernet0/0/0]dhcp select interface
[R1-GigabitEthernet0/0/0]dhcp server dns-list 192.168.1.254
[R1-GigabitEthernet0/0/0]dhcp server excluded-ip-address 192.168.1.1 192.168.1.10
[R1-GigabitEthernet0/0/0]dhcp server lease day 3
[R1-GigabitEthernet0/0/0]int g0/0/1
[R1-GigabitEthernet0/0/1]dhcp select interface
```

配置完成后,查看 PC 能否自动获取 IP 地址及 PC 间能相互访问。

以 PC1 为例,查询获取的 IP 地址。

```
PC>ipconfig
Link local IPv6 address...........: fe80::5689:98ff:fe2a:6c9
IPv6 address......................: :: / 128
IPv6 gateway......................: ::
IPv4 address......................: 192.168.1.253
Subnet mask.......................: 255.255.255.0
Gateway...........................: 192.168.1.254
Physical address..................: 54-89-98-2A-06-C9
DNS server........................:
```

以 PC3 访问 PC1 为例,验证 PC 间能够互访。

```
PC>ping 192.168.1.253

Ping 192.168.1.253: 32 data bytes, Press Ctrl_C to break
From 192.168.1.253: bytes=32 seq=1 ttl=127 time=125 ms
From 192.168.1.253: bytes=32 seq=2 ttl=127 time=94 ms
From 192.168.1.253: bytes=32 seq=3 ttl=127 time=109 ms
From 192.168.1.253: bytes=32 seq=4 ttl=127 time=94 ms
From 192.168.1.253: bytes=32 seq=5 ttl=127 time=125 ms

--- 192.168.1.253 ping statistics ---
5    packet(s) transmitted
5    packet(s) received
0.00% packet loss
```

```
round-trip min/avg/max = 94/109/125 ms
```

3. 配置全局地址池

在配置全局地址池前，先删除接口地址池。

全局地址池实验

```
[R1-GigabitEthernet0/0/0]undo dhcp select interface
[R1-GigabitEthernet0/0/1]undo dhcp select interface
[R1]ip pool dhcp1
[R1-ip-pool-dhcp1]gateway-list 192.168.1.254
[R1-ip-pool-dhcp1]network 192.168.1.0 mask 255.255.255.0
[R1-ip-pool-dhcp1]excluded-ip-address 192.168.1.1 192.168.1.10
[R1-ip-pool-dhcp1]lease day 3
[R1-ip-pool-dhcp1]dns-list 1.1.1.1
[R1-ip-pool-dhcp1]ip pool dhcp2
[R1-ip-pool-dhcp2]gateway-list 192.168.2.254
[R1-ip-pool-dhcp2]network 192.168.2.0 mask 255.255.255.0
[R1-ip-pool-dhcp2]int g0/0/0
[R1-GigabitEthernet0/0/0]dhcp select global
[R1-GigabitEthernet0/0/0]int g0/0/1
[R1-GigabitEthernet0/0/1]dhcp select global
```

查看全局地址池，可见共有 506 个可用 IP 地址，其中 4 个 IP 地址已经使用、10 个 IP 地址禁用、492 个 IP 地址空闲。通过查询可知，各主机均已获取 IP 地址。

```
<R1>display ip pool
  -----------------------------------------------------------------------------
  Pool-name      : dhcp1
  Pool-No        : 0
  Position       : Local           Status           : Unlocked
  Gateway-0      : 192.168.1.254
  Mask           : 255.255.255.0
  VPN instance   : --
  -----------------------------------------------------------------------------
  Pool-name      : dhcp2
  Pool-No        : 1
  Position       : Local           Status           : Unlocked
  Gateway-0      : 192.168.2.254
  Mask           : 255.255.255.0
  VPN instance   : --
```

```
IP address Statistic
  Total          :506
  Used           :4            Idle         :492
  Expired        :0           Conflict      :0        Disable   :10
```

4. 抓包

在 R1 的 G0/0/0 或者 G0/0/1 接口抓包，可以清楚看到 DHCP 服务器和 DHCP 客户端间交互的四个报文，如图 3-6-2 所示。DHCP 客户端在获取 IP 地址后，会发送免费的 ARP 报文，用以检测 IP 地址是否存在冲突。如果 DHCP 客户端没有收到应答，则可以使用该 IP 地址；否则不能使用，需要重新申请 IP 地址。

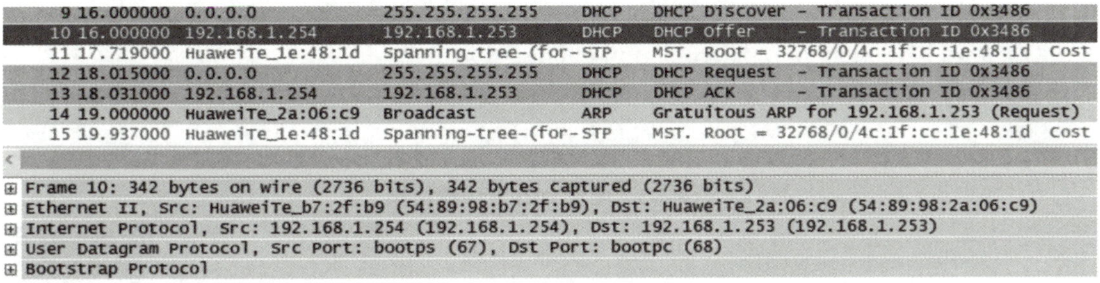

图 3-6-2　DHCP 抓包

五、基础任务评价

基础任务评价见表 3-6-2。

表 3-6-2　基础任务评价

序号	考核要点	完成情况
1	DHCP 的基本原理	
2	DHCP 报文	
3	DHCP 接口地址池	
4	DHCP 全局地址池	
5	配置 DHCP 服务	
6	总结本次任务的收获	

六、拓展任务目标

（1）理解 DHCP 中继的应用场景。

（2）能够进行 DHCP 中继配置。

七、拓展任务拓扑

Z 企业的 A 分支机构网络由交换机和网关路由器 R1 组成，其终端需要通过总部的 DHCP 服务器 R3 自动获取 IP 地址。由于总部与分支机构不在同一个子网，需要在 R1 上配置 DHCP 中继，以实现跨网段的 IP 地址分配。其拓扑如图 3-6-3 所示。

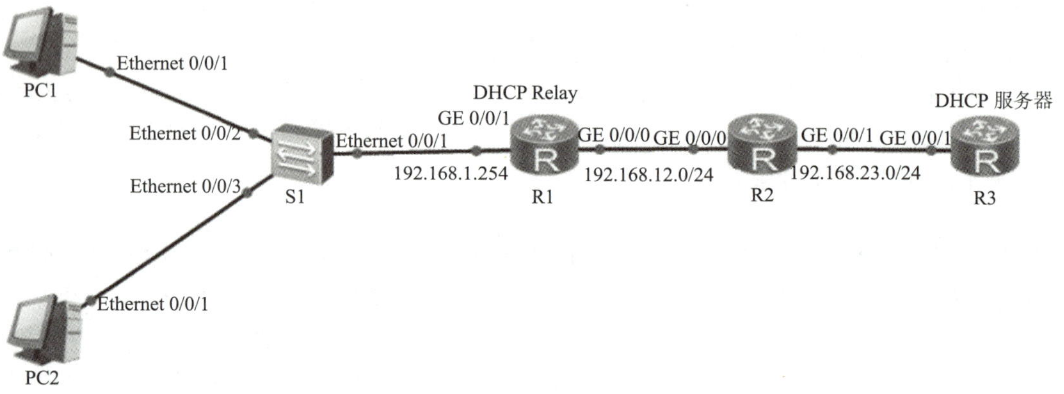

图 3-6-3　配置 DHCP 中继拓扑

八、拓展任务实施

DHCP 中继实验

1. 基础配置

根据表 3-6-3 配置路由器各个接口的 IP 地址、子网掩码和关网。

表 3-6-3　IP 地址规划

设备	接口	IP 地址	子网掩码	网关
R1（AR2220）	G0/0/0	192.168.12.1	255.255.255.0	—
	G0/0/1	192.168.1.254	255.255.255.0	—
R2（AR2220）	G0/0/0	192.168.12.2	255.255.255.0	—
	G0/0/1	192.168.23.2	255.255.255.0	—
R2（AR2220）	G0/0/1	192.168.23.3	255.255.255.0	—
PC1	E0/0/1	动态获取		
PC2	E0/0/1	动态获取		

```
[R1]user-interface console 0
[R1-ui-console0]idle-timeout 0 0
[R1-ui-console0]int g0/0/0
[R1-GigabitEthernet0/0/0]ip add 192.168.12.1 24
[R1-GigabitEthernet0/0/0]int g0/0/1
```

```
[R1-GigabitEthernet0/0/1]ip add 192.168.1.254 24

[R2]user-interface console 0
[R2-ui-console0]idle-timeout 0 0
[R2-ui-console0]int g0/0/0
[R2-GigabitEthernet0/0/0]ip add 192.168.12.2 24
[R2-GigabitEthernet0/0/0]int g0/0/1
[R2-GigabitEthernet0/0/1]ip add 192.168.23.2 24

[R3]user-interface console 0
[R3-ui-console0]idle-timeout 0 0
[R3-ui-console0]int g0/0/1
[R3-GigabitEthernet0/0/1]ip add 192.168.23.3 24
```

2. 配置网络 OSPF

```
[R1]ospf router-id 1.1.1.1
[R1-ospf-1]area 0
[R1-ospf-1-area-0.0.0.0]network 192.168.1.254 0.0.0.0
[R1-ospf-1-area-0.0.0.0]network 192.168.12.1 0.0.0.0

[R2]ospf router-id 2.2.2.2
[R2-ospf-1]area 0
[R2-ospf-1-area-0.0.0.0]network 192.168.12.2 0.0.0.0
[R2-ospf-1-area-0.0.0.0]network 192.168.23.2 0.0.0.0

[R3]ospf router-id 3.3.3.3
[R3-ospf-1]area 0
[R3-ospf-1-area-0.0.0.0]network 192.168.23.3 0.0.0.0
```

3. 将 R3 作为 DHCP 服务器配置

```
[R3]ip pool dhcp
[R3-ip-pool-dhcp]gateway-list 192.168.1.254
[R3-ip-pool-dhcp]network 192.168.1.0 mask 255.255.255.0
[R3-ip-pool-dhcp]int g0/0/1
[R3-GigabitEthernet0/0/1]dhcp select global
```

4. 将 R1 作为 DHCP 的中继配置

```
[R1]int g0/0/1
[R1-GigabitEthernet0/0/1]dhcp select relay
[R1-GigabitEthernet0/0/1]dhcp relay server-ip 192.168.23.3
```

在 R1 上创建 DHCP 服务器组，指定组名为 dhcp-group。两种方法，选择一种即可。

```
[R1]dhcp server group dhcp-group
[R1-dhcp-server-group-dhcp-group]dhcp-server 192.168.23.3
[R1-dhcp-server-group-dhcp-group]int g0/0/1
[R1-GigabitEthernet0/0/1]dhcp select relay
[R1-GigabitEthernet0/0/1]dhcp relay server-select dhcp-group
```

5. 测试

测试 PC1 和 PC2 能否动态获取 IP 地址等网络参数。以 PC1 为例，由测试结果可知其获得了 IP 地址（192.168.1.252）。

```
Welcome to use PC Simulator!

PC>ipconfig

Link local IPv6 address...........: fe80::5689:98ff:fedd:e99
IPv6 address......................: :: / 128
IPv6 gateway......................: ::
IPv4 address......................: 192.168.1.252
Subnet mask.......................: 255.255.255.0
Gateway...........................: 192.168.1.254
Physical address..................: 54-89-98-DD-0E-99
DNS server........................:
```

九、拓展任务评价

拓展任务评价见表 3-6-4。

表 3-6-4　拓展任务评价

序号	考核要点	完成情况
1	DHCP 中继的应用场景	
2	配置 DHCP 中继	
3	总结本次任务的收获	

十、日积月累

（1）在配置 DHCP 地址池时，哪些 IP 地址需手动排除？

应该排除分配给 DNS 等服务器的 IP 地址、DHCP 服务器接口的 IP 地址等，避免 IP 地址冲突。

（2）DHCP 服务器的 IP 地址默认租期是多久？

默认的 IP 地址租期是 86 400 s，即一天（24 小时）。

（3）DHCP 发现、DHCP 请求等报文都是以广播形式发送的，因此 DHCP 客户端和 DHCP 服务器必须在同一个二层广播域中才能接收彼此发送的 DHCP 消息。DHCP 消息无法跨越二层广播域传递。

（4）DHCP Relay 用于在 DHCP 客户端和 DHCP 服务器之间进行 DHCP 消息中转。DHCP Relay 必须与 DHCP 客户端位于同一个二层广播域内。DHCP 客户端与 DHCP Relay 之间是以广播形式交换 DHCP 消息的，而 DHCP Relay 与 DHCP 服务器之间是以单播方式交换 DHCP 消息的，这需要 DHCP Relay 必须提前获得 DHCP 服务器的 IP 地址。

（5）DHCP 服务器如何判断客户端在哪个网段？

DHCP 服务器根据 DHCP Relay 发送的单播 DHCP 发现报文的源 IP 地址判断客户端在哪个网段，因为源 IP 地址就是 DHCP Relay 连接客户端的接口 IP 地址。

项目四

广域网接入

本项目主要介绍广域网接入知识，包括 PPP 和 PPPoE（以太网上的 PPP）、访问控制技术、前缀列表及网络地址转换技术等。

高素质技能型人才培养目标

知识目标	（1）了解常见的广域网技术和设备； （2）理解 PPP 和 PPPoE 的基本原理； （3）理解访问控制列表的基本原理； （4）理解前缀列表的基本原理； （5）理解网络地址转换的基本原理
能力目标	（1）能够配置 PPP 的 PAP 认证和 CHAP 认证； （2）能够进行 PPPoE 的基础配置； （3）能够正确配置基础 ACL 和高级 ACL； （4）能够正确配置前缀列表； （5）能够正确配置静态、动态 NAT、NAPT、EasyIP、NAT Server
素质目标	（1）培养学生查阅网络设备产品文档的能力； （2）培养学生自主学习、分析问题与解决问题的能力； （3）培养学生创新意识、团队协作精神和精益求精的大国工匠精神； （4）强化学生“网络安全就是国家安全”的理念，树立网络安全防护意识

课程思政

国家网络安全宣传周——网络安全为人民，网络安全靠人民

国家网络安全宣传周是为了实现“共建网络安全，共享网络文明”的目标而开展的主题活动。该活动围绕金融、电信、电子政务、电子商务等重点领域和行业的网络安全议题，针对社会公众关注的热点问题，举办网络安全体验展等系列主题宣传活动，旨在营造网络安全人人有责、人人参与的良好氛围。从 2014 年开始，每年 9 月都会开展相关主题活动。

2024 年 9 月 8 日，2024 年国家网络安全宣传周在广州拉开帷幕。此次网络安全宣传周继续以“网络安全为人民，网络安全靠人民”为主题，深入贯彻落实习近平总书记关于网络强国的重要思想。我们应遵守网络安全法律法规，积极学习网络和数据安全知识，共同营造清朗、安全的网络环境！

网络安全不仅关乎每个人的切身利益，更是国家安全的重要组成部分。为营造更加安全、健康的网络环境，我国制定了一系列法律法规，其中《中华人民共和国网络安全法》《中华人民共和国数据安全法》和《中华人民共和国个人信息保护法》是核心内容，它们共同构成了我国网络安全法律体系的基石。这些专业法律不仅为网络空间治理提供了坚实的法律依据和制度保障，也为我们每个人的网络安全和隐私保护筑牢了屏障。网络空间并非法外之地，我们要做到文明上网，不传谣、不信谣，共同抵制网络暴力、色情、赌博等有害信息，共同守护我们的网络精神家园。

任务 1　配置 PPPoE 拨号接入公网

一、知识准备

广域网是通过租用 ISP（互联网服务提供商）网络或者自建专用网络，连接不同地区局域网的网络，其覆盖的范围从几十千米到几千千米。广域网能连接多个地区、城市乃至国家，甚至横跨几个洲实现远距离通信，形成国际性的远程网络。在早期网络体系中，广域网与局域网的区别在于数据链路层和物理层，而在 TCP/IP 参考模型中，其他各层无差异。

广域网设备主要有三种基本角色：CE（Customer Edge，用户边缘设备）、PE（Provider Edge，服务提供商边缘设备）和P（Provider，服务提供商设备）。它们的具体定义如下。

CE：用户端连接服务提供商的边缘设备。CE可连接一个或多个PE，实现用户接入。

PE：属于服务提供商侧，是连接CE的边缘设备。PE同时连接CE和P，是重要的网络节点。

P：服务提供商网络内部不连接任何CE的设备。

广域网设备连接拓扑如图4-1-1所示。

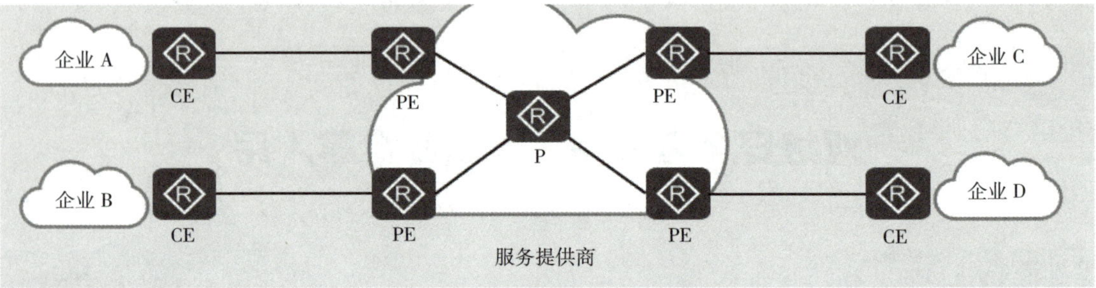

图4-1-1　广域网设备连接拓扑

早期的广域网技术根据不同的物理链路类型，在数据链路层进行不同的二层封装。在CE与PE之间常用的广域网封装协议有PPP、HDLC（高级数据链路控制）、FR（帧中继）等，它们用于解决用户接入广域网的长距离传输问题。在ISP内部常用的广域网协议主要是ATM（异步传输模式），它用于解决骨干网高速转发的问题。广域网技术应用示意如图4-1-2所示。

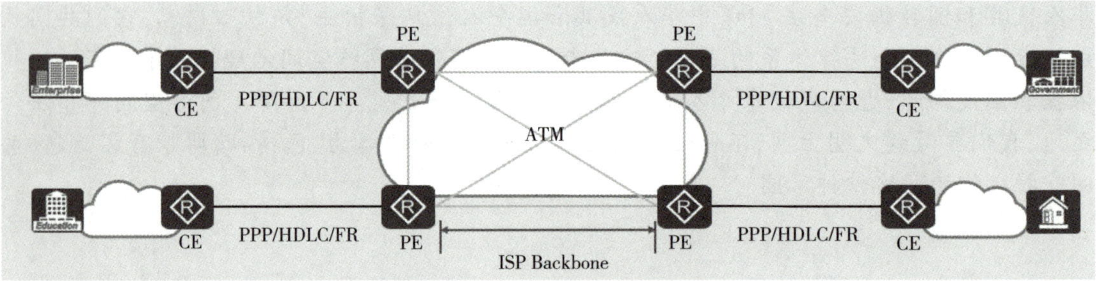

图4-1-2　广域网技术应用示意

1. PPP概述

PPP是一种常见的广域网数据链路层协议，主要用于在全双工的链路上进行点到点的数据传输封装。PPP既支持同步传输又支持异步传输。**PPP提供了安全认证协议族PAP（Password Authentication Protocol，密码验证协议）和CHAP（Challenge Handshake Authentication Protocol，挑战握手认证协议）**。PPP具有良好的扩展性。例如，当**需要在以太网链路上承载PPP时，其可以扩展为PPPoE**。PPP包含LCP（Link Control Protocol，链路控制协议）和NCP（Network Control Protocol，网络控制协议）。LCP用于协商各种链路层参数，例如最大接收单元、认证方式等，实现PPP数据链路的建立、拆除和监控。NCP则包含多种具体协议，如 IPCP（IP Control Protocol，IP 控制协议），用于协商各网络层参数，以便更好地支持网络层协议。

2. PPP 链路的建立流程

PPP 链路的建立经过三个协商阶段：链路层协商、认证协商（可选）和网络层协商。

（1）链路层协商：通过 LCP 报文协商链路层参数，建立链路层连接。

（2）认证协商（可选）：通过链路层协商的认证方式进行链路认证。

（3）网络层协商：通过 NCP 协商来选择和配置网络层协议及参数，为上层业务传输做准备。

3. PPP 链路接口状态机

PPP 协商由链路两端的接口完成。接口的状态反映协议各阶段进展，正常建立 PPP 链路需要经历链路层协商阶段、认证协商（可选）阶段和网络层协商阶段，详细过程如下。

（1）通信双方开始建立 PPP 链路时，先进入链路层协商阶段。

（2）在链路层协商阶段，协商通信双方的 MRU（Maximum Receive Unit，最大接收单元）、认证方式和魔术字（Magic Number）等选项。协商成功后进入开启状态，表示底层链路已建立。

（3）如果配置了认证，将进入认证协商阶段，否则直接进入网络层协商阶段。

（4）在认证协商阶段，会根据链路层协商阶段协商的认证方式进行链路认证。认证方式有 PAP 和 CHAP 两种。如果认证成功，进入网络层协商阶段，否则进入终止阶段，拆除链路。

（5）在网络层协商阶段，PPP 链路进行 NCP 协商，通过 NCP 协商来选择和配置网络层协议及参数。最常见的 NCP 协议是 IPCP，用于协商 IP 参数。

（6）在终止阶段，如果所有资源都被释放，则通信双方将回到初始状态。在 PPP 运行过程中，可以随时中断连接，物理链路断开、认证失败、超时、管理员手动关闭等都可能导致链路进入终止阶段。

PPP 链路的建立过程如图 4-1-3 所示。

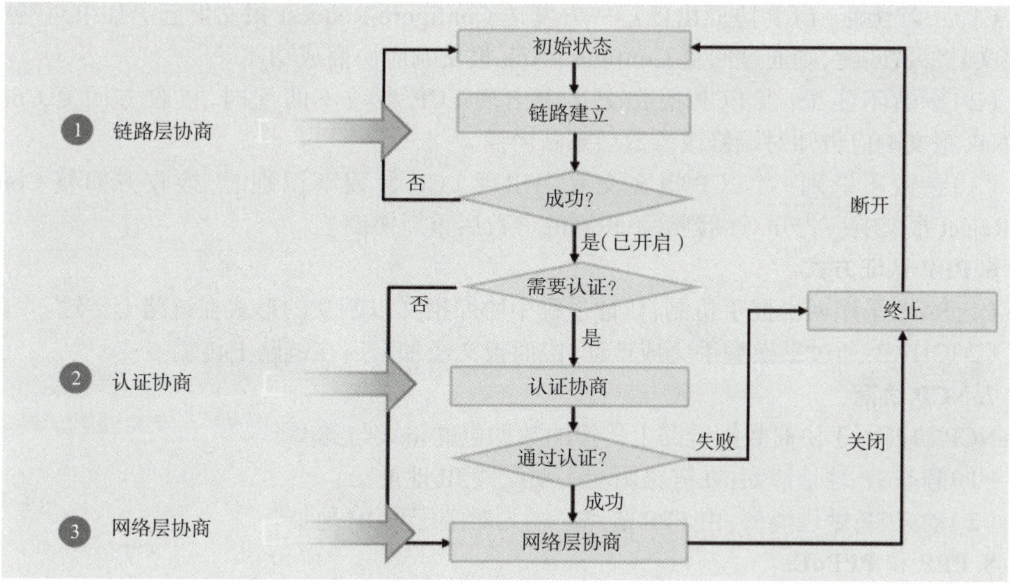

图 4-1-3 PPP 链路的建立过程

4. LCP 报文格式

PPP 报文中的 Protocol 字段用于标识不同类型的 PPP 报文。PPP 报文格式如图 4-1-4 所示。

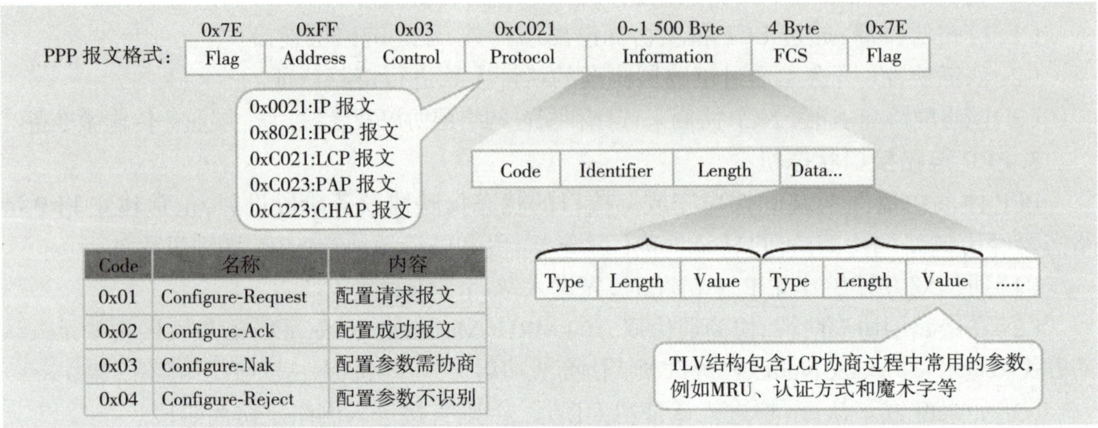

图 4-1-4　PPP 报文格式

其中，LCP 报文负责协商链路参数，主要包括 MRU、认证方式和魔术字。

（1）**MRU**：PPP 数据帧中 Information 字段和 Padding 字段的总长度，**默认值为 1 500 字节**。

（2）**认证方式**：认证对端使用的认证方式，默认情况下不启用认证。

（3）**魔术字**：一个**随机产生的数字，用于检测链路环路**。如果收到的 LCP 报文中的魔术字和本端产生的魔术字相同，则认为链路有环路。该功能默认处于开启状态。

5. LCP 协商过程

（1）**正常协商**：LCP 协商由任意一方发送 Configure-Request 报文发起。如果对端接收此报文且参数匹配，则通过回复 Configure-Ack 报文响应协商成功。

（2）**参数不匹配**：当 LCP 报文交互中出现 LCP 参数不匹配时，接收方回复 Configure-Nak 报文响应告知对端修改参数后重新协商。

（3）**参数不识别**：当 LCP 报文交互中出现 LCP 参数不识别时，接收方回复 Configure-Reject 报文响应告知对端删除不识别的参数后重新协商。

6. PPP 认证方式

（1）PAP：采用**两次**握手机制，认证过程中协商报文以**明文**的形式在链路上传输。

（2）CHAP：通过**三次**握手完成认证，协商报文经**加密**后在链路上传输。

7. NCP 协商

NCP 协商用于协商数据链路上传输的数据包的格式与类型。

（1）**静态 IP 地址协商**：在链路两端手动配置 IP 地址。

（2）**动态 IP 地址协商**：由 PPP 链路一端为对端配置 IP 地址。

8. PPP 和 PPPoE

PPPoE 是一种**把 PPP 帧封装到以太网帧中的链路层协议**。PPPoE 可以使以太网中的多台主机连接到远端的宽带接入服务器。PPPoE 融合了 PPP 和以太网的优点，既具有以太网的组网灵活优势，又可以利用 PPP 实现认证、计费等功能。PPP 和 PPPoE 帧结构如图 4-1-5 所示。

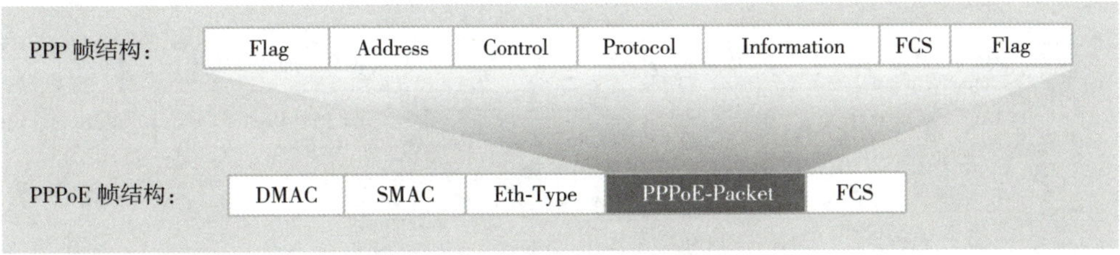

图 4-1-5　PPP 和 PPPoE 帧结构

9. PPPoE 的应用场景

PPPoE 具有在以太网中提供点到点连接的功能。它通过在 PPPoE 客户端与 PPPoE 服务器端之间建立 PPP 会话，封装 PPP 数据报文，为以太网主机提供接入服务，实现用户控制和计费等功能，在企业网络与运营商网络中应用广泛。PPPoE 的常见应用场景有家庭用户拨号上网、企业用户拨号上网等，如图 4-1-6 所示。

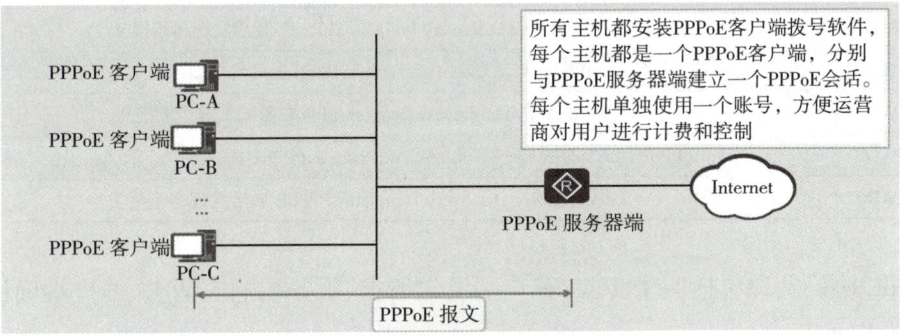

图 4-1-6　PPPoE 应用场景

10. PPPoE 会话建立

PPPoE 会话建立经历三个阶段：PPPoE 发现阶段、PPPoE 会话阶段和 PPPoE 终结阶段，如图 4-1-7 所示。

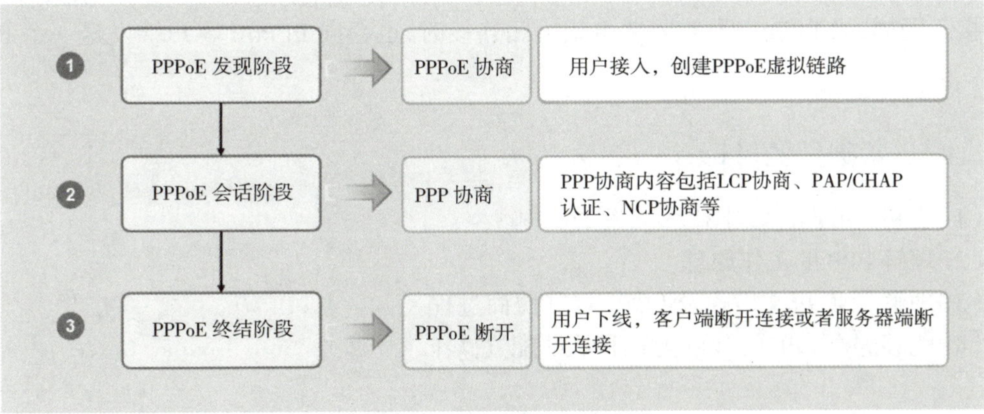

图 4-1-7　PPPoE 会话建立

1)PPPoE 发现阶段

PPPoE 会话的建立通过不同的 PPPoE 报文交互实现。PPPoE 报文结构如图 4-1-8 所示,PPPoE 常见的报文类型见表 4-1-1。

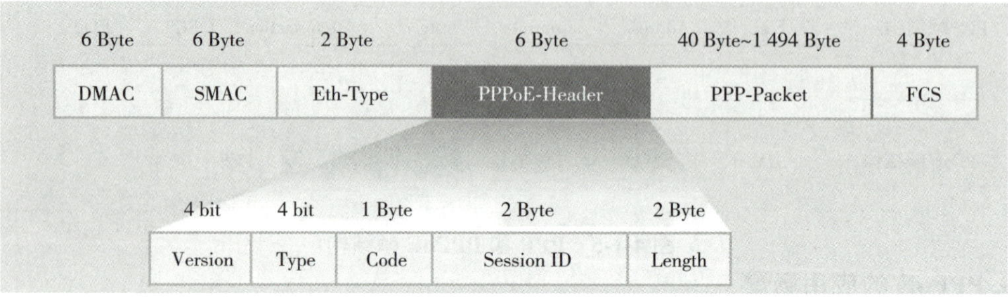

图 4-1-8　PPPoE 报文结构

表 4-1-1　PPPoE 常见的报文类型

代码	名称	内容
0x09	PADI	PPPoE Active Discovery Initiation,PPPoE 激活发现起始报文
0x07	PADO	PPPoE Active Discovery Offer,PPPoE 激活发现服务报文
0x19	PADR	PPPoE Active Discovery Request,PPPoE 激活发现请求报文
0x65	PADS	PPPoE Active Discovery Session-confirmation,PPPoE 激活发现会话确认报文
0xa7	PADT	PPPoE Active Discovery Terminate,PPPoE 激活发现终止报文

PPPoE 协议发现包括四个步骤:客户端发送请求、服务端响应请求、客户端确认响应和建立会话。

2)PPPoE 会话阶段

PPPoE 会话阶段会进行 PPP 协商,包括 LCP 协商、认证协商、NCP 协商三个阶段。

3)PPPoE 终结阶段

当 PPPoE 客户端希望关闭连接时,会向 PPPoE 服务器端发送一个 PADT 报文,用于关闭连接。同样,当 PPPoE 服务器端希望关闭连接时,也会向 PPPoE 客户端发送一个 PADT 报文。

二、基础任务目标

(1)了解广域网的基本概念和发展历史。

(2)理解 PPP 的工作原理。

(3)理解 LCP 报文格式及 LCP、NCP 协商过程。

(4)能够进行 PPP 的基础配置和认证配置操作。

三、基础任务拓扑

R1 是 Z 企业分支机构的接入终端网关设备，R2 是总部接入终端网关设备，R3 是总部核心路由器。网络管理员小刘在分支机构访问总部时部署 PPP 认证，R1 是被认证方、R3 是认证方，只有通过认证才能建立 PPP 连接正常访问总部。PPP 认证拓扑结构如图 4-1-9 所示。

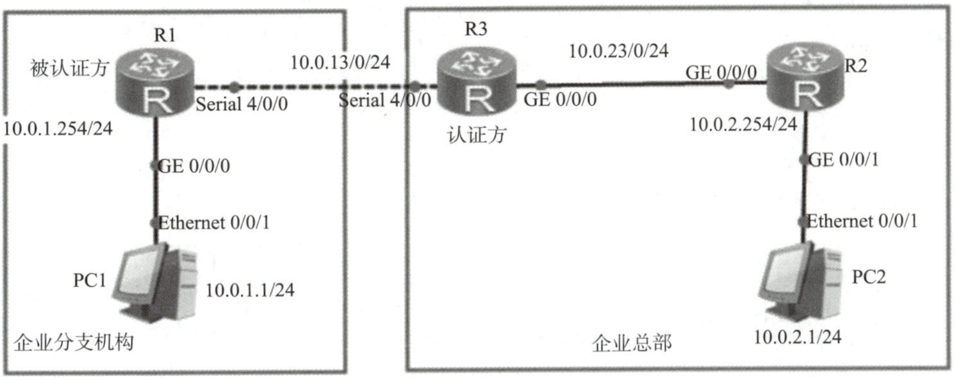

图 4-1-9　PPP 认证拓扑结构

四、基础任务实施

1. 基础配置

根据表 4-1-2 配置设备的 IP 地址、子网掩码和网关。

表 4-1-2　IP 地址规划

设备	接口	IP 地址	子网掩码	网关
R1（AR2220）	G0/0/0	10.0.1.254	255.255.255.0	—
	S4/0/0	10.0.13.1	255.255.255.0	—
R2（AR2220）	G0/0/0	10.0.23.2	255.255.255.0	—
	G0/0/1	10.0.2.254	255.255.255.0	—
R3（AR2220）	S4/0/0	10.0.13.3	255.255.255.0	—
	G0/0/0	10.0.23.3	255.255.255.0	—
PC1	E0/0/1	10.0.1.1	255.255.255.0	10.0.1.254
PC2	E0/0/1	10.0.2.1	255.255.255.0	10.0.2.254

测试直连链路的连通性，以 R1 访问 PC1 为例。

```
<R1>ping 10.0.1.1
  PING 10.0.1.1: 56   data bytes, press CTRL_C to break
    Reply from 10.0.1.1: bytes=56 Sequence=1 ttl=128 time=140 ms
```

```
    Reply from 10.0.1.1: bytes=56 Sequence=2 ttl=128 time=20 ms
    Reply from 10.0.1.1: bytes=56 Sequence=3 ttl=128 time=20 ms
    Reply from 10.0.1.1: bytes=56 Sequence=4 ttl=128 time=10 ms
    Reply from 10.0.1.1: bytes=56 Sequence=5 ttl=128 time=10 ms

  --- 10.0.1.1 ping statistics ---
5   packet(s) transmitted
5   packet(s) received
0.00% packet loss
    round-trip min/avg/max = 10/40/140 ms
```

2. 配置静态路由

R1 和 R3 配置静态路由，实现网络可达。

```
[R1]ip route-static 10.0.2.0 255.255.255.0 10.0.13.3
[R3]ip route-static 10.0.1.0 255.255.255.0 10.0.13.1
```

3. 配置 OSPF

R2 和 R3 配置 OSPF，实现网络可达。

```
[R2]ospf 1
[R2-ospf-1]area 0.0.0.0
[R2-ospf-1-area-0.0.0.0]network 10.0.2.254 0.0.0.0
[R2-ospf-1-area-0.0.0.0]network 10.0.23.2 0.0.0.0

[R3]ospf 1
[R3-ospf-1]import-route static
[R3-ospf-1]area 0.0.0.0
[R3-ospf-1-area-0.0.0.0]network 10.0.23.3 0.0.0.0
```

配置完成后，测试总部与分支机构终端间的连通性，可见 PC1 与 PC2 可以互访。

```
PC>ping 10.0.2.1

Ping 10.0.2.1: 32 data bytes, Press Ctrl_C to break
From 10.0.2.1: bytes=32 seq=1 ttl=125 time=31 ms
From 10.0.2.1: bytes=32 seq=2 ttl=125 time=16 ms
From 10.0.2.1: bytes=32 seq=3 ttl=125 time=31 ms
From 10.0.2.1: bytes=32 seq=4 ttl=125 time=16 ms
From 10.0.2.1: bytes=32 seq=5 ttl=125 time=31 ms

--- 10.0.2.1 ping statistics ---
5   packet(s) transmitted
```

```
5   packet(s) received
0.00% packet loss
  round-trip min/avg/max = 16/25/31 ms
```

4. 配置 PAP 认证

R1 与 R3 间通过串行链路连接，链路层运行 PPP，配置 PPP 认证。R3 为认证方路由器，R1 为被认证方路由器。

```
[R3]int s4/0/0
[R3-Serial4/0/0]ppp authentication-mode pap domain huaweiyu
[R3-Serial4/0/0]quit
[R3]aaa
[R3-aaa]aunthentication-scheme huawei_1
[R3-aaa-authen-huawei_1]authentication-mode local
[R3-aaa]domain huaweiyu
[R3-aaa-domain-huaweiyu]aunthentication-scheme huawei_1
[R3-aaa-domain-huaweiyu]quit
[R3-aaa]local-user R1@huaweiyu password cipher Huawei
[R3-aaa]local-user R1@huaweiyu service-type ppp

[R1]int s4/0/0
[R1-Serial4/0/0]ppp pap local-user R1@huaweiyu password cipher Huawei
```

配置完成后，测试 R1 和 R3 间的连通性，可见通信正常。

```
<R1>ping 10.0.13.3
  PING 10.0.13.3: 56   data bytes, press CTRL_C to break
    Reply from 10.0.13.3: bytes=56 Sequence=1 ttl=255 time=60 ms
    Reply from 10.0.13.3: bytes=56 Sequence=2 ttl=255 time=20 ms
    Reply from 10.0.13.3: bytes=56 Sequence=3 ttl=255 time=20 ms
    Reply from 10.0.13.3: bytes=56 Sequence=4 ttl=255 time=20 ms
    Reply from 10.0.13.3: bytes=56 Sequence=5 ttl=255 time=10 ms

  --- 10.0.13.3 ping statistics ---
5   packet(s) transmitted
5   packet(s) received
0.00% packet loss
    round-trip min/avg/max = 10/26/60 ms
```

测试 PC1 和 PC2 间的通信，可见分支机构与总部终端间通信正常。

```
PC>ping 10.0.2.1
```

```
Ping 10.0.2.1: 32 data bytes, Press Ctrl_C to break
From 10.0.2.1: bytes=32 seq=1 ttl=125 time=31 ms
From 10.0.2.1: bytes=32 seq=2 ttl=125 time=16 ms
From 10.0.2.1: bytes=32 seq=3 ttl=125 time=31 ms
From 10.0.2.1: bytes=32 seq=4 ttl=125 time=16 ms
From 10.0.2.1: bytes=32 seq=5 ttl=125 time=31 ms

--- 10.0.2.1 ping statistics ---
5   packet(s) transmitted
5   packet(s) received
0.00% packet loss
   round-trip min/avg/max = 16/25/31 ms
```

5. 配置 CHAP 认证

先删除 PAP 认证配置，再将 PPP 认证方式配置为 CHAP。

```
[R3]int s4/0/0
[R3-Serial4/0/0]undo ppp authentication-mode

[R1]int s4/0/0
[R1-Serial4/0/0]undo ppp pap local-user

[R3-Serial4/0/0]ppp authentication-mode chap
[R3-Serial4/0/0]quit
[R3]aaa
[R3-aaa]local-user R1 password cipher huawei
[R3-aaa]local-user R1 service-type ppp

[R1-Serial4/0/0]ppp chap user R1
[R1-Serial4/0/0]ppp chap password cipher huawei
```

配置完成后，测试 R1 和 R3 间的连通性，可见通信正常。

```
<R1>ping 10.0.13.3
   PING 10.0.13.3: 56   data bytes, press CTRL_C to break
      Reply from 10.0.13.3: bytes=56 Sequence=1 ttl=255 time=30 ms
      Reply from 10.0.13.3: bytes=56 Sequence=2 ttl=255 time=30 ms
      Reply from 10.0.13.3: bytes=56 Sequence=3 ttl=255 time=20 ms
      Reply from 10.0.13.3: bytes=56 Sequence=4 ttl=255 time=20 ms
      Reply from 10.0.13.3: bytes=56 Sequence=5 ttl=255 time=30 ms

   --- 10.0.13.3 ping statistics ---
5   packet(s) transmitted
```

```
5    packet(s) received
0.00% packet loss
    round-trip min/avg/max = 20/26/30 ms
```

测试 PC1 和 PC2 间的通信，可见分支机构与总部终端间通信正常。

```
PC>ping 10.0.2.1

Ping 10.0.2.1: 32 data bytes, Press Ctrl_C to break
From 10.0.2.1: bytes=32 seq=1 ttl=125 time=16 ms
From 10.0.2.1: bytes=32 seq=2 ttl=125 time=31 ms
From 10.0.2.1: bytes=32 seq=3 ttl=125 time=31 ms
From 10.0.2.1: bytes=32 seq=4 ttl=125 time=16 ms
From 10.0.2.1: bytes=32 seq=5 ttl=125 time=16 ms

--- 10.0.2.1 ping statistics ---
5    packet(s) transmitted
5    packet(s) received
0.00% packet loss
  round-trip min/avg/max = 16/22/31 ms
```

五、基础任务评价

基础任务评价见表 4-1-3。

表 4-1-3　基础任务评价

序号	考核要点	完成情况
1	广域网的基本概念和发展历史	
2	PPP 的工作原理	
3	LCP 报文格式	
4	LCP 协商过程	
5	NCP 协商过程	
6	PPP 的基础配置和认证配置	
7	总结本次任务的收获	

六、拓展任务目标

（1）理解 PPPoE 的工作原理。

（2）理解 PPPoE 报文。

(3)能够进行 PPPoE 的基础配置操作。

七、拓展任务拓扑

Z 企业出口路由器 R1 连接外网的接口 IP 地址由运营商动态分配。R2 模拟运营商设备,作为 PPPoE 服务器给客户端 R1 动态分配公网 IP 地址。PPPoE 配置拓扑结构如图 4-1-10 所示。

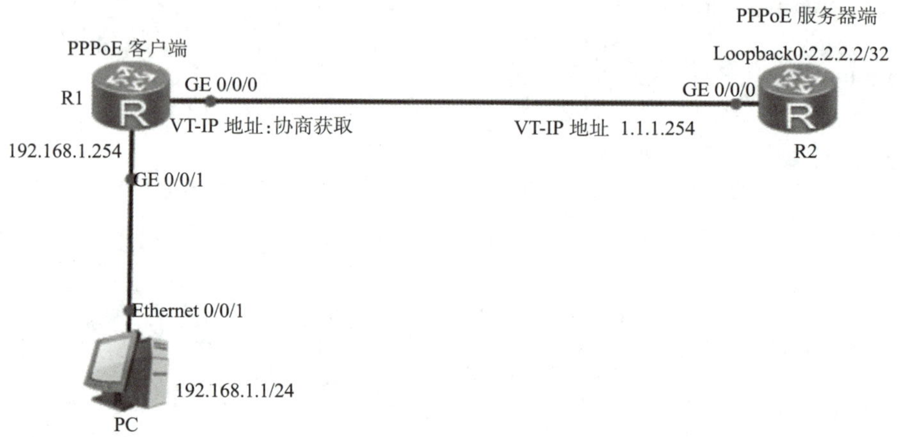

图 4-1-10　PPPoE 配置拓扑结构

八、拓展任务实施

1. 基础配置

根据表 4-1-4 配置设备的 IP 地址、子网掩码和网关。

表 4-1-4　IP 地址规划

设备	接口	IP 地址	子网掩码	网关
R1(AR2220)	G0/0/0	PPPoE 动态获取		
	G0/0/1	192.168.1.254	255.255.255.0	—
R2(AR2220)	Virtual-Template1	1.1.1.254	255.255.255.0	—
	Loopback0	2.2.2.2	255.255.255.255	—
PC	E0/0/1	192.168.1.1	255.255.255.0	192.168.1.254

2. 配置 PPPoE 服务器端

1)配置 VT(Virtual Template,虚拟模板)接口及 PPP 参数

```
[Server]int Virtual-Template 1
[Server-Virtual-Template1]ppp authentication-mode chap
```

```
[Server-Virtual-Template1]remote address pool huawei
[Server-Virtual-Template1]ip add 1.1.1.254 24
[Server-Virtual-Template1]quit
[Server]ip pool huawei
[Server-ip-pool-huawei]gateway-list 1.1.1.254
[Server-ip-pool-huawei]network 1.1.1.0 mask 24
[Server-ip-pool-huawei]dns-list 114.114.114.114
[Server-ip-pool-huawei]quit
[Server]aaa
[Server-aaa]local-user huawei password cipher huawei@123
[Server-aaa]local-user huawei service-type ppp
[Server-aaa]quit
```

2)将物理接口与 VT 绑定,实现 PPPoE 封装

```
[Server-GigabitEthernet0/0/0]pppoe-server bind virtual-template 1
```

3)配置由服务器到客户端的默认路由

```
[Server]ip route-static 0.0.0.0 0 Virtual-Template 1
```

4)配置回环接口地址

```
[Server-LoopBack0]ip add 2.2.2.2 32
```

3. 配置 PPPoE 客户端

1)配置接口 IP 地址

```
[Client-GigabitEthernet0/0/1]ip add 192.168.1.254 24
```

2)配置 DCC(Dial Control Center,拨号控制中心)虚拟拨号接口

```
[Client]int dialer 1
[Client-Dialer1]link-protocol ppp
[Client-Dialer1]ppp chap user huawei
[Client-Dialer1]ppp chap password simple huawei@123
[Client-Dialer1]ip add ppp-negotiate
[Client-Dialer1]dialer user huawei
[Client-Dialer1]dialer bundle 1
[Client-Dialer1]dialer-group 1
[Client-Dialer1]quit
```

3)将 DCC 的虚拟拨号接口与以太网接口绑定

```
[Client-GigabitEthernet0/0/0]pppoe-client dial-bundle-number 1
```

4)指定配置的拨号访问控制列表允许的 IPv4 数据报文

```
[Client]dialer-rule
[Client-dialer-rule]dialer-rule 1 ip permit
```

5)配置由 PPPoE 客户端到服务器端的默认路由

```
[Client]ip route-static 0.0.0.0 0 dialer 1
```

4. 测试

1)查看客户端的会话状态和配置信息

```
<Client>display pppoe-client session summary
PPPoE Client Session:
ID   Bundle   Dialer   Intf              Client-MAC     Server-MAC     State
1    1        1        GE0/0/0           00e0fc615a11   00e0fc8e7ae8   UP

<Client>dis ip int br
*down: administratively down
^down: standby
(l): loopback
(s): spoofing
The number of interface that is UP in Physical is 4
The number of interface that is DOWN in Physical is 1
The number of interface that is UP in Protocol is 3
The number of interface that is DOWN in Protocol is 2

Interface                   IP Address/Mask     Physical   Protocol
Dialer1                     1.1.1.253/32        up         up(s)
GigabitEthernet0/0/0        unassigned          up         down
GigabitEthernet0/0/1        192.168.1.254/24    up         up
GigabitEthernet0/0/2        unassigned          down       down
NULL0                       unassigned          up         up(s)
```

2)查看服务器端的会话状态和配置信息

```
<Server>display pppoe-server session all
SID   Intf                  State OIntf   RemMAC      LocMAC
1     Virtual-Template1:0   UP            GE0/0/0     00e0.fc61.5a11 00e0.fc8e.7ae8
```

3）测试 PC 与服务器间回环接口的连通性

```
Welcome to use PC Simulator!

PC>ping 2.2.2.2

Ping 2.2.2.2: 32 data bytes, Press Ctrl_C to break
From 2.2.2.2: bytes=32 seq=1 ttl=254 time=78 ms
From 2.2.2.2: bytes=32 seq=2 ttl=254 time=16 ms
From 2.2.2.2: bytes=32 seq=3 ttl=254 time=16 ms
From 2.2.2.2: bytes=32 seq=4 ttl=254 time=31 ms
From 2.2.2.2: bytes=32 seq=5 ttl=254 time=15 ms

--- 2.2.2.2 ping statistics ---
5   packet(s) transmitted
5   packet(s) received
0.00% packet loss
  round-trip min/avg/max = 15/31/78 ms
```

九、拓展任务评价

拓展任务评价见表 4-1-5。

表 4-1-5　拓展任务评价

序号	考核要点	完成情况
1	PPPoE 的工作原理	
2	PPPoE 报文	
3	PPPoE 的基础配置	
4	总结本次任务的收获	

十、日积月累

（1）PAP 认证时，命令以明文方式在链路上传输，安全性较低，易受到攻击。CHAP 认证时，命令通过 MD5 算法加密后在链路上传输，可有效防止攻击。

（2）为了使以太网承载 PPP，需要配置 VT。VT 接口就是一条链路上可以封装多种同层协议的虚拟接口。由于以太网物理接口默认封装以太网协议，无法直接封装其他协议，因此需要通过 VT 模拟 PPP 接口，再封装其他协议（如 PPP），并把 VT 绑定到物理接口，实现 PPP 和以太网协议的嵌套。

（3）DCC 虚拟拨号接口是专门用于控制拨号的接口。封装协议、配置 PPP 认证、自动获取 IP 地址、设置拨号使用的用户名、查看 PPPoE 连接建立的等待时间、查看拨号接口所属的组、指定拨号接口的编号(此编号在和物理接口绑定时需要用)、配置网络地址转换等都是在该虚拟拨号接口下完成的。

任务 2　配置访问控制列表进行流量控制

一、知识准备

基础过滤工具

1. ACL 概述

访问控制列表(Access Control List, ACL)是一种常用的网络技术,用于对经过网络设备的报文进行过滤处理。

每个 ACL 由多条规则组成,每条规则通过规则 ID 唯一标识。规则 ID 可以由用户手动配置,也可以由系统自动根据步长生成。ACL 中的所有规则均按照规则 ID 从小到大的顺序执行。

通常,规则 ID 之间会留下一定的间隔。当不指定规则 ID 时,系统按预设的 ACL 步长自动分配间隔数值。例如,步长设定为 5 时,ACL 规则 ID 按照 5、10、15、…分配;步长设定为 2 时,自动生成的规则 ID 从 2 开始,按照 2、4、6、…生成。**用户可以通过指定规则 ID 把新规则插入现有规则组的某一位置。**

ACL 是一个由 permit(允许)和 deny(拒绝)语句组成的有序规则的集合。它首先通过报文匹配过程实现对报文的分类识别;然后根据报文的分类信息和相关的执行动作判断哪些报文可以放行,哪些报文不能放行,从而实现对特定报文的过滤处理。

报文到达设备时,查找引擎从报文中提取关键信息组成查找键值。键值与 ACL 规则进行匹配,只要有一条规则和报文匹配成功(命中规则),就停止查找。查找完所有规则,如果没有符合条件的规则(未命中规则),则执行默认规则。**华为设备的 ACL 默认在末尾隐含一条 permit any,即允许所有报文通过的规则。当前面所有规则都匹配不上时,将执行最后一条规则,允许报文通过。**

2. ACL 的常用类型

ACL 的常用类型包括基本 ACL、高级 ACL、二层 ACL、用户自定义 ACL 等,其中应用最为广泛的是基本 ACL 和高级 ACL。

(1)基本 ACL:编号是 2 000~2 999,可以根据源 IP 地址、报文分片标记和时间段等信息来定义规则。

(2)高级 ACL:编号是 3 000~3 999,可以根据源/目的 IP 地址、TCP 源/目的端口号、UDP 源/目的端口号、协议号、报文优先级、报文大小、时间段等信息来定义规则。相比基本 ACL,**高级 ACL 可以定义出精确度更高的规则。**

3. ACL 规则匹配顺序

ACL 规则支持配置顺序(Config)和自动排序(Auto)两种匹配顺序。配置顺序按 ACL 规则 ID 从小到大的顺序进行匹配。

自动排序基于“深度优先”原则进行匹配。深度优先即根据规则的精确度排序，匹配条件（如协议类型、源/目的 IP 地址范围等）限制严格的规则优先匹配。例如，可以比较地址的通配符，通配符越小，则指定的主机范围就越小，限制就越严格。若深度优先的顺序相同，则按照规则 ID 从小到大的顺序进行匹配。

4. 通配符

通配符掩码与反向掩码类似，以点分十进制表示，并用二进制**“0”表示“匹配”，“1”表示“不关心”**，这与子网掩码的表示方法相反。另外，**通配符中的“1”和“0”可以不连续**，而子网掩码中的“1”和“0”必须连续。例如，IP 地址 192.168.1.169、通配符 0.0.0.172 表示的网址为 192.168.1.×0×0××01，其中 × 可以是 0，也可以是 1。

二、任务目标

（1）理解通配符的概念。

（2）理解 ACL 规则的匹配顺序。

（3）理解基本 ACL 和高级 ACL 的工作原理。

（4）能够正确配置基本 ACL 和高级 ACL。

三、任务拓扑

R1、R2、R3 三台路由器互联，要求实现以下访问要求：拒绝 R1 访问 R3 的所有流量，同时禁止 R1 远程登录 R3；或者只禁止 R1 远程登录 R3，但是 R1 可以访问 R3。针对以上两类需求，应该分别如何实现。访问控制列表配置拓扑结构如图 4-2-1 所示。

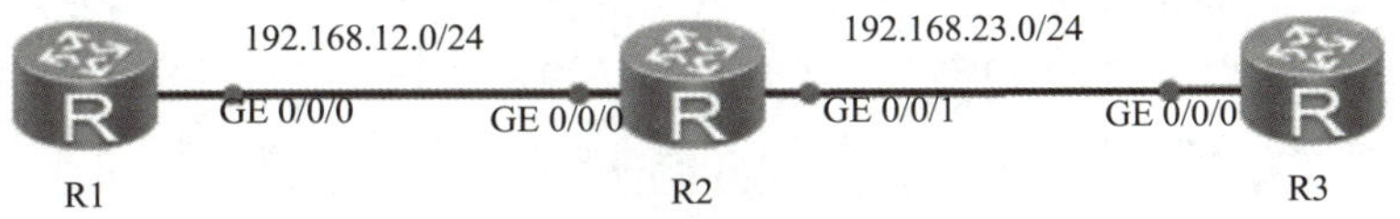

图 4-2-1　访问控制列表配置拓扑结构

四、任务实施

1. 基础配置

根据表 4-2-1 配置设备的 IP 地址、子网掩码和网关。

表 4-2-1　IP 地址规划

设备	接口	IP 地址	子网掩码	网关
R1（AR2220）	G0/0/0	192.168.12.1	255.255.255.0	—
R2（AR2220）	G0/0/0	192.168.12.2	255.255.255.0	—
	G0/0/1	192.168.23.2	255.255.255.0	—
R3（AR2220）	G0/0/0	192.168.23.3	255.255.255.0	—

2. 配置路由器

配置各路由器接口 IP 地址、静态路由。

```
[R1-GigabitEthernet0/0/0]ip address 192.168.12.1 24
[R1]ip route-static 192.168.23.0 24 192.168.12.2

[R2-GigabitEthernet0/0/0]ip address 192.168.12.2 24
[R2-GigabitEthernet0/0/1]ip address 192.168.23.2 24

[R3-GigabitEthernet0/0/0]ip address 192.168.23.3 24
[R3]ip route-static 192.168.12.0 24 192.168.23.2
```

3. 基本 ACL

拒绝 R1 访问 R3 的所有流量，同时禁止 R1 远程登录 R3。

基本 ACL
实验

```
[R3]acl 2000
[R3-acl-basic-2000]rule 0 deny source 192.168.12.1 0
[R3-GigabitEthernet0/0/0]traffic-filter inbound acl 2000

[R3]user-interface vty 0 4
[R3-ui-vty0-4]authentication-mode password
Please configure the login password (maximum length 16):huawei
[R3-ui-vty0-4]user privilege level 3
```

经测试发现，由于 R3 拒绝了 R1 的所有数据流量，所以 R1 与 R3 之间无法互访，R1 也不能远程登录 R3。

```
<R1>ping 192.168.23.3
  PING 192.168.23.3: 56   data bytes, press CTRL_C to break
    Request time out
    Request time out
    Request time out
    Request time out
    Request time out

  --- 192.168.23.3 ping statistics ---
5   packet(s) transmitted
0   packet(s) received
```

```
100.00% packet loss

<R1>telnet 192.168.23.3
  Press CTRL_] to quit telnet mode
  Trying 192.168.23.3 ...
  Error: Can't connect to the remote host
```

4. 高级 ACL

只禁止 R1 远程登录 R3,但是 R1 可以访问 R3。

高级 ACL
实验

```
[R3]acl 3000
[R3-acl-adv-3000]rule deny tcp source 192.168.12.1 0 destination 192.168.23.3 0 destination-port eq 23
[R3]undo acl 2000
[R3-GigabitEthernet0/0/0]undo traffic-filter inbound
[R3-GigabitEthernet0/0/0]traffic-filter inbound acl 3000
```

通过测试 R1 与 R3 间的连通性,可知网络可达。

```
<R1>ping 192.168.23.3
  PING 192.168.23.3: 56  data bytes, press CTRL_C to break
    Reply from 192.168.23.3: bytes=56 Sequence=1 ttl=254 time=30 ms
    Reply from 192.168.23.3: bytes=56 Sequence=2 ttl=254 time=30 ms
    Reply from 192.168.23.3: bytes=56 Sequence=3 ttl=254 time=40 ms
    Reply from 192.168.23.3: bytes=56 Sequence=4 ttl=254 time=40 ms
    Reply from 192.168.23.3: bytes=56 Sequence=5 ttl=254 time=30 ms

  --- 192.168.23.3 ping statistics ---
5  packet(s) transmitted
5  packet(s) received
0.00% packet loss
    round-trip min/avg/max = 30/34/40 ms
```

但是,R1 远程访问 R3 失败。

```
<R1>telnet 192.168.23.3
  Press CTRL_] to quit telnet mode
  Trying 192.168.23.3 ...
    Error: Can't connect to the remote host
```

五、任务评价

任务评价见表 4-2-2。

表 4-2-2　任务评价

序号	考核要点	完成情况
1	通配符的概念	
2	ACL 规则的匹配顺序	
3	基本 ACL 的基本原理	
4	高级 ACL 的基本原理	
5	配置基本 ACL	
6	配置高级 ACL	
7	总结本次任务的收获	

六、日积月累

（1）ACL 的常用类型包括基本 ACL、高级 ACL、二层 ACL、用户自定义 ACL 等，其中应用最为广泛的是基本 ACL 和高级 ACL。基本 ACL 可以根据源 IP 地址、报文分片标记和时间段等信息来定义规则。高级 ACL 可以根据源/目的 IP 地址、TCP 源/目的端口号、UDP 源/目的端口号、协议号、报文优先级、报文大小、时间段等信息来定义规则。相比基本 ACL，高级 ACL 可以定义出精确度更高的规则。

（2）规则 ID 之间会留下一定的间隔。用户可以通过指定规则 ID 把新规则插入规则组的某一位置。

任务 3　配置前缀列表过滤路由信息

一、知识准备

1. 前缀列表的作用

地址前缀列表（IP-Prefix List，简称前缀列表）用于路由过滤，通过定义 IP 地址前缀和前缀长度（子网掩码）的匹配规则，对路由进行筛选，满足路由控制需求，不能用于数据包过滤。

2. 前缀列表的组成及匹配规则

前缀列表由 IP 地址和子网掩码组成，其中 IP 地址可以是网段地址或者主机地址，子网掩码长度的配置范围为 0~32。

前缀列表中的每一条规则都有一个序列号（index），匹配时根据序列号从小到大的顺序依次查找。如果不配置规则的序列号，那么对应的序列号在上次配置的同名规则的序列号的基础上，以步长为 10 递增。如果配置的规则名字和序列号与现有条目相同，仅匹配的内容不同，则新配置的规则将覆盖原有条目。

当所有前缀列表均未匹配时，默认情况下，系统会拒绝该路由（隐含条 deny）规则。当引用的前缀列表不存在时，系统会默认允许路由通过（permit 模式）。

3. 前缀掩码的长度范围

前缀列表支持精确匹配和范围匹配（通过配置关键字 greater-equal 和 less-equal 指定待匹配的前缀子网掩码长度范围）。如果没有配置关键字 greater-equal 或 less-equal，前缀列表会进行精确匹配，即只匹配子网掩码长度与前缀列表子网掩码长度相同的 IP 地址路由；如果只匹配了关键字 greater-equal，则待匹配的子网掩码长度范围为从 greater-equal 指定值到 32 位的长度；如果只匹配了关键字 less-equal，则待匹配的子网掩码长度范围为从指定的子网掩码到关键字 less-equal 的指定值。

例如，在 ip ip-prefix test index 10 permit 10.0.0.0 16 greater-equal 24 less-equal 28 中，IP 地址范围为 10.0.0.0~10.0.×.×，24≤子网掩码长度≤28。

4. Filter-Policy

Filter-Policy 能够对接收或者发布的路由进行过滤，可应用于 RIP、OSPF 协议、BGP 等。

对于距离矢量协议和链路状态协议，Filter-Policy 的操作过程是不同的。

（1）距离矢量协议是基于路由表生成路由的，因此过滤器会影响从邻居接收的路由和向邻居发布的路由。

（2）链路状态路由协议是基于链路状态数据库生成路由的，且路由信息隐藏在链路状态 LSA 中。但 **Filter-Policy 不能对发布和接收的 LSA 进行过滤**，故 Filter-Policy 不影响链路状态通告或链路状态数据库的完整性以及协议路由表，只会影响本地路由表，且只有通过过滤的路由才被添加到路由表中。

对协议接收的路由进行过滤的命令为 filter-policy { acl-number | ip-prefix ip-prefix-name } import。对协议发布的路由进行过滤的命令为 filter-policy { acl-number | ip-prefix ip-prefix-name } export。

此外，不同协议应用 filter-policy export 命令对待发布路由的影响范围不同：对于距离矢量协议，会对引入的路由信息、本协议发现的路由信息进行过滤；对于链路状态协议，只对引入的路由信息进行过滤。

二、任务目标

（1）理解前缀列表及其匹配规则。

（2）能够区分前缀列表和 ACL。

（3）能够正确配置前缀列表。

三、任务拓扑

在 Z 企业网络中，分部 A 使用 11.1.1.0/24 网段，通过路由器 R2 与骨干路由器 R1 相连，R4 是总部路由器，R1、R2 和 R4 运行 RIPv2。新成立的分部 B 通过路由器 R3 连接 R1，加入 RIPv2 网络，但因管理员疏忽，分部 B 使用 11.1.1.0/25 网段，导致从总部路由器 R4 发向分部 A 的数据在 R1 上都会转发给分部 B。而分部 B 修改 IP 地址需要一定时间，Z 企业当务之急是要恢复总部与分部 A 的通信。管理员决定在 R1 上使用前缀列表过滤错误路由信息。前缀列表拓扑结构如图 4-3-1 所示。

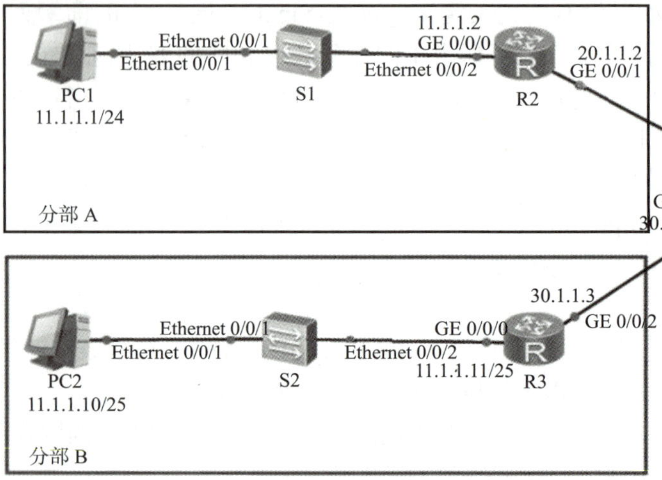

图 4-3-1 前缀列表拓扑结构

四、任务实施

前缀列表实验

1. 基础配置

根据表 4-3-1 配置 PC 的 IP 地址、子网掩码和网关以及路由器各接口的 IP 地址。

表 4-3-1 IP 地址规划

设备	接口	IP 地址	子网掩码	网关
R1(AR2220)	G0/0/0	40.1.1.1	255.255.255.0	—
	G0/0/1	20.1.1.1	255.255.255.0	—
	G0/0/2	30.1.1.1	255.255.255.0	—
R2(AR2220)	G0/0/0	11.1.1.2	255.255.255.0	—
	G0/0/1	20.1.1.2	255.255.255.0	—
R3(AR2220)	G0/0/0	11.1.1.11	255.255.255.128	—
	G0/0/2	30.1.1.3	255.255.255.0	—

续表

设备	接口	IP 地址	子网掩码	网关
R4（AR2220）	G0/0/0	40.1.1.4	255.255.255.0	—
PC1	E0/0/1	11.1.1.1	255.255.255.0	11.1.1.2
PC2	E0/0/1	11.1.1.10	255.255.255.128	11.1.1.11

测试直连链路的连通性，以 PC1 访问 R2 为例。

```
PC>ping 11.1.1.2
Ping 11.1.1.2: 32 data bytes, Press Ctrl_C to break
From 11.1.1.2: bytes=32 seq=1 ttl=255 time=62 ms
From 11.1.1.2: bytes=32 seq=2 ttl=255 time=47 ms
From 11.1.1.2: bytes=32 seq=3 ttl=255 time=31 ms
From 11.1.1.2: bytes=32 seq=4 ttl=255 time=31 ms
From 11.1.1.2: bytes=32 seq=5 ttl=255 time=32 ms

--- 11.1.1.2 ping statistics ---
5  packet(s) transmitted
5  packet(s) received
0.00% packet loss
  round-trip min/avg/max = 31/40/62 ms
```

2. 搭建 RIP 网络

1）企业内部使用 RIPv2 网络，R1、R2 和 R4 运行 RIPv2

```
[R1]rip 1
[R1-rip-1]ver 2
[R1-rip-1]undo summary
[R1-rip-1]net 20.0.0.0
[R1-rip-1]net 30.0.0.0
[R1-rip-1]net 40.0.0.0
[R2]rip 1
[R2-rip-1]ver 2
[R2-rip-1]undo summary
[R2-rip-1]net 11.0.0.0
[R2-rip-1]net 20.0.0.0
[R4]rip 1
[R4-rip-1]ver 2
[R4-rip-1]undo summary
[R4-rip-1]net 40.0.0.0
```

配置完成后，查看总部 R4 路由表。

```
<R4>dis ip routing-table
Route Flags: R - relay, D - download to fib
------------------------------------------------------------------------------
Routing Tables: Public
         Destinations : 10        Routes : 10
Destination/Mask    Proto   Pre  Cost      Flags NextHop         Interface
11.1.1.0/24   RIP     100   2            D   40.1.1.1        GigabitEthernet0/0/0
20.1.1.0/24   RIP     100   1            D   40.1.1.1        GigabitEthernet0/0/0
30.1.1.0/24   RIP     100   1            D   40.1.1.1        GigabitEthernet0/0/0
......
```

测试总部 R4 与分部 A 的 PC1 间的连通性,可见 PC1 与 R4 可以通信。

```
PC>ping 40.1.1.4

Ping 40.1.1.4: 32 data bytes, Press Ctrl_C to break
From 40.1.1.4: bytes=32 seq=1 ttl=253 time=79 ms
From 40.1.1.4: bytes=32 seq=2 ttl=253 time=46 ms
From 40.1.1.4: bytes=32 seq=3 ttl=253 time=47 ms
From 40.1.1.4: bytes=32 seq=4 ttl=253 time=47 ms
From 40.1.1.4: bytes=32 seq=5 ttl=253 time=47 ms

--- 40.1.1.4 ping statistics ---
5    packet(s) transmitted
5    packet(s) received
0.00% packet loss
  round-trip min/avg/max = 46/53/79 ms
```

2)分部 B 加入企业网络,在 R3 上配置 RIPv2

```
[R3]rip 1
[R3-rip-1]ver 2
[R3-rip-1]undo summary
[R3-rip-1]net 30.0.0.0
[R3-rip-1]net 11.0.0.0
```

再次查看总部 R4 路由表,发现其中包含企业分部 A 的 11.1.1.0/24 和分部 B 的 11.1.1.0/25 路由条目,R1 也会收到这两个路由条目。

```
<R1>dis ip routing-table
Route Flags: R - relay, D - download to fib
------------------------------------------------------------------------------
Routing Tables: Public
```

```
         Destinations : 15          Routes : 15
Destination/Mask    Proto   Pre  Cost       Flags NextHop          Interface
11.1.1.0/24   RIP       100   1              D    20.1.1.2         GigabitEthernet0/0/1
11.1.1.0/25   RIP       100   1              D    30.1.1.3         GigabitEthernet0/0/2
.......
```

根据路由器转发数据的最长匹配原则，当 R4 向分部 A 的终端 PC1 发送数据时，数据包到达 R1 后，会匹配路由条目 11.1.1.0/25，发往路由器 R3，造成通信异常。

在 R4 上测试与 PC1 的连通性，可见通信异常。

```
<R4>ping 11.1.1.1
  PING 11.1.1.1: 56   data bytes, press CTRL_C to break
    Request time out
    Request time out
    Request time out
    Request time out
    Request time out

  --- 11.1.1.1 ping statistics ---
5   packet(s) transmitted
0   packet(s) received
100.00% packet loss
```

跟踪数据转发路径，发现 R1 将数据错误转发给了 R3。

```
<R4>tracert 11.1.1.1
 traceroute to   11.1.1.1(11.1.1.1), max hops: 30 ,packet length: 40,press CTRL_C
 to break
1   40.1.1.1 30 ms   10 ms   20 ms
2   30.1.1.3 30 ms   50 ms   20 ms
```

3. 配置 ACL 过滤路由

尝试用 ACL 配置路由过滤，即在 R1 上将 11.1.1.0/25 路由条目过滤掉。

```
[R1]acl 2000
[R1-acl-basic-2000]rule deny source 11.1.1.0 0.0.0.127
[R1]rip
[R1-rip-1]filter-policy 2000 import
```

查看 R1 路由表，发现 11.1.1.0/24 和 11.1.1.0/25 两条路由均被过滤掉了。由于 ACL 无法对子网掩码长度进行精确匹配，而分部 A 和分部 B 网络地址前缀相同（都是 11.1.1.0），导致分部 A 的路由也被过滤掉了。

4. 配置前缀列表过滤路由

```
[R1]ip ip-prefix 1 deny 11.1.1.0 25 greater-equal 25 less-equal 25
[R1]ip ip-prefix 1 permit 0.0.0.0 0 less-equal 32
[R1]rip 1
[R1-rip-1]filter-policy ip-prefix 1 import
```

查询 R1 路由表，发现仅保留了分部 A 的 11.1.1.0/24 路由条目，总部与分部 A 的通信恢复正常。

```
<R1>dis ip routing-table
Route Flags: R - relay, D - download to fib
------------------------------------------------------------------------------
Routing Tables: Public
         Destinations : 14          Routes : 14
Destination/Mask      Proto    Pre   Cost        Flags NextHop            Interface
11.1.1.0/24   RIP       100    1              D    20.1.1.2          GigabitEthernet
0/0/1
......
```

```
<R4>tracert 11.1.1.1
 traceroute to    11.1.1.1(11.1.1.1), max hops: 30 ,packet length: 40,press CTRL_C
 to break
1   40.1.1.1 30 ms    20 ms    20 ms
2   20.1.1.2 20 ms    20 ms    20 ms
3   11.1.1.1 50 ms    70 ms    60 ms
```

5. 恢复分部 B 网络

重新规划 IP 地址，使分部 B 与总部及分部 A 通信。规划使用 11.2.2.0/24 网段，更改 PC2 的 IP 地址为 11.2.2.1/24，R3 的 G0/0/0 接口的 IP 地址为 11.2.2.3/24。

五、任务评价

任务评价见表 4-3-2。

表 4-3-2　任务评价

序号	考核要点	完成情况
1	前缀列表及匹配规则	
2	区分前缀列表和 ACL	

续表

序号	考核要点	完成情况
3	配置前缀列表	
4	总结本次任务的收获	

六、日积月累

(1)ACL 与前缀列表的区别?

ACL 无法对子网掩码长度进行精确匹配,前缀列表能同时匹配地址前缀号和前缀长度,主要用于路由的匹配和控制,不能用于数据包过滤。

(2)如果将前缀列表中已经配置好的语句顺序打乱会对实验结果产生影响吗?

会。

任务 4　通过网络地址转换实现私网公网互访

一、知识准备

网络地址转换

1. NAT 概述

随着互联网的发展和网络应用终端的普及，IPv4 地址日益枯竭已成为全球网络发展的瓶颈。虽然 IPv6 可以从根本上解决 IPv4 地址空间不足的问题,但是其普及还需要一个过程。在此之前，NAT(Network Address Translation,网络地址转换)技术成为主要的解决手段之一。

私有 IP 地址无法在公网路由,而不同局域网可以使用重复的私网 IP 地址。NAT 通过将 IP 数据报报头中的 IP 地址转换为另一个 IP 地址,实现内部网络(私有 IP 地址)与外部网络(公有 IP 地址)的通信。

(1)出转源:当内网数据包访问公网时,源 IP 地址是私有 IP 地址,目的 IP 地址是公网 IP 地址,在出口路由器(或防火墙)上将私有的源 IP 地址转换为公网 IP 地址,目标地址不变。

(2)入转目:当公网的数据从公网访问企业内网时,数据包到达出口路由器(或防火墙)上,源 IP 地址和目的 IP 地址都是公网地址。可以通过 NAT 转换将目的公网 IP 地址转换成内网的私有 IP 地址。

总体而言,NAT 技术具备以下优势。

(1)节省公网 IP 地址资源。私网内多个用户可以共享一个公网 IP 地址对公网进行访问。

(2)在实现地址转换的同时,还隐藏了内网主机的真实 IP 地址,从而防止外部网络对内部主机的攻击,提高了内网安全性。

(3)既可以控制内网主机访问外网,也可以控制外网主机访问内网,解决了内网和外网无法互通的问题。

2. NAT 的三大类型

NAT 可分为三大类:动态 NAT、静态 NAT 和 NAT Server。

1)动态 NAT

私网 IP 地址和公网 IP 地址之间的转换不是固定的,而是一种临时映射关系。动态 NAT 的实现方式有 Basic NAT 和 NAPT(Network Address Port Translation,网络地址端口转换)两种。Easy IP 可以看成是 NAPT 的一个特例。

(1)Basic NAT 属于一对一地址转换,但不是静态的,而是动态的。Basic NAT 需要先创建公网地址池,一个公网 IP 地址不能同时被多个私网 IP 地址映射。

(2)NAPT 可以实现并发的地址转换。NAPT 采用"IP 地址+端口号"的形式允许多个内部地址映射到同一个公网地址上,因此也可以称为"多对一地址转换"或地址复用。NAPT 需要先创建公网地址池。

(3)Easy IP 适用于小型局域网访问互联网的情况。其中,小型局域网主要指中小型网吧、小型办公室等环境,具有内部主机较少、出接口通过拨号方式获得临时(或固定)公网 IP 地址以供内部主机访问互联网等特点。可以采用 Easy IP 方式使局域网用户都通过这个 IP 地址接入互联网。Easy IP 无须建立公网地址池。

2)静态 NAT

静态 NAT 属于一对一的地址转换,公网 IP 地址只会分配给唯一且固定的内网主机转换使用,并未实现公网地址的复用,不能有效解决 IP 地址短缺的问题,因此实际应用场景较少。静态 NAT 需要先在 NAT 路由器上配置静态 NAT 转换映射表。

3)NAT Server

NAT 具有"屏蔽"内部主机的作用,但有时内网需要向外网提供服务(如 WWW 或 FTP)。这种情况下,需要内网的服务器不被"屏蔽",使外网用户可以随时访问内网服务器。这是一种由外网发起向内网访问的 NAT 转换情形。

NAT Server 可以解决这个问题。当外网用户访问内网服务器时,可通过事先配置好的"公网 IP 地址+端口号"与"私网 IP 地址+端口号"间的映射关系,将服务器的"公网 IP 地址+端口号"替换成对应的"私网 IP 地址+端口号"。从私网 IP 地址与公网 IP 地址的映射关系来看,这是一种静态映射关系。

二、任务目标

(1)理解 NAT 的应用场景。

(2)理解静态 NAT、动态 NAT、NAPT、Easy IP 和 NAT Server 的基本原理。

(3)能够正确配置静态 NAT、动态 NAT、NAPT、Easy IP 和 NAT Server。

三、任务拓扑

R1 是 Z 企业的出口网关路由器,企业员工终端和服务器都通过交换机 S1、S2 连接到 R1, R2 模拟外网设备与 R1 相连。由于企业内部使用私网 IP 地址,为了实现内部员工可以访问外网,服务器可以供外网用户访问,网络管理员小刘需要在路由器 R1 上配置 NAT。

NAT 拓扑结构如图 4-4-1 所示。

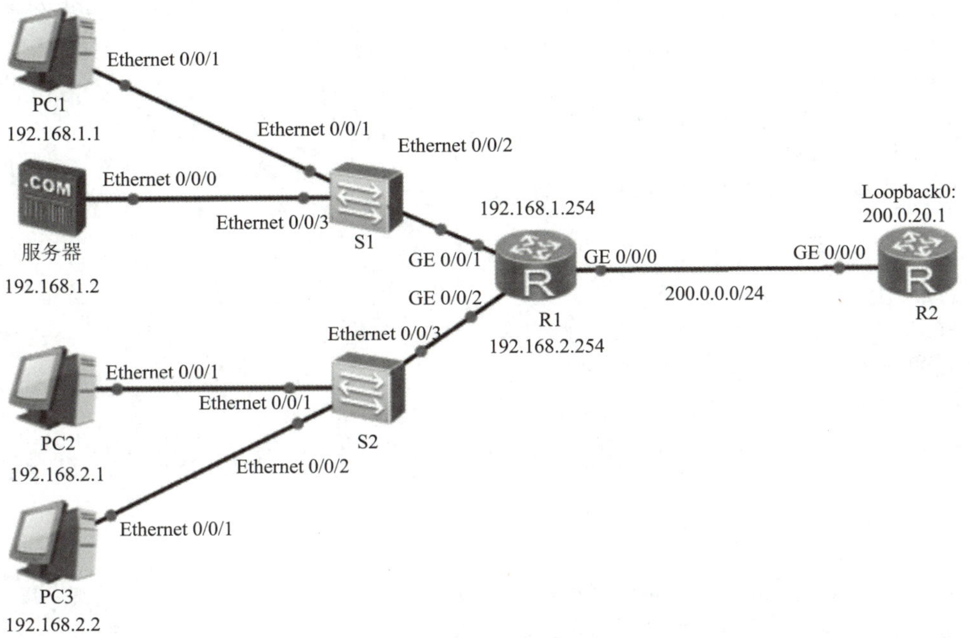

图 4-4-1　NAT 拓扑结构

四、任务实施

NAT 实验

1. 基础配置

根据表 4-4-1 配置设备的 IP 地址、子网掩码和网关。

表 4-4-1　IP 地址规划

设备	接口	IP 地址	子网掩码	网关
R1（AR2220）	G0/0/0	200.0.0.1	255.255.255.0	—
	G0/0/1	192.168.1.254	255.255.255.0	—
	G0/0/2	192.168.2.254	255.255.255.0	—
R2（AR2220）	G0/0/0	200.0.0.2	255.255.255.0	—
	Loopback0	200.0.20.1	255.255.255.255	—
PC1	E0/0/1	192.168.1.1	255.255.255.0	192.168.1.254
PC2	E0/0/1	192.168.2.1	255.255.255.0	192.168.2.254
PC3	E0/0/1	192.168.2.2	255.255.255.0	192.168.2.254
服务器	E0/0/1	192.168.1.2	255.255.255.0	192.168.1.254

```
[R1]int g0/0/0
[R1-GigabitEthernet0/0/0]ip add 200.0.0.1 24
[R1-GigabitEthernet0/0/0]int g0/0/1
[R1-GigabitEthernet0/0/1]ip add 192.168.1.254 24
[R1-GigabitEthernet0/0/1]int g0/0/2
[R1-GigabitEthernet0/0/2]ip add 192.168.2.254 24
[R1-GigabitEthernet0/0/2]q
[R1]ip route-static 0.0.0.0 0.0.0.0 200.0.0.2

[R2]int lo0
[R2-LoopBack0]ip add 200.0.20.1 24
[R2-LoopBack0]int g0/0/0
[R2-GigabitEthernet0/0/0]ip add 200.0.0.2 24
[R2-GigabitEthernet0/0/0]q
[R2]ip route-static 192.168.0.0 16 200.0.0.1
```

2. 配置静态 NAT

```
[R1-GigabitEthernet0/0/0]nat static global 200.0.0.3 inside 192.168.1.1
[R1-GigabitEthernet0/0/0]nat static global 200.0.0.4 inside 192.168.1.2
```

查询静态 NAT 信息。

```
[R1]dis nat static
  Static Nat Information:
  Global Nat Static
    Global IP/Port        : 200.0.0.3/----
    Inside IP/Port        : 192.168.1.1/----
    Protocol : ----
    VPN instance-name     : ----
    Acl number            : ----
    Netmask    : 255.255.255.255
    Description : ----

  Global Nat Static
    Global IP/Port        : 200.0.0.4/----
    Inside IP/Port        : 192.168.1.2/----
    Protocol : ----
    VPN instance-name     : ----
    Acl number            : ----
    Netmask    : 255.255.255.255
    Description : ----

  Total :      2
```

测试 PC1 访问 R2 的回环接口地址。

```
PC>ping 200.0.20.1

Ping 200.0.20.1: 32 data bytes, Press Ctrl_C to break
From 200.0.20.1: bytes=32 seq=1 ttl=254 time=31 ms
From 200.0.20.1: bytes=32 seq=2 ttl=254 time=31 ms
From 200.0.20.1: bytes=32 seq=3 ttl=254 time=16 ms
From 200.0.20.1: bytes=32 seq=4 ttl=254 time=47 ms
From 200.0.20.1: bytes=32 seq=5 ttl=254 time=31 ms

--- 200.0.20.1 ping statistics ---
5    packet(s) transmitted
5    packet(s) received
0.00% packet loss
   round-trip min/avg/max = 16/31/47 ms
```

在 R1 的 G0/0/0 接口抓包，如图 4-4-2 所示。

1	0.000000	200.0.0.3	200.0.20.1	ICMP	Echo (ping) request	(id=0xc9e9, seq(be/le)=1/256, ttl=127)
2	0.015000	200.0.20.1	200.0.0.3	ICMP	Echo (ping) reply	(id=0xc9e9, seq(be/le)=1/256, ttl=255)
3	1.047000	200.0.0.3	200.0.20.1	ICMP	Echo (ping) request	(id=0xcbe9, seq(be/le)=2/512, ttl=127)
4	1.062000	200.0.20.1	200.0.0.3	ICMP	Echo (ping) reply	(id=0xcbe9, seq(be/le)=2/512, ttl=255)
5	2.109000	200.0.0.3	200.0.20.1	ICMP	Echo (ping) request	(id=0xcce9, seq(be/le)=3/768, ttl=127)
6	2.125000	200.0.20.1	200.0.0.3	ICMP	Echo (ping) reply	(id=0xcce9, seq(be/le)=3/768, ttl=255)
7	3.140000	200.0.0.3	200.0.20.1	ICMP	Echo (ping) request	(id=0xcde9, seq(be/le)=4/1024, ttl=127)
8	3.156000	200.0.20.1	200.0.0.3	ICMP	Echo (ping) reply	(id=0xcde9, seq(be/le)=4/1024, ttl=255)
9	4.172000	200.0.0.3	200.0.20.1	ICMP	Echo (ping) request	(id=0xcee9, seq(be/le)=5/1280, ttl=127)
10	4.187000	200.0.20.1	200.0.0.3	ICMP	Echo (ping) reply	(id=0xcee9, seq(be/le)=5/1280, ttl=255)

图 4-4-2　R1 的 G0/0/0 接口抓包

查询 R1 上的 NAT 会话信息，发现私网 IP 地址 192.168.1.1 转换成了公网地址 200.0.0.3。

```
[R1]dis nat session all
  NAT Session Table Information:

     Protocol            : ICMP(1)
     SrcAddr    Vpn      : 192.168.1.1
     DestAddr    Vpn     : 200.0.20.1
     Type Code IcmpId    : 0    8    59692
     NAT-Info
       New SrcAddr       : 200.0.0.3
       New DestAddr      : ----
       New IcmpId        : ----
```

3. 配置动态 NAT

先删掉在 R1 上配置的静态 NAT。

```
[R1-GigabitEthernet0/0/0]undo nat static global 200.0.0.3 inside 192.168.1.1
[R1-GigabitEthernet0/0/0]undo nat static global 200.0.0.4 inside 192.168.1.2

[R1]nat address-group 1 200.0.0.9   200.0.0.200
[R1]acl 2000
[R1-acl-basic-2000]rule permit source 192.168.1.0 0.0.0.255
[R1-acl-basic-2000]rule permit source 192.168.2.0 0.0.0.255
[R1-acl-basic-2000]int g0/0/0
[R1-GigabitEthernet0/0/0]nat outbound 2000 address-group 1 no-pat
```

no-pat 表示不进行端口转换，若不带该参数，则为 NAPT。

查询 R1 的 NAT 公网 IP 地址池（范围为 200.0.0.9~200.0.0.200）。

```
<R1>display nat address-group 1

 NAT Address-Group Information:
 --------------------------------------------------------------------------------
 Index   Start-address          End-address
 --------------------------------------------------------------------------------
 1       200.0.0.9              200.0.0.200
 --------------------------------------------------------------------------------
   Total : 1
```

查询 R1 接口的 NAT 绑定信息，发现接口 G0/0/0 已配置针对 ACL 2000 匹配数据的动态 NAT 转换，公网地址池是编号 1。

```
<R1>display nat outbound
 NAT Outbound Information:
 --------------------------------------------------------------------------------
 Interface                   Acl     Address-group/IP/Interface      Type
 --------------------------------------------------------------------------------
 GigabitEthernet0/0/0        2000    1                               no-pat
 --------------------------------------------------------------------------------
   Total : 1
```

测试 PC1 访问 R2 的回环接口地址 200.0.20.1。通过查询 NAT 会话信息，发现 R1 将数据报文的源 IP 地址转换为地址池中的公网 IP 地址。

```
<R1>display   nat session all
  NAT Session Table Information:

  Total : 0
<R1>display nat session all
```

```
NAT Session Table Information:

    Protocol              : ICMP(1)
    SrcAddr   Vpn         : 192.168.1.1
    DestAddr   Vpn        : 200.0.20.1
    Type Code IcmpId      : 0    8    38403
    NAT-Info
      New SrcAddr         : 200.0.0.14
      New DestAddr        : ----
      New IcmpId          : ----

    Protocol              : ICMP(1)
    SrcAddr   Vpn         : 192.168.1.1
    DestAddr   Vpn        : 200.0.20.1
    Type Code IcmpId      : 0    8    38405
    NAT-Info
      New SrcAddr         : 200.0.0.13
      New DestAddr        : ----
      New IcmpId          : ----

    Protocol              : ICMP(1)
    SrcAddr   Vpn         : 192.168.1.1
    DestAddr   Vpn        : 200.0.20.1
    Type Code IcmpId      : 0    8    38406
    NAT-Info
      New SrcAddr         : 200.0.0.12
      New DestAddr        : ----
      New IcmpId          : ----

    Protocol              : ICMP(1)
    SrcAddr   Vpn         : 192.168.1.1
    DestAddr   Vpn        : 200.0.20.1
    Type Code IcmpId      : 0    8    38407
    NAT-Info
      New SrcAddr         : 200.0.0.11
      New DestAddr        : ----
      New IcmpId          : ----

    Protocol              : ICMP(1)
    SrcAddr   Vpn         : 192.168.1.1
    DestAddr   Vpn        : 200.0.20.1
    Type Code IcmpId      : 0    8    38408
    NAT-Info
      New SrcAddr         : 200.0.0.10
```

```
        New DestAddr        : ----
        New IcmpId          : ----

  Total : 5
```

4. 配置 NAPT

```
[R1-GigabitEthernet0/0/0]undo nat outbound 2000 address-group 1 no-pat
[R1-GigabitEthernet0/0/0]nat outbound 2000 address-group 1
```

测试 PC1 访问 R2 的回环接口地址 200.0.20.1。通过查询 NAT 会话信息，发现 R1 将数据报文的源 IP 地址转换为地址池中的公网地址 200.0.0.137 的不同端口。

```
<R1>display  nat session all
  NAT Session Table Information:

  Total : 0
<R1>display nat session all
  NAT Session Table Information:

     Protocol              : ICMP(1)
     SrcAddr   Vpn         : 192.168.1.1
     DestAddr  Vpn         : 200.0.20.1
     Type Code IcmpId      : 0   8   38403
     NAT-Info
        New SrcAddr        : 200.0.0.137
        New DestAddr       : ----
        New IcmpId         : 10240

     Protocol              : ICMP(1)
     SrcAddr   Vpn         : 192.168.1.1
     DestAddr  Vpn         : 200.0.20.1
     Type Code IcmpId      : 0   8   38405
     NAT-Info
        New SrcAddr        : 200.0.0.137
        New DestAddr       : ----
        New IcmpId         : 10241

     Protocol              : ICMP(1)
     SrcAddr   Vpn         : 192.168.1.1
     DestAddr  Vpn         : 200.0.20.1
     Type Code IcmpId      : 0   8   38406
     NAT-Info
```

```
    New SrcAddr         : 200.0.0.137
    New DestAddr        : ----
    New IcmpId          : 10242

  Protocol              : ICMP(1)
  SrcAddr    Vpn        : 192.168.1.1
  DestAddr   Vpn        : 200.0.20.1
  Type Code IcmpId      : 0    8    38407
  NAT-Info
    New SrcAddr         : 200.0.0.137
    New DestAddr        : ----
    New IcmpId          : 10243

  Protocol              : ICMP(1)
  SrcAddr    Vpn        : 192.168.1.1
  DestAddr   Vpn        : 200.0.20.1
  Type Code IcmpId      : 0    8    38408
  NAT-Info
    New SrcAddr         : 200.0.0.137
    New DestAddr        : ----
    New IcmpId          : 10244

Total : 5
```

5. 配置 Easy IP

配置 Easy IP 时，无须创建公网地址池，可直接利用公网接口 IP 地址进行地址转换。

```
[R1-GigabitEthernet0/0/0]undo nat outbound 2000 address-group 1
[R1-GigabitEthernet0/0/0]nat outbound 2000
```

测试 PC1 访问 R2 的回环接口地址 200.0.20.1。通过查询 NAT 会话信息，发现 R1 将数据报文的源 IP 地址转换为地址池中的公网地址 200.0.0.1 的不同端口。

```
[R1]dis nat session all
  NAT Session Table Information:

  Protocol              : ICMP(1)
  SrcAddr    Vpn        : 192.168.1.1
  DestAddr   Vpn        : 200.0.20.1
  Type Code IcmpId      : 0    8    39202
  NAT-Info
    New SrcAddr         : 200.0.0.1
    New DestAddr        : ----
```

```
    New IcmpId              : 10244

  Protocol                  : ICMP(1)
  SrcAddr    Vpn            : 192.168.1.1
  DestAddr   Vpn            : 200.0.20.1
  Type Code IcmpId          : 0    8    39201
  NAT-Info
    New SrcAddr             : 200.0.0.1
    New DestAddr            : ----
    New IcmpId              : 10243
……
```

6. 配置 NAT Server

```
[R1-GigabitEthernet0/0/0]nat server protocol tcp global 200.0.0.8 ftp inside 192.168.1.2 ftp
```

查询 NAT Server 信息。

```
<R1>dis nat server

  Nat Server Information:
  Interface    : GigabitEthernet0/0/0
    Global IP/Port       : 200.0.0.8/21(ftp)
    Inside IP/Port       : 192.168.1.2/21(ftp)
    Protocol : 6(tcp)
    VPN instance-name    : ----
    Acl number           : ----
    Description : ----

  Total :     1
```

开启 FTP 服务，R2 模拟 FTP 客户端，访问 FTP 服务器 R1，发现 R1 正常登录 FTP 服务器。

```
<R2>ftp 200.0.0.8
Trying 200.0.0.8 ...

Press CTRL+K to abort
Connected to 200.0.0.8.
220    FtpServerTry FtpD for free
User(200.0.0.8:(none)):
331    Password required for    .
Enter password:
```

```
230 User logged in , proceed

[R2-ftp]
```

五、任务评价

任务评价见表 4-4-2。

表 4-4-2 任务评价

序号	考核要点	完成情况
1	NAT 的应用场景	
2	静态 NAT 的基本原理和配置	
3	动态 NAT 的基本原理和配置	
4	NAPT 的基本原理和配置	
5	Easy IP 的基本原理和配置	
6	NAT Server 的基本原理和配置	
7	总结本次任务的收获	

六、日积月累

NAT 通过将 IP 数据报报头中的 IP 地址转换为另一个 IP 地址，实现内部网络（私网 IP 地址）访问外部网络（公网 IP 地址）的功能。

出转源：当内网数据包访问公网时，源 IP 地址是私有 IP 地址，目的 IP 地址是公网 IP 地址，在出口路由器（或防火墙）上将私有的源 IP 地址转换为公网 IP 地址，目标地址不变。

入转目：当公网的数据从公网访问企业内网时，数据包到达出口路由器（或防火墙）上，源 IP 地址和目的 IP 地址都是公网地址。可以通过 NAT 转换将目的公网 IP 地址转换成内网的私有 IP 地址。

项目五

初探 IPv6 技术

初探 IPv6 技术
- 任务 1　理解 IPv6 基础知识
- 任务 2　搭建基本的 IPv6 网络

随着 IPv4 地址资源的日益耗尽和 IPv6 技术的不断成熟，IPv6 成为互联网发展的必然趋势，它将为互联网带来更大的地址空间、更强的安全性和更优的性能。如今越来越多的网络、设备和应用开始支持 IPv6，全球范围内的 IPv6 部署进程正在加速，以确保互联网的可持续发展和满足未来设备接入的需求。本项目简单介绍 IPv6 的基本知识，并搭建一个基本的 IPv6 网络。

高素质技能型人才培养目标

知识目标	（1）理解 IPv6 报头格式； （2）理解 IPv6 地址格式； （3）能够手动配置 IPv6 地址； （4）能够采用 EUI-64 方式配置 IPv6 地址； （5）理解 OSPFv2 与 OSPFv3 的区别
能力目标	（1）能够配置 IPv6 静态路由和默认路由； （2）能够进行 OSPFv3 基础配置
素质目标	（1）培养学生查阅网络设备产品文档的能力； （2）培养学生自主探究学习、分析问题和解决问题的能力； （3）培养学生团队协作、精益求精的精神； （4）塑造学生的社会主义核心价值观

课程思政

IPv6 大规模部署，开启网络新时代的强劲引擎

在互联网技术迅猛发展的当下，IPv6 作为新一代互联网协议，正以不可阻挡的态势引领全球网络进入全新的演进阶段，成为开启网络新时代的关键动力。

全球 IPv6 论坛与下一代互联网国家工程中心联合发布的《2024 全球 IPv6 支持度白皮书》，全面展现了全球 IPv6 发展的最新成果。过去一年，全球 IPv6 支持度持续攀升，其综合部署率接近 40%，亚洲地区综合部署率最高达到 45%，部分亚洲国家已经率先开始向 IPv6-only 过渡。全球 IPv6 用户数继续增加，中国、印度、巴西、俄罗斯均有千万级以上的 IPv6 用户量增加。网络产品方面，截至 2024 年 11 月，全球认证 IPv6 设备达 8 103 款，2024 年认证 IPv6 设备数量达 1 297 款，相比 2023 年增加了 719 款，创历年最高纪录。

在中国，IPv6 部署同样取得了显著成果，地址拥有量位居世界前列。截至 2024 年 5 月底，我国 IPv6 活跃用户数达 7.94 亿，占全体网民的 72.7%。此外，移动网络 IPv6 流量占比为 64.56%，固定网络 IPv6 流量占比为 21.21%。

重点行业在 IPv6 部署方面可谓成果斐然，频频探索 IPv6 技术的深度应用。政务行业在 IPv6 部署的基础上，广泛应用“IPv6+”技术打造多个应用标杆，提升政务服务效率和透明度，增强民众满意度。金融行业积极推进“IPv6+”技术在骨干网和云数据中心的应用，实现网络质量保障和行为分析，保障金融服务的稳定性和安全性。能源行业通过“IPv6+”技术，提升网络承载的安全性和可靠性，确保能源供应稳定。交通行业依托 IPv6 技术，推进智慧公路车路协同网络建设，提升出行的安全性与便利性。教育行业借助“IPv6+”技术，促进教育资源广泛共享，丰富教学方式，为教育事业注入新活力。制造业则加快“IPv6+”技术在工业生产领域的应用，与 5G、人工智能等技术融合，打造高质量工业互联网，提升竞争力。

IPv6 的大规模部署不仅是技术演进的必然结果，也是应对 IPv4 地址枯竭和满足 5G、物联网、云计算等新兴应用需求的关键。在技术创新、政策引导以及市场需求的多重驱动下，IPv6 必将实现更为广泛和深入的应用，进而构建更加优质、高效的下一代互联网生态。

希望大家认识到事物是不断发展变化的，要顺应时代潮流，把握发展机遇，培养敏锐的时代洞察力和前瞻性思维，明白只有紧跟时代步伐，不断学习新知识、新技能，才能适应社会发展的需求。同时，理解技术创新、政策引导和市场需求之间相互促进的关系，树立全面、协调、可持续的发展观，为未来的个人发展和职业规划提供正确的指引。

任务1　理解 IPv6 基础知识

一、知识准备

20 世纪 80 年代，IETF 发布 IPv4 互联网标准 RFC791，标志着 IPv4 正式标准化。在此后的几十年间，IPv4 协议迅速崛起，成为最主流的协议之一。在 IPv4 的基础上，无数开发者创造出各种应用，并不断对其进行补充与增强，从而构筑起如今繁荣的互联网生态。

随着互联网规模的扩大，IPv4 地址空间逐渐消耗殆尽。为应对 IPv4 地址短缺问题，业界曾先后推出 CIDR（无类别域间路由）和 NAT 等临时性解决方案。但是 **CIDR 和 NAT 都有各自的弊端，并不能从根本上解决 IPv4 地址短缺问题**。

随着互联网规模的进一步扩大以及 5G、物联网等新兴技术的发展，IPv4 面临的挑战愈发严峻。例如，安全性、QoS（服务质量）、简便配置等方面的要求日益凸显，迫切需要一个新的协议来从根本上解决目前 IPv4 面临的问题，因此 IPv6 取代 IPv4 势在必行。IETF 在 20 世纪 90 年代提出了下一代互联网协议——IPv6，**IPv6 支持近乎无限的地址空间**。IPv6 采用**全新的地址配置方式**，大幅简化了配置流程，还采用了**全新的报文格式**，不仅能提高报文处理的效率和安全性，也能更好地支持 QoS 需求。

1. IPv6 的优势

（1）**近乎无限的地址空间**：地址长度为 128 位，有海量的地址资源，不仅能满足物联网等新兴业务需求，还有利于业务演进及扩展。

（2）**地址层次化分配**：与 IPv4 地址相比，IPv6 地址的分配方式更加规范，这有利于路由聚合（缩减 IPv6 路由表规模）、路由快速查询。

（3）**即插即用**：IPv6 支持无状态地址自动配置（SLAAC），终端接入更简单。

（4）**简化的报文头部**：简化报文头，提高报文处理效率；通过扩展报头支持新应用，不仅有利于路由器等网络设备进行报文转发处理，还能降低投资成本。

（5）**强大的安全特性**：内置 IPsec、真实源地址认证等安全机制，保证端到端数据传输安全；避免 NAT 破坏端到端通信的完整性，保证网络安全。

（6）**卓越的移动性支持**：针对移动网络实时通信进行了改进和优化，显著提升了整个移动网络的性能。

（7）**增强的 QoS 特性**：额外定义了流标签字段，该字段可被应用程序或者终端利用。通过这一字段，能够针对特殊的服务和数据流分配特定的资源。

2. IPv6 基本报头

IPv6 报头由一个 IPv6 基本报头（必须存在）和多个扩展报头（可能不存在）组成。基本报头提供报文转发的基本信息，会被转发路径上的所有设备解析。IPv6 基本报头如图 5-1-1 所示。

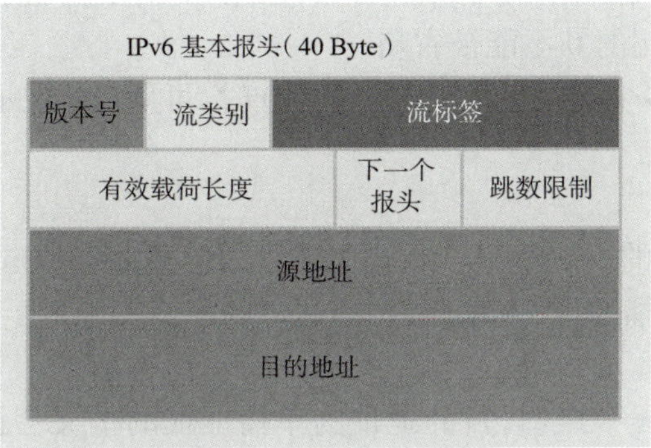

图 5-1-1　IPv6 基本报头

IPv6 基本报头字段解释如下。

（1）版本号（Version）：长度为 4 位。对于 IPv6，该字段值为 6。

（2）流类别（Traffic Class）：长度为 8 位，功能与 IPv4 中的 ToS 字段类似，用于标记 IPv6 数据包的类或优先级，主要应用于 QoS。

（3）流标签（Flow Label）：长度为 20 位，其是 IPv6 中的新增字段，用于区分实时流量。不同的流标签与源地址组合可以唯一标识一条数据流。中间网络设备可以根据这些信息更加高效地区分数据流。

（4）有效载荷长度（Payload Length）：长度为 16 位，其是紧跟 IPv6 报头的数据包的其他部分（即扩展报头和上层协议数据单元）。

（5）下一个报头（Next Header）：长度为 8 位，该字段用于定义紧跟在 IPv6 报头后面的第一个扩展报头（如果存在）的类型，或者上层协议数据单元中的协议类型（类似于 IPv4 中的 Protocol 字段）。当存在多个扩展报头时，前一个报头的该字段会指明下一个扩展报头的类型，这样就形成了链状的报头列表。

（6）跳数限制（Hop Limit）：长度为 8 位，该字段与 IPv4 中的 Time to Live 字段功能类似，用于定义 IP 数据报文所能经过的最大跳数。每经过一个路由器，该数值减 1，当该字段的值为 0 时，数据报文将被丢弃。

（7）源地址（Source Address）：长度为 128 位，用于记录数据发送方的地址信息。

（8）目的地址（Destination Address）：长度为 128 位，用于记录地址接收方的地址信息。

与 IPv4 相比，IPv6 报头去除了 IHL、Identifier、Flags、Fragment Offset、Header Checksum、Options、Padding 等字段，只增加了流标签域。这种设计大大简化了 IPv6 报头的结构，提高了报文处理效率。另外，为了更好地处理各种选项，IPv6 引入了扩展报头的概念。

3. IPv6 地址

IPv6 地址的长度为 128 位，在格式上一般用冒号将其分割为 8 个字段，每个字段占 16 位，以十六进制形式呈现。从结构来看，IPv6 地址包括网络前缀和接口 ID 两部分。其中，网络前缀用于标识 IPv6 网络，接口 ID 用于标识接口。与 IPv4 地址的表示方式类似，IPv6 地址也采用“IPv6 地址/掩码长度”的形式。

IPv6 地址缩写规范遵循以下规则。

（1）在每个 16 位单元中，前导 0 可以省略，但是如果该单元的所有比特都为 0，就至少要保留一个“0”字符；拖尾的 0 不能被省略。

（2）当出现一个或多个连续的 16 位字符为 0 时，可用“::”表示，但整个 IPv6 地址缩写中只允许有一个“::”。

4. IPv6 地址分类

根据 IPv6 地址前缀的不同，可将 IPv6 地址分为单播地址（Unicast Address）、组播地址（Multicast Address）和任播地址（Anycast Address）。

1）单播地址

单播地址用于标识一个接口，目的地址为单播地址的报文会被发送到被标识的接口。在 IPv6 中，一个接口拥有多个 IPv6 地址是极为普遍的现象。除全球单播地址、唯一本地地址、链路本地地址这三种常见地址外，IPv6 还有一些特殊的单播地址。

（1）未指定地址：表示为 0:0:0:0:0:0:0:0/128 或者::/128。该地址作为某些报文的源地址，如作为重复地址检测时发送的邻居请求报文（NS）的源地址，或者 DHCPv6 初始化过程中客户端发送的请求报文的源地址。

（2）回环地址：表示为 0:0:0:0:0:0:0:1/128 或者::1/128，其功能与 IPv4 中的 127.0.0.1 类似，用于本地回环通信，发往::/1 的数据包实际上就是发给本地设备，可用于本地协议栈回环测试。

2）组播地址

组播地址用于标识多个接口，目的地址为组播地址的报文会被发送到被标识的所有接口。只有加入相应组播组的设备接口才会侦听发往该组播地址的报文。

3）任播地址

任播地址用于标识一组网络接口（通常属于不同的节点），目标地址是任播地址的数据包将被发送给路由意义上最近的一个网络接口。

IPv6 没有定义广播地址（Broadcast Address）。在 IPv6 网络中，所有广播的应用场景都会被 IPv6 组播所取代。

5. IPv6 单播地址的结构

1）全球单播地址（Global Unicast Address，GUA）

全球单播地址类似于 IPv4 中的公网地址，带有固定的地址前缀，即前三位为固定值 001，典型的前缀表示如 2000::/3。全球单播地址由全球路由前缀（Global Routing Prefix）、子网 ID（Subnet ID）和接口标识（Interface ID）组成，其格式如图 5-1-2 所示。

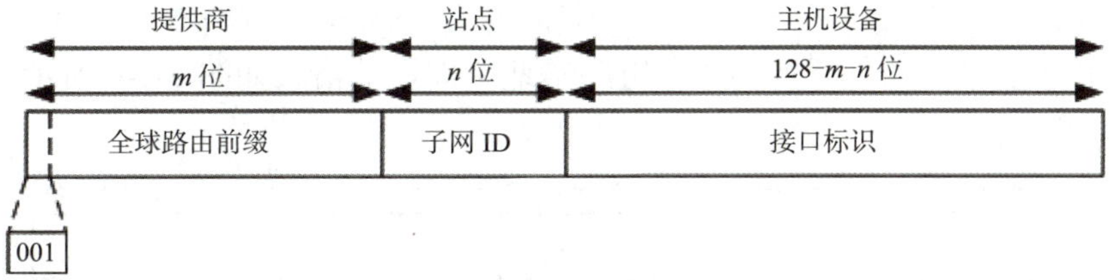

图 5-1-2　全球单播地址格式

（1）**全球路由前缀**：由提供商（Provider）指定给一个组织机构，长度通常至少为 48 位。目前已经分配的全球路由前缀的前 3 位均为 001。

（2）**子网 ID**：组织机构可以用子网 ID 来构建本地网络。子网 ID 通常最多分配到第 64 位。子网 ID 的功能与 IPv4 中的子网号类似。

（3）**接口标识**：用于标识一个主机设备（Host）。

2）唯一本地地址（Unique Local Address，ULA）

唯一本地地址是 **IPv6 私网地址，只能在内网中使用。** 该地址空间在 IPv6 公网中不可被路由，因此不能直接访问公网。唯一本地地址使用 FC00::/7 地址段，目前仅使用了 FD00::/8 地址段。FC00::/8 预留供以后拓展使用。唯一本地地址虽然只在有限范围内有效，但**具有全球唯一的前缀（虽然通过伪随机方式产生，但是冲突概率很低）**。唯一本地地址由前缀（Prefix）、标志位（L）、全球唯一前缀（Global ID）、子网 ID（Subnet ID）、接口标识（Interface ID）组成，其格式如图 5-1-3 所示。

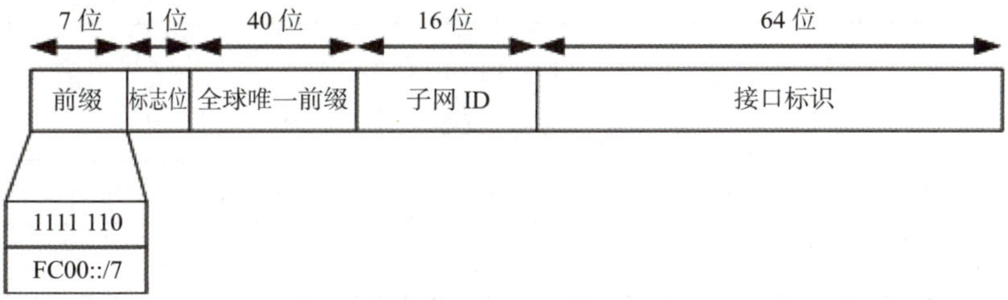

图 5-1-3　唯一本地地址格式

（1）**前缀**：固定前缀为 FC00::/7。

（2）**标志位**：值为 1，代表该地址为在本地网络范围内使用的地址；值为 0 则保留，用于后续功能扩展。

（3）**全球唯一前缀**：通过伪随机方式产生。

（4）**子网 ID**：用于划分子网。

（5）**接口标识**：用于标识网络接口。

3）链路本地单播地址（Link-Local Address，LLA）

链路本地单播地址的前缀为 FE80::/10，表示地址最高 10 位值为 1111111010，而前缀后面紧跟 64 位接口标识，这已足够主机接口使用，因此链路本地单播地址的剩余 54 位为 0。链路本地单播地址用于单一链路层面的通信场景，如邻居发现、无状态地址配置等。

以链路本地单播地址为源或目的 IPv6 地址的数据包将不会被转发到始发链路以外，其有效范围为本地单播链路。每一个 IPv6 接口都必须具备一个链路本地地址。华为设备支持自动生成和手动指定两种配置方式。链路本地单播地址格式如图 5-1-4 所示。

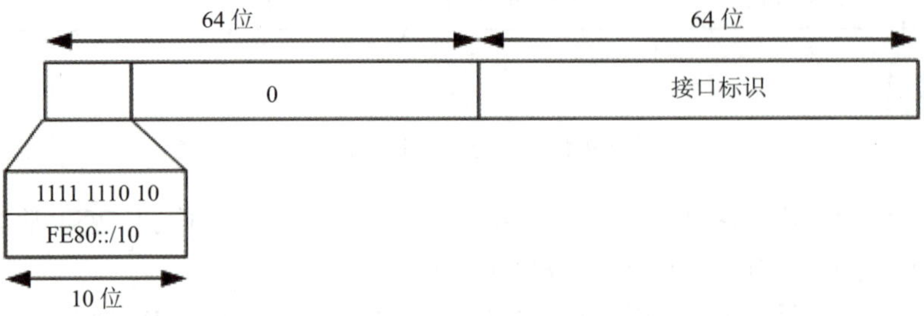

图 5-1-4　链路本地单播地址格式

6. IPv6 单播地址接口标识

接口标识可通过三种方法生成:手动配置、系统自动生成和通过 IEEE EUI-64 规范生成。其中,通过 IEEE EUI-64 规范生成最为常用,此规范将接口的 MAC 地址转换为 IPv6 接口标识,如图 5-1-5 所示。MAC 地址的前 24 位(用 c 表示的部分)为公司标识,后 24 位(用 m 表示的部分)为扩展标识符。从高位数起,第 7 位若为 0,表示该 MAC 地址是全球唯一的。转换时,首先将 FFFE 插入 MAC 地址的公司标识和扩展标识符之间;然后将从高位数起的第 7 位的 0 改为 1,表示此接口标识本地唯一。

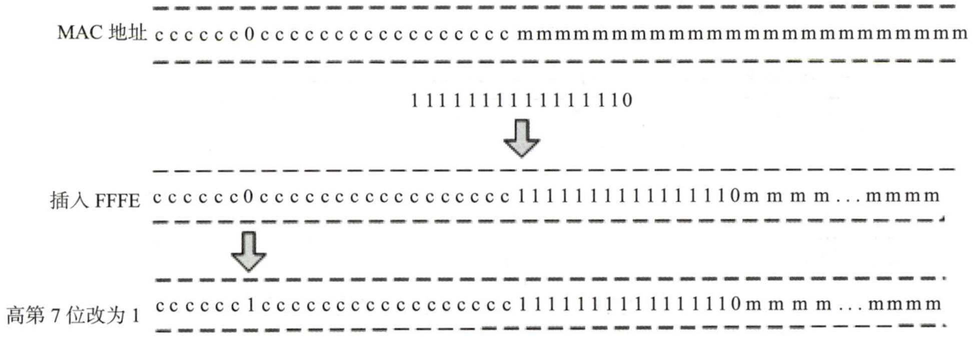

图 5-1-5　IEEE EUI-64 规范示意图

例如,MAC 地址为 000E-0C82-C4D4,转换后为 020E:0CFF:FE82:C4D4。

这种由 MAC 地址产生 IPv6 地址接口标识的方法可以减少配置的工作量,尤其是当采用无状态地址自动配置时,只需获取一个 IPv6 前缀就可以与接口标识组合成完整的 IPv6 地址。但是这种方法最大的缺点是任何人都可以通过二层 MAC 地址推算出三层 IPv6 地址。

7. IPv6 组播地址

IPv6 组播地址可以标识多个接口,一般适用于"一对多"的通信场景。IPv6 组播地址只可以作为 IPv6 报文的目的地址。一个网络节点可以同时属于 0 到多个组播组。发往组播地址的报文会被组播地址标识的所有接口接收。例如,组播地址 FF02::1 表示链路本地范围内的所有节点,组播地址 FF02::2 表示链路本地范围内的所有路由器。

IPv6 组播地址由前缀、标志字段（Flag）、范围字段（Scope）以及组播组 ID（Group ID）组成，如图 5-1-6 所示。

（1）前缀：IPv6 组播地址的前缀是 FF00::/8。

（2）标志字段：长度为 4 位，目前只使用了最后一位（前三位必须置 0）。当该位值为 0 时，表示当前的组播地址是由 IANA 所分配的永久地址；当该位值为 1 时，表示当前的组播地址是一个临时组播地址（非永久分配地址）。

（3）范围字段：长度为 4 位，用于限制组播数据流在网络中的传输范围。

（4）组播组 ID：长度为 112 位，用于标识组播组。目前，根据 RFC 建议，仅使用该字段最低的 32 位作为组播组 ID，剩余的 80 位都置 0。

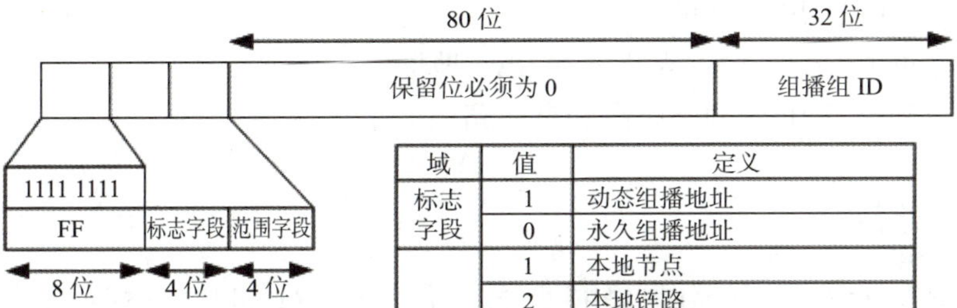

域	值	定义
标志字段	1	动态组播地址
	0	永久组播地址
范围字段	1	本地节点
	2	本地链路
	4	管理
	5	本地站点
	8	本地组织
	E	全局组播地址
	其他	保留或未指定

图 5-1-6　IPv6 组播地址格式

组播 IPv6 报文的目的 IP 地址为组播 IPv6 地址，同时目的 MAC 地址为组播 MAC 地址。组播 MAC 地址的前 16 位为“33:33”，是专门为 IPv6 组播预留的 MAC 地址前缀，后 32 位从组播 IPv6 地址的后 32 位直接映射而来。这样**每个组播组 ID 都映射到唯一的以太网组播 MAC 地址**。

被请求节点组播地址通过节点的单播或任播地址生成。当节点获得了单播或任播地址时，就会对应生成一个被请求节点组播地址，并且加入该组播组，即一个单播地址或任播地址对应一个被请求节点组播地址。该地址主要用于邻居发现机制和地址重复检测，有效范围限定为本地链路。**被请求节点组播地址前 104 位是 FF02::1:FF，后 24 位就是单播地址的最后 24 位**。

IPv6 中没有广播地址，也不使用 ARP，但是仍然需要实现从 IP 地址到 MAC 地址的解析功能。在 IPv6 中，这个功能通过邻居请求（Neighbor Solicitation，NS）报文完成。**当一个节点需要解析某个 IPv6 地址对应的 MAC 地址时，会发送 NS 报文，该报文的目的 IP 地址就是需要解析的 IPv6 地址对应的被请求节点组播地址**；只有具有该组播地址的节点会对报文进行检查和处理。

8. IPv6 任播地址

任播地址用于标识一组网络接口（通常属于不同的节点），**在给多个主机或者节点提供相同服务时实现冗余保障和负载分担**。任播地址既可以作为 IPv6 报文的源地址，也可以作为目的地址。

9. IPv6 单播地址业务流程

一个接口在发送 IPv6 报文前要经历地址配置、DAD(Dnplicate Address Detection，地址重复检测)、地址解析等三个阶段，NDP(Neighbor Discovery Protocol，邻居发现协议)在其中扮演了重要角色。

二、任务目标

（1）理解 IPv6 报头格式。
（2）理解 IPv6 地址格式。
（3）能够手动配置 IPv6 地址。
（4）能够通过 IEEE EUI-64 规范配置 IPv6 地址。
（5）能够正确配置 IPv6 静态路由和默认路由。

三、任务拓扑

Z 企业新建的分部 C 在搭建网络时选择部署 IPv6，R1 和 R2 分别是分部 C 的 IT 部门和 HR 部门的路由器，两个部门的网络通过交换机 S1 相连，员工终端采用手动配置 IPv6 地址的方式获取网络地址，并在 R1 和 R2 上配置 IPv6 静态路由，以此确保两个部门的终端能够相互通信，拓扑结构如图 5-1-7 所示。

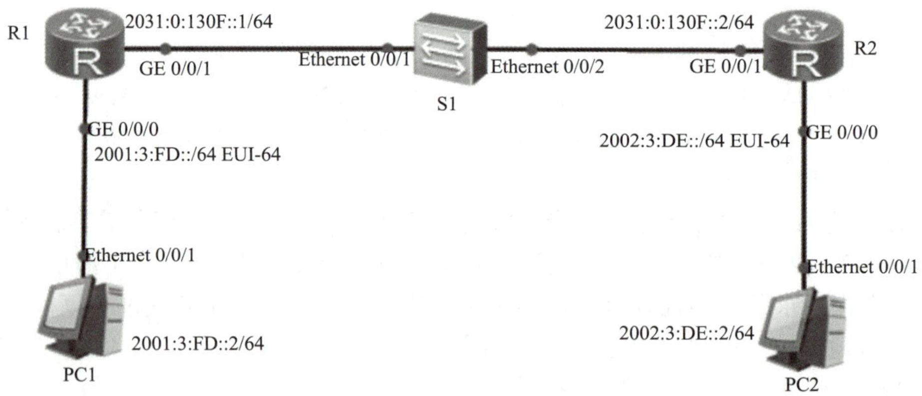

图 5-1-7　IPv6 基础配置拓扑结构

四、任务实施

1. 基础配置

根据表 5-1-1 配置 PC 和各路由器接口的前缀等。

表 5-1-1 IPv6 地址规划

设备	接口	IPv6 前缀	前缀长度	接口标识	网关
R1（AR2220）	G0/0/0	2001:3:FD::	64	EUI-64 生成	—
	G0/0/1	2031:0:130F::	64	1	—
R2（AR2220）	G0/0/0	2002:3:DE::	64	EUI-64 生成	—
	G0/0/1	2031:0:130F::	64	2	—
PC1	E0/0/1	2001:3:FD::	64	2	R1 G0/0/0 IPv6 地址
PC2	E0/0/1	2002:3:DE::	64	2	R2 G0/0/0 IPv6 地址

2. 配置主机的 IPv6 单播地址

在模拟器中，PC1 和 PC2 默认开启 IPv6 功能，即已经自动生成链路本地地址，如图 5-1-8 和图 5-1-9 所示。

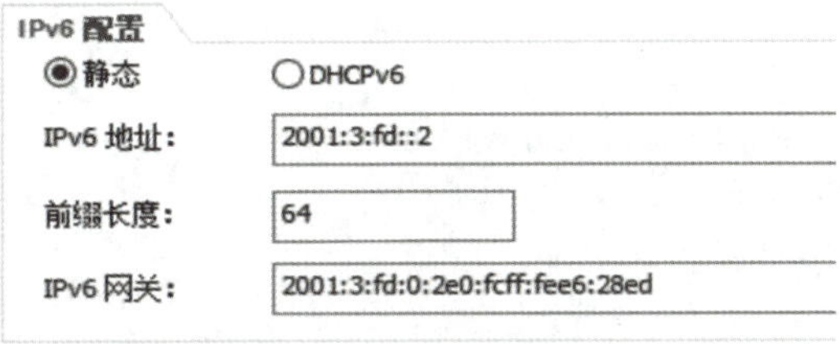

图 5-1-8 PC1 IPv6 地址配置

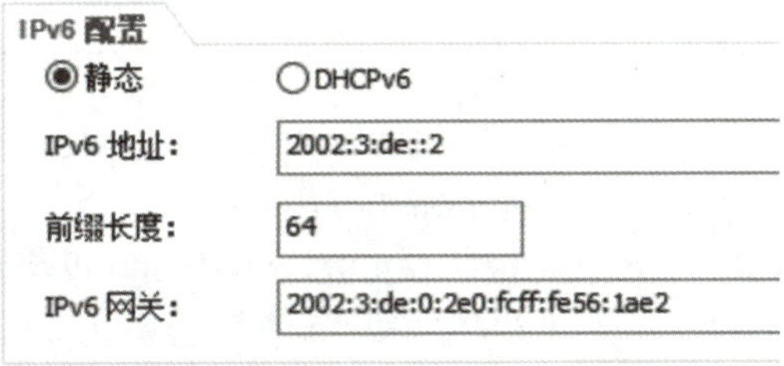

图 5-1-9 PC2 IPv6 地址配置

3. 配置路由器 R1 和 R2 的 G0/0/0 接口

1）在系统模式下全局开启 IPv6 功能

```
[R1]ipv6
```

2）在接口模式下开启 IPv6 功能

```
[R1]int g0/0/0
[R1-GigabitEthernet0/0/0]ipv6 enable
```

3）接口配置自动生成链路本地地址

```
[R1-GigabitEthernet0/0/0]ipv6 address auto link-local
```

4）查询自动生成的链路本地地址

```
<R1>dis ipv6 int g0/0/0
GigabitEthernet0/0/0 current state : UP
IPv6 protocol current state : UP
IPv6 is enabled, link-local address is FE80::2E0:FCFF:FEE6:28ED
  Global unicast address(es):
    2001:3:FD:0:2E0:FCFF:FEE6:28ED, subnet is 2001:3:FD::/64
  Joined group address(es):
    FF02::1:FFE6:28ED
    FF02::2
    FF02::1
  MTU is 1500 bytes
  ND DAD is enabled, number of DAD attempts: 1
  ND reachable time is 30000 milliseconds
  ND retransmit interval is 1000 milliseconds
  Hosts use stateless autoconfig for addresses
```

5）测试

测试 PC1 与 R1 的链路本地地址的连通性，结果显示通信正常。

```
PC>ping fe80::2e0:fcff:fee6:28ed

Ping fe80::2e0:fcff:fee6:28ed: 32 data bytes, Press Ctrl_C to break
From fe80::2e0:fcff:fee6:28ed: bytes=32 seq=1 hop limit=64 time=94 ms
From fe80::2e0:fcff:fee6:28ed: bytes=32 seq=2 hop limit=64 time=16 ms
From fe80::2e0:fcff:fee6:28ed: bytes=32 seq=3 hop limit=64 time=15 ms
From fe80::2e0:fcff:fee6:28ed: bytes=32 seq=4 hop limit=64 time=16 ms
From fe80::2e0:fcff:fee6:28ed: bytes=32 seq=5 hop limit=64 time=15 ms

--- fe80::2e0:fcff:fee6:28ed ping statistics ---
5   packet(s) transmitted
5   packet(s) received
0.00% packet loss
  round-trip min/avg/max = 15/31/94 ms
```

6）配置 R2 的 G0/0/0 接口，并测试 PC2 与 R2 间的连通性

```
[R2]ipv6
```

```
[R2]int g0/0/0
[R2-GigabitEthernet0/0/0]ipv6 enable
[R2-GigabitEthernet0/0/0]ipv6 address auto link-local
```

4. 路由器 R1 和 R2 的 G0/0/1 接口手动静态配置全球单播地址

配置 R1 的全球单播地址。

```
[R1]interface GigabitEthernet0/0/1
[R1-GigabitEthernet0/0/1]ipv6 enable
[R1-GigabitEthernet0/0/1]ipv6 address 2031:0:130F::1/64
```

查询配置的全局地址，发现全球单播地址配置生效。

```
<R1>dis ipv6 int g0/0/1
GigabitEthernet0/0/1 current state : UP
IPv6 protocol current state : UP
IPv6 is enabled, link-local address is FE80::2E0:FCFF:FEE6:28EE
  Global unicast address(es):
    2031:0:130F::1, subnet is 2031:0:130F::/64
  Joined group address(es):
    FF02::1:FF00:1
    FF02::2
    FF02::1
    FF02::1:FFE6:28EE
  MTU is 1500 bytes
  ND DAD is enabled, number of DAD attempts: 1
  ND reachable time is 30000 milliseconds
  ND retransmit interval is 1000 milliseconds
  Hosts use stateless autoconfig for addresses
```

配置 R2 的全球单播地址，配置完成后，查询配置的全局地址，发现全球单播地址配置生效。

```
[R2]interface GigabitEthernet0/0/1
[R2-GigabitEthernet0/0/1]ipv6 enable
[R2-GigabitEthernet0/0/1]ipv6 address 2031:0:130F::2/64
<R2>dis ipv6 int g0/0/1
GigabitEthernet0/0/1 current state : UP
IPv6 protocol current state : UP
IPv6 is enabled, link-local address is FE80::2E0:FCFF:FE56:1AE3
  Global unicast address(es):
    2031:0:130F::2, subnet is 2031:0:130F::/64
  Joined group address(es):
```

```
    FF02::1:FF00:2
    FF02::2
    FF02::1
    FF02::1:FF56:1AE3
  MTU is 1500 bytes
  ND DAD is enabled, number of DAD attempts: 1
  ND reachable time is 30000 milliseconds
  ND retransmit interval is 1000 milliseconds
  Hosts use stateless autoconfig for addresses
```

测试 R1 和 R2 间全球单播地址的连通性,结果显示通信正常。

```
<R1>ping ipv6 2031:0:130f::2
  PING 2031:0:130f::2 : 56   data bytes, press CTRL_C to break
    Reply from 2031:0:130F::2
    bytes=56 Sequence=1 hop limit=64   time = 160 ms
    Reply from 2031:0:130F::2
    bytes=56 Sequence=2 hop limit=64   time = 50 ms
    Reply from 2031:0:130F::2
    bytes=56 Sequence=3 hop limit=64   time = 40 ms
    Reply from 2031:0:130F::2
    bytes=56 Sequence=4 hop limit=64   time = 50 ms
    Reply from 2031:0:130F::2
    bytes=56 Sequence=5 hop limit=64   time = 50 ms

  --- 2031:0:130f::2 ping statistics ---
5   packet(s) transmitted
5   packet(s) received
0.00% packet loss
    round-trip min/avg/max = 40/70/160 ms
```

5. 通过 IEEE EUI-64 规范配置 IPv6 地址

R1 和 R2 连接终端的接口 IPv6 地址接口标识采用 IEEE EUI-64 规范生成。

```
[R1]int g0/0/0
[R1-GigabitEthernet0/0/0]ipv6 address 2001:3:FD::/64 eui-64
```

配置完成后,查询配置结果。

```
<R1>dis ipv6 int br
*down: administratively down
(l): loopback
(s): spoofing
```

```
Interface                       Physical              Protocol
GigabitEthernet0/0/0            up                    up
[IPv6 Address] 2001:3:FD:0:2E0:FCFF:FEE6:28ED
GigabitEthernet0/0/1            up                    up
[IPv6 Address] 2031:0:130F::1
```

对 R2 进行配置，配置完成后，查询配置结果。

```
[R2]int g0/0/0
[R2-GigabitEthernet0/0/0]ipv6 address 2002:3:FD::/64 eui-64
<R2>dis ipv6 int br
*down: administratively down
(l): loopback
(s): spoofing
Interface                       Physical              Protocol
GigabitEthernet0/0/0            up                    up
[IPv6 Address] 2002:3:DE:0:2E0:FCFF:FE56:1AE2
GigabitEthernet0/0/1            up                    up
[IPv6 Address] 2031:0:130F::2
```

PC1 网关地址配置为 R1 的 G0/0/0 接口全球单播地址，PC2 网关地址配置为 R2 的 G0/0/0 接口全球单播地址。

6. 配置 IPv6 静态路由

在 R1 和 R2 上分别配置静态路由。

```
[R1]ipv6 route-static 2002:3:DE:: 64 2031:0:130F::2
[R2]ipv6 route-static 2001:3:FD:: 64 2031:0:130F::1
```

配置完成后，测试 PC1 和 PC2 的连通性，结果显示通信正常。

```
PC>ping 2002:3:de::2

Ping 2002:3:de::2: 32 data bytes, Press Ctrl_C to break
From 2002:3:de::2: bytes=32 seq=1 hop limit=253 time=31 ms
From 2002:3:de::2: bytes=32 seq=2 hop limit=253 time=62 ms
From 2002:3:de::2: bytes=32 seq=3 hop limit=253 time=32 ms
From 2002:3:de::2: bytes=32 seq=4 hop limit=253 time=46 ms
From 2002:3:de::2: bytes=32 seq=5 hop limit=253 time=47 ms

--- 2002:3:de::2 ping statistics ---
5  packet(s) transmitted
5  packet(s) received
0.00% packet loss
```

```
round-trip min/avg/max = 31/43/62 ms
```

五、任务评价

任务评价见表 5-1-2。

表 5-1-2　任务评价

序号	考核要点	完成情况
1	IPv6 报头格式	
2	IPv6 地址格式	
3	配置 IPv6 地址	
4	通过 IEEE EUI-64 规范配置 IPv6 地址	
5	配置 IPv6 静态路由和默认路由	
6	总结本次任务的收获	

六、日积月累

在配置 IPv4 地址时,新输入的地址会覆盖原有地址;而在配置 IPv6 地址时,新输入的地址会被添加至设备的地址列表中,原有地址不受影响。

任务 2　搭建基本的 IPv6 网络

一、知识准备

OSPFv3 是运行在 IPv6 网络中的 OSPF,需要注意的是,它与 **OSPFv2** 版本互不兼容。**OSPFv2** 基于网络运行实现,两台路由器要建立邻居关系必须处于同一个网段。而 **OSPFv3** 基于链路实现,在配置 OSPFv3 时,不需要考虑路由器的接口是否处于同一网段,只要接口连接在同一链路上,即使不配置 IPv6 全局地址,路由器间也可以直接建立联系。

路由器可以学习到同一链路上其他路由器的链路本地地址,并将其作为下一跳转发报文。运行 OSPFv3 的路由器以物理接口的链路本地单播地址为源地址发送 OSPF 报文,并且路由条目下一跳地址是链路本地地址。

IPv6 使用组播地址 FF02::5 表示 AllOSPFRouters,而 OSPFv2 使用的是组播地址 224.0.0.5。IPv6 使用组播地址 FF02::6 表示 AllDRouters,而 OSPFv2 使用的是组播地址 224.0.0.6。Router ID 在 OSPFv3 中也用于标识路由器。与 OSPFv2 的 Router ID 不同,**OSPFv3 的 Router ID** 必须手动配置;如果没有手动配置 Router ID, OSPFv3 将无法正常运行。

OSPFv3 在广播型网络和 NBMA 网络中选举 DR 和 BDR 的过程与 OSPFv2 相似。

OSPFv3 本身不提供认证功能，而是直接使用 IPv6 的扩展头部 AH（Authentication Header，认证头）和 ESP（Encapsulating Security Payload，安全负荷封装）实现认证及安全处理，保证 OSPFv3 报文的真实性、完整性和机密性。

二、任务目标

（1）理解 OSPFv2 与 OSPFv3 的区别。

（2）能够进行 OSPFv3 基础配置。

三、任务拓扑

某企业内部网络是一个中型 IPv6 网络，其中 R1 和 R2 是核心路由器，R3 是 IT 部门的路由器，与 R1 相连；R4 是 HR 部门的路由器，与 R2 相连。为了实现企业内部所有网络之间能够互相通信，需要部署 OSPFv3。在区域划分上，将核心层路由器之间设定为区域 0，IT 部门所在网络划分为区域 1，HR 部门所在网络划分为区域 2，拓扑结构如图 5-2-1 所示。

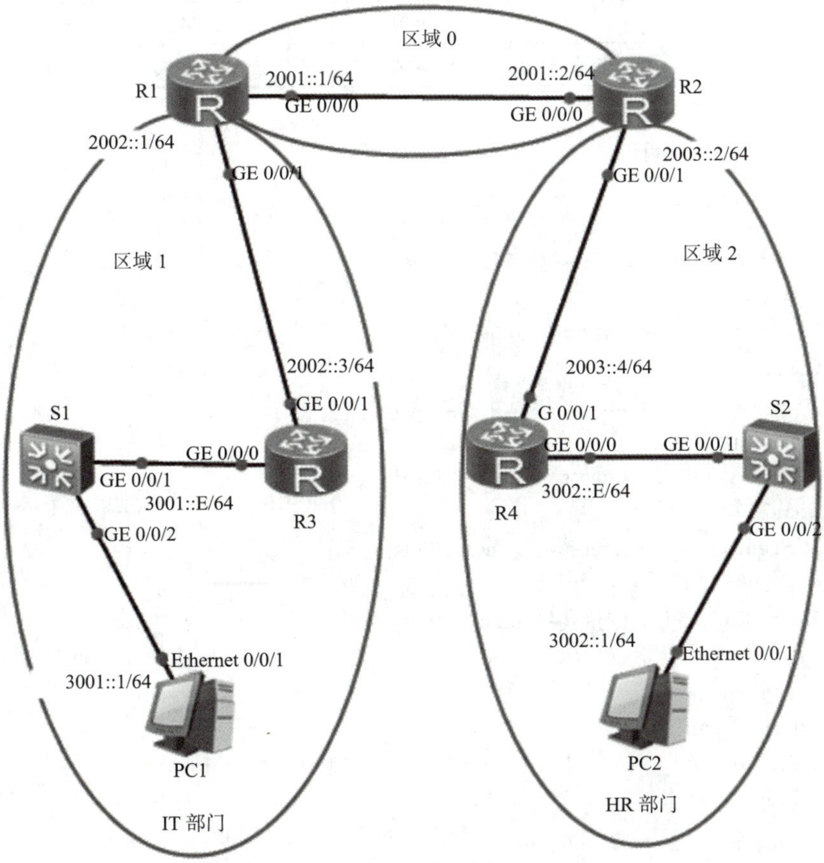

图 5-2-1　OSPFv3 基础配置拓扑结构

四、任务实施

1. 基础配置

配置 PC 和路由器各接口的 IPv6 地址。在各路由器上开启 IPv6 功能，根据表 5-2-1 进行 IPv6 地址配置，并测试直连链路的连通性，以 R1 与 R2 间的链路为例。

表 5-2-1　IPv6 地址规划

设备	接口	IPv6 地址	子网掩码	网关
R1（AR2220）	G0/0/0	2001::1	64 位	—
	G0/0/1	2002::1	64 位	—
R2（AR2220）	G0/0/0	2001::2	64 位	—
	G0/0/1	2003::2	64 位	—
R3（AR2220）	G0/0/0	3001::E	64 位	—
	G0/0/1	2002::3	64 位	—
R4（AR2220）	G0/0/0	3002::E	64 位	—
	G0/0/1	2003::4	64 位	—
PC1	E0/0/1	3001::1	64 位	3001::E
PC2	E0/0/1	3002::1	64 位	3002::E

测试直连链路的连通性。

```
<R1>ping ipv6 2001::2
  PING 2001::2 : 56   data bytes, press CTRL_C to break
    Reply from 2001::2
    bytes=56 Sequence=1 hop limit=64   time = 60 ms
    Reply from 2001::2
    bytes=56 Sequence=2 hop limit=64   time = 20 ms
    Reply from 2001::2
    bytes=56 Sequence=3 hop limit=64   time = 20 ms
    Reply from 2001::2
    bytes=56 Sequence=4 hop limit=64   time = 30 ms
    Reply from 2001::2
    bytes=56 Sequence=5 hop limit=64   time = 10 ms

  --- 2001::2 ping statistics ---
5   packet(s) transmitted
5   packet(s) received
0.00% packet loss
    round-trip min/avg/max = 10/28/60 ms
```

2. 搭建 OSPFv3 网络

```
[R1]ospfv3 1
[R1-ospfv3-1]router-id 1.1.1.1
[R1-ospfv3-1]quit
[R1]int g0/0/0
[R1-GigabitEthernet0/0/0]ospfv3 1 area 0.0.0.0
[R1-GigabitEthernet0/0/0]int g0/0/1
[R1-GigabitEthernet0/0/1]ospfv3 1 area 0.0.0.1

[R2]ospfv3 1
[R2-ospfv3-1]router-id 2.2.2.2
[R2-ospfv3-1]quit
[R2]int g0/0/0
[R2-GigabitEthernet0/0/0]ospfv3 1 area 0.0.0.0
[R2-GigabitEthernet0/0/0]int g0/0/1
[R2-GigabitEthernet0/0/1]ospfv3 1 area 0.0.0.2

[R3]ospfv3 1
[R3-ospfv3-1]router-id 3.3.3.3
[R3-ospfv3-1]quit
[R3]int g0/0/0
[R3-GigabitEthernet0/0/0]ospfv3 1 area 0.0.0.1
[R3-GigabitEthernet0/0/1]int g0/0/1
[R3-GigabitEthernet0/0/1]ospfv3 1 area 0.0.0.1

[R4]ospfv3 1
[R4-ospfv3-1]router-id 4.4.4.4
[R4-ospfv3-1]quit
[R4]int g0/0/0
[R4-GigabitEthernet0/0/0]ospfv3 1 area 0.0.0.2
[R4-GigabitEthernet0/0/0]int g0/0/1
[R4-GigabitEthernet0/0/1]ospfv3 1 area 0.0.0.2
```

3. 测试 OSPFv3 邻居状态

查看邻居状态，结果显示 R1 成功建立了 OSPFv3 邻居连接。其余路由器查询省略。

```
<R1>display ospfv3 peer
OSPFv3 Process (1)
OSPFv3 Area (0.0.0.0)
Neighbor ID     Pri     State       Dead Time     Interface     Instance ID
2.2.2.2         1       Full/DR     00:00:34      GE0/0/0       0
OSPFv3 Area (0.0.0.1)
Neighbor ID     Pri     State       Dead Time     Interface     Instance ID
```

```
3.3.3.3        1      Full/DR      00:00:33      GE0/0/1
```

4. 测试 OSPFv3 路由表

```
<R1>display ipv6 routing-table protocol ospfv3
Public Routing Table : OSPFv3
Summary Count   : 6

OSPFv3 Routing Table's Status : < Active >
Summary Count   : 3

 Destination    : 2003::                          PrefixLength   : 64
 NextHop        : FE80::2E0:FCFF:FE59:4B0         Preference     : 10
 Cost           : 2                               Protocol       : OSPFv3
 RelayNextHop   : ::                              TunnelID       : 0x0
 Interface      : GigabitEthernet0/0/0            Flags          : D

 Destination    : 3001::                          PrefixLength   : 64
 NextHop        : FE80::2E0:FCFF:FE4B:618         Preference     : 10
 Cost           : 2                               Protocol       : OSPFv3
 RelayNextHop   : ::                              TunnelID       : 0x0
 Interface      : GigabitEthernet0/0/1            Flags          : D

 Destination    : 3002::                          PrefixLength   : 64
 NextHop        : FE80::2E0:FCFF:FE59:4B0         Preference     : 10
 Cost           : 3                               Protocol       : OSPFv3
 RelayNextHop   : ::                              TunnelID       : 0x0
 Interface      : GigabitEthernet0/0/0            Flags          : D

OSPFv3 Routing Table's Status : < Inactive >
Summary Count   : 3

 Destination    : 2001::                          PrefixLength   : 64
 NextHop        : ::                              Preference     : 10
 Cost           : 1                               Protocol       : OSPFv3
 RelayNextHop   : ::                              TunnelID       : 0x0
 Interface      : GigabitEthernet0/0/0            Flags          :

 Destination    : 2002::                          PrefixLength   : 64
 NextHop        : ::                              Preference     : 10
 Cost           : 1                               Protocol       : OSPFv3
 RelayNextHop   : ::                              TunnelID       : 0x0
 Interface      : GigabitEthernet0/0/1            Flag           :
```

```
Destination      : 2009::                    PrefixLength    : 64
NextHop          : ::                        Preference      : 10
Cost             : 1                         Protocol        : OSPFv3
RelayNextHop     : ::                        TunnelID        : 0x0
Interface        : GigabitEthernet0/0/0      Flags           :
```

结果显示，路由器 R1 学习到了添加进 OSPFv3 进程接口所在网络的路由条目。其余路由器查询省略。

5. 测试主机间的连通性

在 PC1 上测试 PC1 与 PC2 的连通性。

```
PC>ping 3002::1

Ping 3002::1: 32 data bytes, Press Ctrl_C to break
Request timeout!
From 3002::1: bytes=32 seq=2 hop limit=251 time=125 ms
From 3002::1: bytes=32 seq=3 hop limit=251 time=78 ms
From 3002::1: bytes=32 seq=4 hop limit=251 time=78 ms
From 3002::1: bytes=32 seq=5 hop limit=251 time=109 ms

--- 3002::1 ping statistics ---
5    packet(s) transmitted
4    packet(s) received
20.00% packet loss
  round-trip min/avg/max = 0/97/125 ms
```

结果显示，PC1 和 PC2 可以通过 OSPFv3 进行通信。

6. 验证 OSPFv3 建立邻居的特性

在 R1 下删除 IPv6 地址。

```
[R1]int g0/0/0
[R1-GigabitEthernet0/0/0]undo ipv6 address
```

查询邻居关系，发现 R1 上已经没有与 R2 的邻居关系。

```
[R1]dis ospfv3 peer
OSPFv3 Process (1)
OSPFv3 Area (0.0.0.1)
Neighbor ID    Pri    State       Dead Time    Interface    Instance ID
3.3.3.3        1      Full/DR     00:00:32     GE0/0/1      0
```

在 R1 的 G0/0/0 接口配置与 R2 直连接口所在 IPv6 网段不同前缀的 IPv6 地址

2009::1/64。

```
[R1]int g0/0/0
[R1-GigabitEthernet0/0/0]ipv6 address 2009::1 64
```

再次查询邻居关系，发现 R1 和 R2 仍然能建立邻居关系。

```
[R1]dis ospfv3 peer
OSPFv3 Process (1)
OSPFv3 Area (0.0.0.0)
Neighbor ID     Pri     State           Dead Time     Interface     Instance ID
2.2.2.2         1       Full/DROther    00:00:39      GE0/0/0       0
OSPFv3 Area (0.0.0.1)
Neighbor ID     Pri     State           Dead Time     Interface     Instance ID
3.3.3.3         1       Full/DR         00:00:36      GE0/0/1       0
```

五、任务评价

任务评价见表 5-2-2。

表 5-2-2　任务评价

序号	考核要点	完成情况
1	OSPFv2 与 OSPFv3 的区别	
2	OSPFv3 基础配置	
3	总结本次任务的收获	

六、日积月累

（1）OSPFv3 邻居关系的建立依托链路本地地址，这意味着即使链路两端的 IPv6 地址前缀不同，也可以建立邻居关系。而 OSPFv2 在同一链路上则要求必须使用相同网段的 IPv4 地址才能建立邻居关系。

（2）当接口的 IPv6 地址改变时，链路本地地址不会改变。

参考文献

References

[1] 华为技术有限公司.HCIA-Datacom 网络技术实验指南[M]. 北京：人民邮电出版社，2022.

[2] 华为技术有限公司.HCIA-Datacom 网络技术学习指南[M]. 北京：人民邮电出版社，2022.